JN217569

プログラマの数学

第2版

結城 浩 ［著］
Hiroshi Yuki

SB Creative

はじめに

こんにちは、結城浩です。『プログラマの数学』へようこそ。

本書は、プログラマのための数学の本です。

プログラミングの土台はコンピュータ科学であり、コンピュータ科学の土台は数学です。ですから、数学を学ぶことは、プログラミングの土台を固めることにつながり、しっかりしたプログラムを書く助けとなります。

「でも、数学はどうも苦手なんです」という読者もいるでしょう。特に「数式が出てくると、つい読み飛ばしちゃうんです」という読者は多いと思います。正直なところ、私自身も本の中に数式が出てくると、そこを読み飛ばしたくなります。

本書は、こうした「読み飛ばしたくなる数式」をできるだけ取り除きました*。また、定義や定理や証明がびっしり書かれることもありません。

本書はあくまでも、プログラマが**日々のプログラミング**をよりよく**理解する**ための本です。本書を通して、プログラミングに役立つ「数学的な考え方」を学んでください。

数学的な考え方の例

「数学的な考え方」を学ぶといっても抽象的すぎるので、例を少しお話ししましょう。

【条件分岐と論理】

プログラミングをする際に、私たちは条件に応じて処理を「分岐」させます。CやJavaなど、多くのプログラミング言語ではif文を使いますね。条件を満たすならこっちの処理を行い、満たさないならあっちの処理を行う、というように処理の流れを制御します。このとき私たちは、数学の一分野である「論理」を使ってプログラムをコントロールしていることになります。ですから、プログラミングでは「かつ」「または」「…ではない」「…ならば…」という論理を構成している要素をきちんと使いこなす必要があります。

【繰り返しと数学的帰納法】

私たちは大量の情報を処理するために、プログラムを使って「繰り返し」を行います。たとえばfor文を使えば、たくさんのデータを繰り返し処理できますね。繰り返しを支えているのは「数学的帰納法」です。

＊ ただし、「付録1：機械学習への第一歩」では、基本的な数式をいくつか紹介しています。

【場合分けと数え上げの法則】

　たくさんの条件やデータを「場合分け」するとき、プログラマは見落としが絶対に起きないように気をつけなければなりません。そんなときには、和の法則、積の法則、順列、組み合わせといった「数え上げの法則」が役立ちます。これは、プログラマがいつも磨き上げておくべき数学の道具です。

　この他にも本書では、再帰、指数、対数、剰余などの基本的で大切な考え方を学ぶことができるようにしています。

人間とコンピュータの共同戦線

　私たちがプログラムを書くのは、人間だけでは解けない問題を解くためです。プログラマは、問題を理解し、プログラムを書きます。コンピュータは、そのプログラムを実行し、問題を解きます。

　人間は繰り返しが苦手です。すぐに飽きてしまい、ミスをおかします。でも、問題を解きほぐすのは得意です。これに対して、コンピュータは繰り返しが得意ですが、自分で問題を解きほぐすことはできません。

　つまり、人間とコンピュータは力を合わせて問題を解いているのです。

　難しい問題にぶつかる。人間だけでは解けない。コンピュータだけでも解けない。でも、人間とコンピュータが力を合わせれば解ける。その姿を描くのも本書の目的のひとつです。

　しかし、プログラムを作るのは難しいものです。いくら人間とコンピュータが力を合わせて挑戦しても、うまく解けない問題もあります。本書では、人間とコンピュータの限界についても考察します。

　本書を読み終えたとき、プログラムを使って人間とコンピュータが共同でやろうとしていることを、より深く理解してもらえればと思います。

本書の対象読者

　本書の主な対象読者はプログラマです。でも、プログラミングや数学に関心のある方なら、どなたでも楽しめると思います。

　数学に精通している必要はありません。巻末の付録を除くと、本書にはΣや$\int$を使った難しい数式は登場しませんので、数学に苦手意識を持っている方でも大丈夫です。本書を読み進めるのに必要とする知識は、四則演算（$+ - \times \div$）と累乗（$2^3 = 2 \times 2 \times 2$）くらいです。それ以外は、本書の中ですべて説明しています。

数や論理に対して興味を持っている方なら、本書の内容をいっそう楽しむことができるでしょう。

プログラミングに精通している必要はありません。でも、ちょっとでもプログラムを書いた経験があるなら、本書を理解するうえで大きな助けになるでしょう。説明の一部として、C言語によるプログラムをいくつか使っていますが、C言語を知らなくとも、本書を読むのに不都合はありません。

本書の構成

本書は、各章をどの順に読んでもかまいませんが、できれば最初の章から順番に読むことをお勧めします。

第1章は、ゼロのお話です。**位取り記数法**を題材にして、ゼロの存在がルールを単純化していることを学び、「何もない」ものが「ある」ことの意味について考えます。

第2章では、**論理**を使ってややこしい内容を整理することを学びます。**論理式、真理値表、ド・モルガンの法則、3値論理、カルノー図**などを紹介します。

第3章の話題は、**剰余**です。「剰余はグルーピングである」という観点をつかみましょう。難しい問題でも周期性を見つけると解ける場合があることを学びます。

第4章では、**数学的帰納法**を学びます。数学的帰納法は、たった2つのステップで、無数の主張を証明する方法です。また、**ループ不変条件**を使って正しいループを作る例も紹介します。

第5章では、**順列**と**組み合わせ**などの**数え上げの法則**を学びます。数え上げは、「数える対象の性質を見ぬくこと」が最も大切です。

第6章では、自分で自分を定義する**再帰**について学びます。**ハノイの塔、フィボナッチ数列、フラクタル図形**などを通して、複雑なものの中に再帰的な構造を見い出す練習を行います。

第7章では、**指数的な爆発**について学びます。指数的な爆発が含まれている問題は、コンピュータですら解くことが困難になります。指数的な爆発を逆手にとり、規模の大きな問題を解く工夫について考えましょう。**バイナリサーチ**を題材にして、問題空間を2分割することの意味についても学びます。

第8章では、**停止判定問題**を題材として、プログラムに関する問題の多くは、コンピュータがどんなに進化しても絶対に解けないことを学びます。**背理法**や**対角線論法**についても学びます。

第9章では、本書で学んできたことを振り返り、構造を見ぬく人間の力が問題解決にどのように役立つか、人間とコンピュータの協力がどのような意味を持つかを考えましょう。

　巻末の「付録1：機械学習への第一歩」では、近年注目されている機械学習について学びましょう。機械学習に登場する基本概念をいくつか紹介します。

初版謝辞

　Martin Gardnerに感謝します。『数学ゲーム』を夢中になって読んだ子供のころを、いまでも懐かしく思い出します。

　筆者を応援してくださる読者のみなさん、筆者のために祈ってくれているクリスチャンの友人たちに感謝します。

　本書の原稿に目を通し、貴重なアドバイスや励ましを送ってくださった、以下の方々に感謝します（五十音順）。

　　天野勝さん、石井勝さん、岩沢正樹さん、上原隆平さん、佐藤勇紀さん、
　　武笠夏子さん、前原正英さん、三宅喜義さん。

　本書の完成まで忍耐強く支えてくださったソフトバンク パブリッシング株式会社の野沢喜美男編集長に感謝します。

　いつも筆者をはげましてくれる最愛の妻と2人の息子に感謝します。

　連立方程式から微積分まで、食卓の上で教えてくれた父に、本書を捧げます。お父さん、ありがとう。

　　2005年2月

　　　　　　　　　　　　　　　　　　　　　　　　　　　　　　　結城　浩

第2版の刊行にあたって

近年、機械学習、ディープラーニング（深層学習）、人工知能（AI）といったキーワードをニュースなどで頻繁に見聞きするようになりました。機械学習に関心を持つ人もたくさんいます。

しかし、機械学習はプログラミングと数学の両方に深く関わっており、変化が激しく話題も広範囲に及ぶので、近寄りがたいと感じる人もいるでしょう。

そこで今回の『プログラマの数学 第2版』では「**機械学習への第一歩**」と題した付録を新たに書き下ろしました。この付録では、機械学習に登場する基本的な概念を順序立てて紹介します。

本書は「数式をできるだけ使わない」方針で書いていますが、この付録に関しては簡単な数式を解説しつつ使います。数式を見慣れていないと「易しい」内容を表しているものでも「難しい」と感じてしまうでしょう。数式を見ただけで思考停止してしまうのはもったいないことです。数式も、そんなに恐くないんですよ。

この付録が、機械学習への第一歩を踏み出すきっかけになることを願っています。

2017年12月　横浜にて

結城　浩

CONTENTS

第1章　ゼロの物語
──「ない」ものが「ある」ことの意味

第2章	**論理**
	── trueとfalseの2分割

第3章 剰余
── 周期性とグループ分け

第4章 | 数学的帰納法
―― 無数のドミノを倒すには

第5章 順列・組み合わせ
── 数えないための法則

第8章 計算不可能な問題
── 数えられない数、プログラムできないプログラム

第9章 | **プログラマの数学とは**
―― まとめにかえて

付録 1 | **機械学習への第一歩**

第 **1** 章

ゼロの物語

「ない」ものが「ある」ことの意味

ZERO MATTERS.

●はじめの会話

先生「1, 2, 3は、ローマ数字でI，II，IIIと書きます」

生徒「足し算は楽ですね。I＋IIは、Iを3個並べてIIIにするだけでいいんですから」

先生「でもII＋IIIは、IIIIIではなくVですよ」

生徒「あ、そうですか」

先生「多くなってくると『まとめる』というところに手間がかかるんですね」

この章で学ぶこと

　この章では「ゼロ」について学びます。

　まず、私たち人間が使っている10進法と、コンピュータが使う2進法についてお話しします。それから位取り記数法について解説し、ゼロというものが果たしている役割についていっしょに考えましょう。ゼロは「何もない」ことを表しているだけのように見えますが、実は、パターンを作り出し、規則をシンプルにまとめるという大きな役割を果たしているのです。

小学一年生の思い出

　これは、いまでも覚えている小学一年生の思い出です。

　　「それではノートを開いて、『じゅうに』と書いてください」

と先生は言いました。私は新しいノートを開き、きちんと削った鉛筆を握って、大きな数字でこう書きました。

$$102$$

　先生は、私のところにやってきてノートを見ると、にこにこしながら優しく言いました。

　　「これは違いますよ。12と書くのですよ」

　子供のころの私は、先生が「じゅうに」と言ったとおり、10と2を書いたのです。しかし、それは間違いでした。みなさんも知っているとおり、現代の日本では「じゅうに」は12と表記するのです。

　ところで、ローマ数字では、「じゅうに」のことをXIIと表記します。Xは10を表し、Iは1を表します。IIは、Iが2つ並んでいるので2を表します。つまりXIIはXとIIを並べて表記しているのです。

　「じゅうに」というひとつの数を、12やXIIと表記するように、数にはさまざまな表記法があります。12と書くのはアラビア数字を用いた表記法で、XIIと書くのはローマ数字を用いた表記法です。どの表記法を使うとしても、表している「数そのもの」に違いはありません。以下では、いくつかの表記法を紹介していきましょう。

10進法

　10進法のお話をしましょう。

10進法とは何か

　私たちは普段、**10進法**を使います。

- 使う数字は、0, 1, 2, 3, 4, 5, 6, 7, 8, 9の10種類。
- 数の桁に意味があり、右から順に1の位、10の位、100の位、1000の位……を表す。

　このような約束事は、小学校の算数のときに習いましたね。日常生活で使っていることですから、みなさんご存知だと思います。ここでは復習をかねて、実例を通して10進法について解説します。

2503を分解すると

　まず、2503という数を例にとって考えましょう。2503は、2, 5, 0, 3という4個の数字を並べて2503というひとつの数を表しています。

　このように並べた数字は、桁に応じて意味が異なります。

- 2は「1000の個数」を表しています。
- 5は「100の個数」を表しています。
- 0は「10の個数」を表しています。
- 3は「1の個数」を表しています。

　つまり、2503という数は、2個の1000と、5個の100と、0個の10と、3個の1を加えた数として表現されているのです。

　数字と言葉でながながと説明していてはつまらないので、図示してみましょう。

$$2 \times 1000 + 5 \times 100 + 0 \times 10 + 3 \times 1$$

　このように数字の大きさにメリハリをつけると、各桁の数字2, 5, 0, 3が登場するリズムがよくわかります。

　1000は$10 \times 10 \times 10$すなわち10^3（10の3乗）で、100は10×10すなわち10^2（10の2乗）ですから、次のように書くこともできます（矢印部分に注目してください）。

$$2 \times 10^3 + 5 \times 10^2 + 0 \times 10 + 3 \times 1$$

　さらに、10は10^1（10の1乗）、1は10^0（10の0乗）ですから、次のように書けます。

$$2 \times 10^3 + 5 \times 10^2 + 0 \times 10^1 + 3 \times 10^0$$

　1000の位、100の位、10の位、1の位は、それぞれ、10^3の位、10^2の位、10^1の位、10^0の位、といってもよいですね。10進法の位はすべて10^nという形をしています。この10のことを10進法の**基数**または**底**といいます。

　基数10の右肩に乗っている数──**指数**──が、3, 2, 1, 0と規則的になっていることを覚えておいてください。

$$2 \times 10^3 + 5 \times 10^2 + 0 \times 10^1 + 3 \times 10^0$$

2進法

次に、2進法についてお話しします。

2進法とは何か

コンピュータは、数を扱うときに**2進法**を使います。10進法から類推すれば、規則はすぐにわかりますね。

- 使う数字は、0と1の2種類だけ。
- 右から順に、1の位、2の位、4の位、8の位……を表す。

2進法で数を順に数えると、まず0, そして1, 次は2……ではなく、1繰り上がって10になり、さらに11, 100, 101……と続きます。

Table 1-1に、0から99までの数を10進法と2進法で表記した例を示します。

Table 1-1 0から99までの数を10進法と2進法で表記

10進法	2進法	10進法	2進法	10進法	2進法	10進法	2進法	10進法	2進法
0	0	20	10100	40	101000	60	111100	80	1010000
1	1	21	10101	41	101001	61	111101	81	1010001
2	10	22	10110	42	101010	62	111110	82	1010010
3	11	23	10111	43	101011	63	111111	83	1010011
4	100	24	11000	44	101100	64	1000000	84	1010100
5	101	25	11001	45	101101	65	1000001	85	1010101
6	110	26	11010	46	101110	66	1000010	86	1010110
7	111	27	11011	47	101111	67	1000011	87	1010111
8	1000	28	11100	48	110000	68	1000100	88	1011000
9	1001	29	11101	49	110001	69	1000101	89	1011001
10	1010	30	11110	50	110010	70	1000110	90	1011010
11	1011	31	11111	51	110011	71	1000111	91	1011011
12	1100	32	100000	52	110100	72	1001000	92	1011100
13	1101	33	100001	53	110101	73	1001001	93	1011101
14	1110	34	100010	54	110110	74	1001010	94	1011110
15	1111	35	100011	55	110111	75	1001011	95	1011111
16	10000	36	100100	56	111000	76	1001100	96	1100000
17	10001	37	100101	57	111001	77	1001101	97	1100001
18	10010	38	100110	58	111010	78	1001110	98	1100010
19	10011	39	100111	59	111011	79	1001111	99	1100011

1100を分解すると

ここで、2進法で 1100（イチイチゼロゼロ）と書かれた数を例にとって詳しく調べてみましょう。

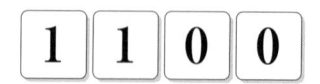

10進法のときと同じように、並んだ数字は、桁に応じて意味が異なります。左の桁から順に……

・1は、「8の個数」を表しています。

・1は、「4の個数」を表しています。

・0は、「2の個数」を表しています。

・0は、「1の個数」を表しています。

つまり、2進法で書かれた1100は、1個の8と、1個の4と、0個の2と、0個の1を加えた数として表現されているのです。ここに出てきた8, 4, 2, 1という数は、それぞれ 2^3, 2^2, 2^1, 2^0 を表します。すなわち、以下のように書けます。

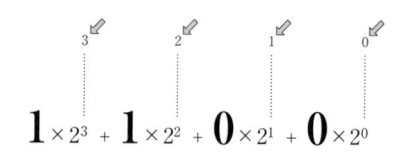

この式を計算すれば、2進法で表記した1100を10進法に変換することができます。

$$1 \times 2^3 + 1 \times 2^2 + 0 \times 2^1 + 0 \times 2^0 = 1 \times 8 + 1 \times 4 + 0 \times 2 + 0 \times 1$$
$$= 8 + 4 + 0 + 0$$
$$= 12$$

これで、2進法で表記した 1100（イチイチゼロゼロ）を10進法で表記すると、12になることがわかります。

基数変換

10進法で書いた12を2進法で表記してみましょう。そのためには、12を2で繰り返し割り（12を2で割り、その商6を2で割り、さらに商3を2で割り……）、余りが「1になる」か「0になる」かを調べます。余りが0になるというのは「割り切れる」ということです。

得られた余りの列（1と0の列）を逆順にすると、2進法での表記になります。

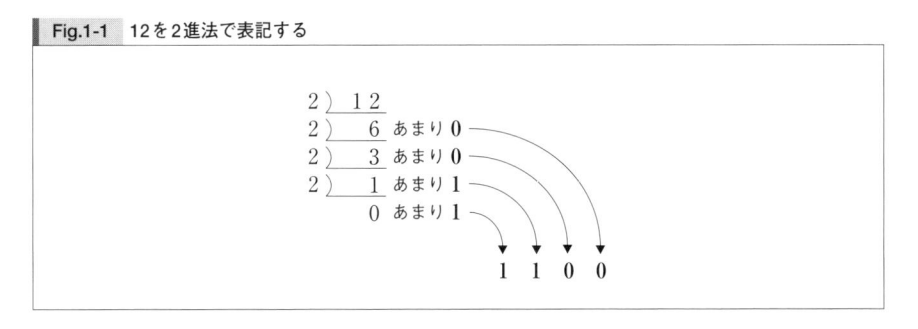

Fig.1-1 12を2進法で表記する

同じようにして、10進法で表記した2503を2進法で表記してみます。

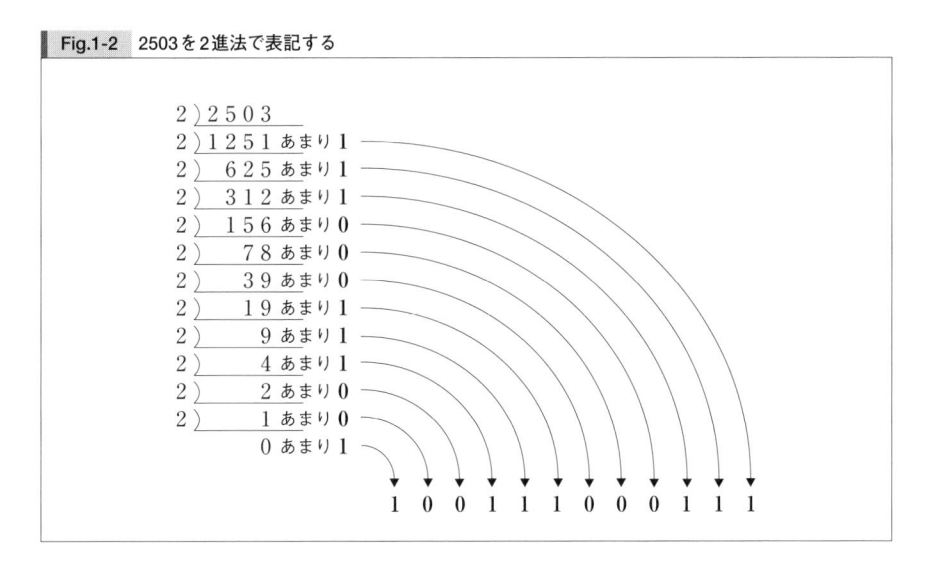

Fig.1-2 2503を2進法で表記する

Fig.1-2から、2503は2進法で100111000111と表記できることがわかります。各桁の重みを表記すると、次のようになります。

$$1_{\times 2^{11}} + 0_{\times 2^{10}} + 0_{\times 2^9} + 1_{\times 2^8} + 1_{\times 2^7} + 1_{\times 2^6} + 0_{\times 2^5} + 0_{\times 2^4} + 0_{\times 2^3} + 1_{\times 2^2} + 1_{\times 2^1} + 1_{\times 2^0}$$

10進法の場合は、基数は10であり、各位は10^nの位という形になっています。一方、2進法の場合は、基数は2であり、各位は2^nの位という形になります。10進法から2進法の表記法に変換することを、10進法から2進法への**基数変換**といいます。

┃コンピュータで2進法が使われている理由

コンピュータでは一般に、2進法が使われていますが、その理由を考えてみましょう。コンピュータで数を表現するとき、次のような2つの状態を利用します。

- ・スイッチが切れている状態
- ・スイッチが入っている状態

スイッチといっても、機械的なものである必要はなく、電子回路で作った「電子的なスイッチ」と考えてもらってかまいません。要するに、2つの状態を取ることができればよいのです。スイッチの持つ2つの状態を、0と1の数字に対応付けます。

- ・スイッチが切れている状態　…　0
- ・スイッチが入っている状態　…　1

1つのスイッチがあれば、0か1かのどちらかを表現できます。ここで、たくさんのスイッチを並べ、それぞれのスイッチが2進法の各桁を表していると考えてみましょう。そうすると、スイッチの個数を増やしていけば、どんなに大きな数でも表現できることになります。

もちろん、0〜9までの10通りの状態を表現できるようなスイッチを作れば、コンピュータに10進法を使わせることも原理的には可能です。しかし、そのためには、0と1のスイッチに比べて、はるかに複雑な仕組みを作る必要があります。

また、Fig.1-3とFig.1-4に示した加算の表を比較してください。2進法の表は、10進法の表よりもずっと小さくて単純ですね。1桁分の加算を行う電子回路を作るとしたら、10進法を用いるよりも2進法を用いたほうが楽にできそうです。

ただし、2進法は10進法に比べて「桁が多くなってしまう」という欠点があります。たとえば、10進法では2503は4桁ですみますが、2進法で同じ数を表すと100111000111のように12桁も必要になってしまいます。p.5のTable 1-1を見ても、明らかに2進法のほうが桁が多くなっていますね。

人間は、2進法よりも10進法のほうが扱いやすいと感じます。10進法のほうが桁が少なくてすむため、計算の間違いが少なくなるからです。また、2進法よりも10進法のほうが数の大きさを直感的に判断しやすいという利点もあります。人間の両手の指を合わせると10本であることも、10進法を直感的に理解しやすくしています。

Fig.1-3　10進法の加算の表

+	0	1	2	3	4	5	6	7	8	9
0	0	1	2	3	4	5	6	7	8	9
1	1	2	3	4	5	6	7	8	9	10
2	2	3	4	5	6	7	8	9	10	11
3	3	4	5	6	7	8	9	10	11	12
4	4	5	6	7	8	9	10	11	12	13
5	5	6	7	8	9	10	11	12	13	14
6	6	7	8	9	10	11	12	13	14	15
7	7	8	9	10	11	12	13	14	15	16
8	8	9	10	11	12	13	14	15	16	17
9	9	10	11	12	13	14	15	16	17	18

Fig.1-4　2進法の加算の表

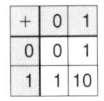

+	0	1
0	0	1
1	1	10

　これに対してコンピュータは、非常に高速に計算できますので、桁の多さは気にしません。コンピュータは人間のような計算間違いはしませんし、数の大きさを直感的に把握する必要もありません。コンピュータにとっては、扱う数字の種類が少なく、計算のルールがシンプルになってくれたほうがありがたいのです。

　まとめましょう。

・10進法では、桁が少なくてすむ代わりに数字の種類が多くなる。
　→人間にとっては、このほうが使いやすい。
・2進法では、数字の種類が少なくてすむ代わりに桁数が多くなる。
　→コンピュータにとっては、このほうが使いやすい。

　このような理由から、コンピュータでは2進法が使われているのです。

　人間は10進法を使い、コンピュータは2進法を使いますから、コンピュータが人間の計算を行うときには10進法と2進法の間で変換を行います。コンピュータは、10進法を2進法に変換し、2進法を使って計算を行い、2進法で得られた計算結果を10進法に変換するのです。

Fig.1-5 人間がコンピュータを使って計算するとき

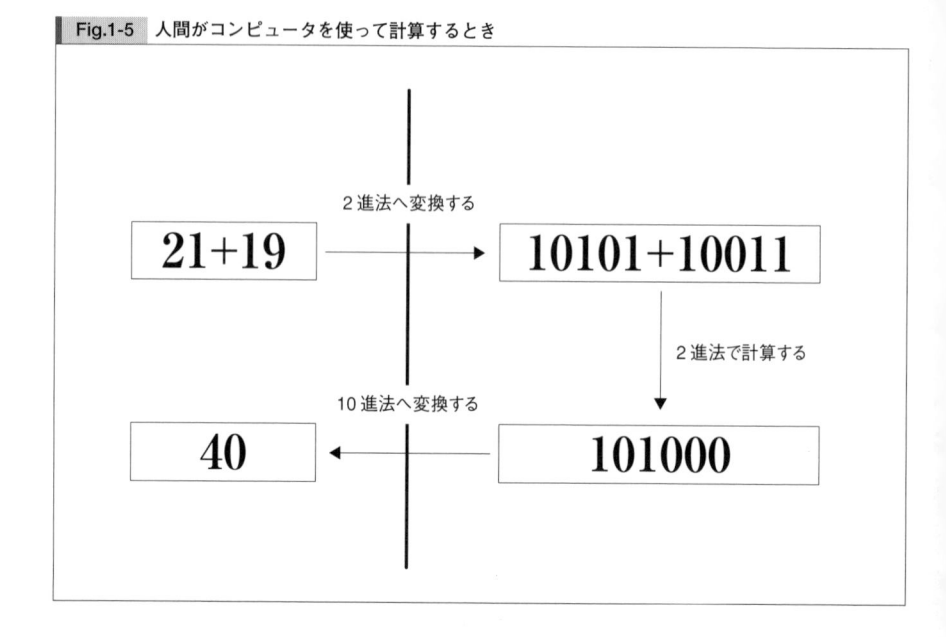

位取り記数法

位取り記数法のお話をしましょう。

位取り記数法とは何か

　10進法と2進法という2つの表記法を見てきましたが、これらの方法は一般に**位取り記数法**と呼ばれています。位取り記数法は10進法や2進法以外にも、いろいろな種類があります。プログラミングでは、8進法や16進法もよく使われます。

●8進法
8進法の特徴は次のとおりです。

　　・使われる数字は、0, 1, 2, 3, 4, 5, 6, 7の8種類。
　　・右から順に、8^0の位、8^1の位、8^2の位、8^3の位……になる（基数は8）。

●16進法

16進法の特徴は次のとおりです。

・使われる数字は、0, 1, 2, 3, 4, 5, 6, 7, 8, 9, A, B, C, D, E, Fの16種類。
・右から順に、16^0の位、16^1の位、16^2の位、16^3の位……になる（基数は16）。

16進法では、10以上を表す数字として、A, B, C, D, E, Fを使います（小文字のa, b, c, d, e, fを使うこともあります）。

●N進法

一般に、N進法の特徴は次のとおりです。

・使われる数字は、0, 1, 2, 3, ..., $N-1$のN種類。
・右から順に、N^0の位、N^1の位、N^2の位、N^3の位、……になる（基数はN）。

たとえば、N進法で$a_3a_2a_1a_0$と4桁で表記される数は、

$$a_3 \times N^3 + a_2 \times N^2 + a_1 \times N^1 + a_0 \times N^0$$

となります（a_3, a_2, a_1, a_0は0〜$N-1$の数字のいずれかです）。

位取り記数法を使わないローマ数字

位取り記数法は、とても自然で当たり前のように感じられますが、位取りを行わない記数法もあります。

たとえば、**ローマ数字**では位取り記数法を使いません。

ローマ数字は、いまでも時計の文字盤にしばしば用いられています。

Fig.1-6　ローマ数字を用いている時計の文字盤

また、映画の最後に流れるクレジットに、年号を表すMCMXCVIIIといったアルファベットが出てくることがあります。これもローマ数字です。

ローマ数字の表記法の特徴は次のとおりです。

- ・位は意味を持たず、数字そのものがその数を示す。
- ・ゼロがない。
- ・I(1)、V(5)、X(10)、L(50)、C(100)、D(500)、M(1000)の文字を使う。
- ・並べた文字が表す数を加えたものが、全体の数になる。

たとえば、Iを3つ並べたIIIは3を表します。また、VとIを並べたVIは6を表します。VIIIは8になります。

ローマ数字の足し算は、ただ記号を並べればよいので簡単でしょうか。たしかに、1+2を計算するには、1を表すIと、2を表すIIを並べてIIIと書くだけですみます。でも、数が多くなるとそう簡単ではありません。

たとえば、3+3の計算は、IIIとIIIを並べてIIIIIIとはならず、5のまとまりを取り出して、VIとなります。CXXIII(123)とLXXVIII(78)との足し算は、CXXIIILXXVIIIのように並べただけではだめで、IIIIIをVに、VVをXに、XXXXXをLに、そしてLLをCにまとめて、CCI(201)にしなければなりません。結局、記号を「まとめる」ところで、位取り記数法の桁上がりと同じような計算をしなければならなくなるのです。

さらに、IVのように、Vの左側にIを置いて5−1すなわち4を表す、という「減算の規則」が使われることもあります(時計の文字盤では、歴史的に4をIIIIと書く場合もあります)。

ここで、ローマ数字のMCMXCVIIIを10進法で表記してみましょう。

$$
\begin{aligned}
MCMXCVIII &= (M) + (CM) + (XC) + (V) + (III) \\
&= (1000) + (1000 - 100) + (100 - 10) + (5) + (3) \\
&= 1998
\end{aligned}
$$

結局、MCMXCVIIIは1998を表すことになります。ローマ数字はなかなか大変ですね。

指数法則

10の0乗は何か

10進法の説明の中で、「1は10^0(10の0乗)」という表現が出てきました(p.4)。すなわ

ち、$10^0 = 1$ ということです。

　もしかしたら、次のような疑問を感じた読者もいるのではないでしょうか。

　　10^2 は《10を2回掛けた数》である。それなら 10^0 というのは《10を0回掛けた数》な
　　のではないか。それなら1ではなく、0になるのではないか。

　この疑問の核心がどこにあるのか、注意深く考えてみましょう。それは、「10^n は《10を
n 回掛けた数》である」という部分にあります。《10を n 回掛けた数》というとき、わたし
たちの頭の中では、n にあたる数として自然に $1, 2, 3, \ldots$ を考えています。このため、《0
回掛けた数》というときに、その意味をどうとらえてよいかわからなくなるのです。

　そこで、《n 回掛けた数》という表現をいったん忘れましょう。そして、**これまで知って**
いる知識から類推して、10^0 を、どのように定めたら妥当かという視点で見ることにします。

　私たちがよく知っているところから始めましょう。

　10^3 は1000で、10^2 は100です。そして、10^1 は10です。

　これらの式を並べて、規則性を探してみましょう。

$$10^3 = 1000$$
$$10^2 = 100$$
$$10^1 = 10$$
$$10^0 = ?$$

（それぞれの間に「10分の1」）

　10の肩に乗った数字（指数）が1減るごとに、数は10分の1になりますね。ということ
は、10^0 は、1と考えるのが妥当ではないでしょうか。0を特別なものだと考えず、0まで
を含めて、

　　指数が1減ると、全体は10分の1になる

というルールを考えるのです。

10^{-1} って何だろう

　10^0 のところで、思考をストップする必要はありません。10^{-1}（10の -1 乗）に対しても、
同じルール「指数が1減ると、全体は10分の1になる」という同じルールを適用してみる
と、次のようになります。

$$10^{0} = 1$$
$$10^{-1} = \frac{1}{10}$$
$$10^{-2} = \frac{1}{100}$$
$$10^{-3} = \frac{1}{1000}$$

10分の1

10分の1

10分の1

...

ルールの拡張

ちょっと整理しましょう。

私たちは、10^nという表記について考えてきました。

nが$1, 2, 3, \ldots$のとき、すなわち$10^1, 10^2, 10^3, \ldots$のことを、「10を1回掛ける」「10を2回掛ける」「10を3回掛ける」……とはじめは考えていました。

ここで、私たちは、「何回掛ける」ということをいったん忘れて、「10^nは、nが1減ると10分の1になる」というルールを見つけました。

nが0のとき、すなわち10^0の値は「何回掛ける」式ではすぐにはわかりません。そこでルールを拡張します。「10^1を10分の1にしたものが10^0である」と考えれば、10^0は1だと定義することができます。

nが$-1, -2, -3, \ldots$のとき、すなわち$10^{-1}, 10^{-2}, 10^{-3}, \ldots$の値も、さらにルールを拡張することで定義することができました。

このようにして、すべての整数n（$\ldots, -3, -2, -1, 0, 1, 2, 3, \ldots$）について、$10^n$という表記の値を定めることができました。$10^{-3}$に対して「10を$-3$回掛ける」という考え方は直感的ではありません。しかし、ルールを拡張するという視点を持てば、nがマイナスであっても10のn乗を「定義」することができるのです。

2^0を考える

10^0と同じようにして、2^0の値も考えてみましょう。

$$2^5 = 32$$
$$2^4 = 16$$
$$2^3 = 8$$
$$2^2 = 4$$
$$2^1 = 2$$
$$2^0 = \:?$$

2分の1

2分の1

2分の1

2分の1

2分の1

2^nは、nが1減ると2分の1になることがわかります。

　ということは、2^1を2分の1にしたものが2^0であると考えるのが妥当ではないでしょうか。つまり、$2^0 = 1$とするのです。

　ここで大切なのは、2^0が何であるかを知識として覚えているのではない、ということです。ルールをシンプルにするためには2^0は何であれば妥当か、を考えているのです。つまり、記憶力の問題ではなく、想像力の問題です。記憶するのは、「ルールをシンプルにするように値を定めよう」という考え方のほうなのです。

▌2^{-1}って何だろう

　10^{-1}と同じようにして、2^{-1}についても考えましょう。もうおわかりですね。2^0を2で割ったら、2^{-1}になると定めます。つまり、$2^{-1} = \frac{1}{2}$です。

　「2を-1乗する」というのは、直感的には想像できません。しかし、ルールをシンプルにし、一貫性のあるものにするために、2の-1乗を$2^{-1} = \frac{1}{2}$のように定義するのです。同様に、$2^{-2} = \frac{1}{2^2}$、$2^{-3} = \frac{1}{2^3}$と考えることができます。

　ここまでの話のまとめとして、パターンがはっきりと浮かび上がるように式を並べてみましょう。

$$10^{+5} = 1 \times 10 \times 10 \times 10 \times 10 \times 10$$
$$10^{+4} = 1 \times 10 \times 10 \times 10 \times 10$$
$$10^{+3} = 1 \times 10 \times 10 \times 10$$
$$10^{+2} = 1 \times 10 \times 10$$
$$10^{+1} = 1 \times 10$$
$$10^0 = 1$$
$$10^{-1} = 1 \div 10$$
$$10^{-2} = 1 \div 10 \div 10$$
$$10^{-3} = 1 \div 10 \div 10 \div 10$$
$$10^{-4} = 1 \div 10 \div 10 \div 10 \div 10$$
$$10^{-5} = 1 \div 10 \div 10 \div 10 \div 10 \div 10$$

$$2^{+5} = 1 \times 2 \times 2 \times 2 \times 2 \times 2$$
$$2^{+4} = 1 \times 2 \times 2 \times 2 \times 2$$
$$2^{+3} = 1 \times 2 \times 2 \times 2$$
$$2^{+2} = 1 \times 2 \times 2$$
$$2^{+1} = 1 \times 2$$
$$2^0 = 1$$
$$2^{-1} = 1 \div 2$$
$$2^{-2} = 1 \div 2 \div 2$$
$$2^{-3} = 1 \div 2 \div 2 \div 2$$
$$2^{-4} = 1 \div 2 \div 2 \div 2 \div 2$$
$$2^{-5} = 1 \div 2 \div 2 \div 2 \div 2 \div 2$$

これを見ると、10^0や2^0を1と定めることの妥当性が理解できると思います。

ところで、ここまでお話ししてきた「ルール」をさらに一般化したものには**指数法則**という名前がついています。指数法則は、次のような式で表されます。

$$N^a \times N^b = N^{a+b}$$

つまり、「Nのa乗にNのb乗を掛けた数は、Nの$a+b$乗に等しい」という法則です（ただし$N \neq 0$）。指数法則については、第7章でも触れます。

0の果たす役割

0の役割：場所を確保する

ここで、0が果たしている役割について考えてみましょう。たとえば、10進法で表記した2503の0は、どのような役割を果たしているでしょうか。2503の0は、10の位が「ない」ことを表しています。でも「ない」からといって、2503の0を書かないわけにはいきません。0を省いて253と書いたら違う数になってしまうからです。

位取り記数法では、位が重要な意味を持ちますから、10の位の数が「ない」としても、そこに何も数字を置かないわけにはいきません。そこで0の出番です。すなわち、0の役割は**場所を確保**しておくことにあるのです。いうなれば、0は上位の桁が落ちてこないように支えているのです。

「ない」ことを表すためのゼロが「ある」ことによって、数の意味を正しく表現することができます。位取り記数法では0の存在が不可欠であるといえるでしょう。

0の役割：パターンを作り出し、ルールをシンプルにする

位取り記数法の解説のところで、「0乗」という表現が出てきました。1のことをわざわざ10^0と表現しましたね。0を使えば、位取り記数法の各位の大きさを、統一的に

$$10^n$$

と表現することができます。さもないと、1の位だけを特別扱いして表現しなければならなくなります。0を使うと、パターンを作り出し、そのパターンを利用して式を表現することができるのです。

各位の数字を上の位から順に、$a_n, a_{n-1}, a_{n-2}, \ldots, a_2, a_1, a_0$と表現すると、10進法の位取

り記数法は、

$$a_n \times 10^n + a_{n-1} \times 10^{n-1} + a_{n-2} \times 10^{n-2} + \cdots + a_2 \times 10^2 + a_1 \times 10^1 + a_0 \times 10^0$$

のように一般化して表現できます。位取り記数法の各桁は、統一的に

$$a_k \times 10^k$$

のように書けることになります。a_kの添字kと10^kの指数kが一致しているのがポイントです。

　位取り記数法を一般化した上の式で、$n = 3$とし、$a_3 = 2$, $a_2 = 5$, $a_1 = 0$, $a_0 = 3$とすれば、2503が作り出せます。

　0を使って「何もない」ということを明示的に書くと、ルールをシンプルにすることができます。多くの場合、シンプルにするのはよいことです。あなたが問題に直面したときにも、「何もない」を明示的に表現することでパターンが発見できないか、考えてみてください。

▌日常生活の中のゼロ

　私たちの日常生活でも、ゼロのように「何もない」ことを表すものを見かけるときがあります。

●予定がないという予定

　私たちは、スケジュール帳を使って予定を管理します。スケジュール帳には「デスクワーク」「出張」「研究会」などの予定が埋まっています。では、「ゼロ」に相当する予定は何になるでしょうか。

　たとえば、「予定が埋まっていない」ことを表す「空き」という仮想的な予定を考えることができます。コンピュータのスケジュール帳で「空き」を検索すると、予定が空いている日を見つけることができます。予定を探すのと同じように「予定がない」ことも探せるのです。

　また、「予定を入れない予定」をゼロだと考えることもできるでしょう。スケジュールに最初から「予定を入れない予定」を入力しておき、スケジュール帳が仕事だけで埋まってしまわないようにするのです。これは、ちょうど位取り記数法のゼロが場所を確保するために使われていることと似ています。

●薬効がない薬

　いま、あるカプセル薬を規則的に飲まなければならないけれど、4日に1回は休む必要があるとしましょう。つまり、3日飲んでは1日休み、3日飲んでは1日休み、というサイ

クルを繰り返すのです。このようなサイクルを忘れずに服用を続けるのは難しいものです。

　そこで、次のようなアイデアが浮かびます。カプセル薬は毎日欠かさず飲むことにする。ただし、4個に1個の割合で「何の効果もない」ダミーのカプセルを飲むようにするのです。カレンダーのような箱を用意して、そこに「今日飲む薬」を置いておけば、さらによいでしょう（Fig.1-7）。

Fig.1-7　カレンダーのような箱に「ダミーのカプセル」を入れておく

　　🔵 ＝ カプセル薬

　　🔵 ＝ ダミーのカプセル

　このようにすると、「今日は飲む日かな、飲まない日かな」と判断する必要がなくなります。薬効が「ない」薬が「ある」ことで、「毎日カプセルを1個飲む」というシンプルなルールになるのです*。

　このときのダミーのカプセルは、位取り記数法の「ゼロ」のような役割を果たしていることがわかりますね。

人間の限界と構造の発見

歴史の流れを振り返って

　現在の私たちは、位取り記数法による10進法を当たり前のように使っています。しかし、ここに至るまでには何千年にもわたる時間と、世界中の文明が関わっています。数の

＊たとえば、経口避妊薬（ピル）は21日間薬を飲み、7日間休みます。28錠のセットでは、7日分が偽薬（プラシーボ、プラセボ）になっており、休みの間も飲み続けるようになっています。

表記法に関する歴史の流れを駆け足で振り返ってみましょう。

　古代エジプト人は、5進法と10進法が混じった表記法を用いました。5のまとまり、10のまとまりごとに、それらを示す記号を使ったのです。しかし、彼らの表記法は位取り記数法ではなく、もちろん0もありませんでした。古代エジプト人は、数字を**パピルス**という紙に書き記しました。

　バビロニア人は、**粘土板**にくさび型の記号を書いて数を表しました。1と10を表す2種類のくさびを使って59までの数を表し、記号を書く位置で60^nの位を表しました。10進法と60進法が混在している**位取り記数法**の誕生です。現代でも、1時間が60分、1分が60秒になっているのは、バビロニアの**60進法**の名残りといえます。粘土板はパピルスと違って、多種類の記号を区別して描くことが困難でしたので、バビロニア人は少ない記号で数を表記する必要がありました。いわば、粘土板というハードウェアの制約が、位取り記数法を生んだのかもしれません。

　ギリシア人は、数を実用的なものと考えただけではなく、そこに哲学的な真理が表現されていると考えました。彼らは、数を図形・宇宙・音楽などと関連付けました。

　マヤ人は、数を数えるときにゼロを起点にしていました。マヤ人が使っていたのは20進法でした。

　ローマ人は、5進法と10進法が混じった**ローマ数字**を使いました。5のまとまりはVになり、10のまとまりはXになります。同様に、50, 100, 500, 1000はL, C, D, Mという文字でそれぞれ表記しました。IVで4、IXで9、XLで40を表すといった、数字を左側に並べて引き算として表現する方法は後代に作り出されたもので、古代ローマでは使われていませんでした。

　インド人は、バビロニアから伝わった位取り記数法を取り入れるとともに、ゼロも数であるとはっきり認識していました。しかも、彼らは**10進法**を採用しました。現在私たちが使っている0, 1, 2, 3, 4, 5, 6, 7, 8, 9は、インド数字ではなく**アラビア数字**と呼ばれていますが、これは、インドの数字を西欧に伝えたのがアラビアの学者だったからでしょう。

　数をどのように表記するか、ということに、これだけたくさんの国や文明が関わっていたのですね。

▎人間の限界を超えるために

　ここで、少し根源的な問題を考えてみましょう。**どうして人間は数の表記法を考え出す必要があったのでしょうか。**

　ローマ数字では1, 2, 3を、I, II, IIIと表記します。4は、IIIIやIVと書きます。5はVになります。でも、5をIIIIIと書いてもよさそうなものですよね。そうしなかったのはなぜでしょう。

　答えはすぐに想像がつきます。**数が大きくなってくると扱いが難しくなるから**です。た
とえばIIIIIIIIIとIIIIIIIIIIではどちらが多いでしょうか。すぐにはわかりません。でも、
XとXIならばすぐに比較することができるでしょう。Iをずらっと並べただけでは、大き
な数を表すのに不便です。そこで昔の賢い人は、大きな数を表すための「まとまり」を作
ったのです。

　大きな数を表すために「まとまり」を作るというのは当たり前のようですが、実はここ
に、私たちにとって極めて重要な考え方が示されています。「じゅうに」を表現するなら
IIIIIIIIIIIIよりもXIIと表したほうが便利、いや、位取り記数法を使って12と表すほうが
もっと便利……。ここにある教訓は何でしょうか。

　それは、「**大きな問題は、小さな『まとまり』に分けて解け**」ということです。

　大きな数を効率よく表現することは、古代の人にとって重要な問題でした。それに対す
る歴史の解答が10進法および位取り記数法です。人間の能力に限界があるために、工夫
が必要だったのです。もしも人間が数に対して、もっと高い認識能力を持っていたら、
「まとまり」を作る数の表記法は発達しなかったかもしれませんね。

　人間が宇宙にロケットを飛ばし、遺伝子情報を解析し、インターネットを飛び交う情報
を処理するようになると、私たちが扱う数は爆発的に大きくなってきます。そうすると、位
取り記数法でも不十分です。1000000000000と10000000000000ではどちらが大きいか、す
ぐにはわかりませんね。そこで指数を使った表現が重要になります。

　10^{12}と10^{13}なら、後者が大きいことがすぐにわかります。指数を使った表現は、0の個
数に着目してまとめたものです。

　問題は、数の表記法にとどまりません。現代の私たちは、コンピュータを使い、人間の
手には負えないほど大きなスケールの問題を解こうとしています。懸命にプログラムを作
り、大規模な問題をいかに短時間で解くかに心を砕きます。「大きな問題は、小さな『ま
とまり』に分けて解け」という解法は、現代でも生きています。「大きな問題を解きたか
ったら、いくつかの小さな『まとまり』に分けよ。まとまりがまだ大きかったら、さらに
小さな『まとまり』に分けよ。十分小さくなったところで、それを解け。」このような手
法が重要なのは、いまでも同じことです。大きなプログラムを作るときも、複数の小さな
プログラム（モジュール）に分けて開発するのが普通です。

　ここで紹介した「大きな問題は、小さな『まとまり』に分けて解け」は、本書のテーマ
の1つです。このテーマは、本書のあちこちに姿を変えて登場します。ぜひ、うまく見つ
け出してください。

この章で学んだこと

　この章では、位取り記数法を通して、ゼロが果たす役割について考えました。ゼロは実質的な量を持ちませんが、桁を埋める役割を果たし、ゼロのおかげでシンプルな位取り記数法が可能になります。

　また、指数法則についても学びました。特に、0乗をどのように定義することが妥当なのかについて考えましたね。ルールをシンプルに保ったままで概念を拡張することの大切さを理解してください。

　この章では、ゼロという「1つの数字」に焦点をしぼって考えを進めてきました。次の章では「2つに分ける」ということについて考えます。

◉おわりの会話

生徒「楽譜の休符もゼロみたいなものですか」

先生「そうですね。音を出さないことを明示的に示していますね」

生徒「ゼロは『穴』というより『穴埋め』なのですね。場所を確保しているわけですから」

先生「そのとおり。それをプレースホルダー（placeholder）といいます」

生徒「プレースホルダー？」

先生「プレースホルダーはパターンを生み、パターンはシンプルなルールを生みます」

生徒「なるほど。ゼロというプレースホルダーで、シンプルな位取り記数法が作られているのですね」

第 **2** 章

論理

true と false の2分割

TRUE　　　　FALSE

◉はじめの会話

技術者「このダムでは、非常ボタンが押されるか**または**危険水位を越えた場合に、サイレンが
　　　　鳴るシステムになっています」

質問者「その《または》は排他的でしょうか」

技術者「と言いますと？」

質問者「つまり、非常ボタンが押されて**かつ**危険水位も越えた場合には、サイレンは鳴りますか」

技術者「もちろん鳴りますとも」

　　　＊　　　＊　　　＊

発言者「彼は現在、東京**または**大阪にいます」

質問者「その《または》は排他的でしょうか」

発言者「と言いますと？」

質問者「つまり、彼は東京**かつ**大阪にいることもあるんでしょうか」

発言者「そんなこと、あるわけないじゃないですか」

この章で学ぶこと

　この章では、論理について学びます。

　まず、プログラマにとって、なぜ論理が大切なのかを簡単にお話しします。次に、バス
料金の例題を使って、文章でルールを読む際の注意点を学びます。それから、真理値表、
ベン図、論理式、カルノー図などを使って、複雑な論理を解きほぐす練習をします。最後
に、未定義値を含む3値論理を紹介しましょう。

どうして論理が大切なのか

論理はあいまいさをなくす道具

　ふだん私たちが使っている言葉──自然言語──は、どうしてもあいまいで不正確にな
りがちです。上の「はじめの会話」に出てきた「または」という言葉にしても、正確な意
味はひとつに決まりません。しかし、仕様書（どのようなプログラムを作るかを記述した
文書）は、自然言語で書かれるのが普通です。ですからプログラマは、自然言語のあいま
いさに惑わされないように注意して仕様書を読み、正確な意味を定めるようにしなければ
なりません。

　この章で学ぶ「論理」は、自然言語のあいまいさをなくし、厳密で正確にものごとのあり方を記述するための道具です。たとえば、論理の言葉（論理式）を使って仕様書を表現しようとすると、仕様書の中のあいまいな部分、矛盾を含んだ部分が見つかることがあります。また、論理の助けを借りて、ややこしい仕様書をシンプルで理解しやすい形に変換できる場合もあります。

　ですからプログラマは、論理というものをよく理解し、自由に使いこなせる道具として磨き上げておく必要があるのです。

論理に対して否定的に感じている方へ

　プログラマにとって、論理的に考えることはとても重要です。自分がうれしいときも、悲しいときも、コンピュータは論理的に動くからです。「プログラム、うまく動け！」といくら願ったとしても、論理的に誤ったプログラムは正しく動きません。また逆に「このプログラム、うまく動くんだろうか」と不安でたまらなくても、論理的に正しいプログラムは何百万回でも正しく動きます。プログラムは、私たちの感情とは無関係に動作するのです。

　「論理は、冷たくて機械的で融通が利かない」とたくさんの人が考えています。たしかに論理には、そのような性質があります。でも、だからこそ私たちの役に立つのです。私たちはコンピュータを使って仕事をしています。人間は、感情に揺り動かされる不安定な生き物ですが、コンピュータは違います。冷たくて機械的で融通が利かないからこそ、コンピュータはいつも安定して動くのです。

　プログラマは、人間とコンピュータの境界線に立っています。論理的に考え、論理的に表現するなら、常識や感情などに惑わされない、きっちりした仕様やプログラムを作ることができます。プログラムとして書き表すまでは、プログラマががんばらなければなりません。しかし、その後は、コンピュータががんばってくれるのです。

　抽象的なお話はこれくらいにして、具体的な問題を考えてみましょう。

乗車料金の問題 —— 網羅的で排他的な分割について

　バス料金の例題を通して、論理の根本にある考え方「網羅的で排他的な分割」について学びます。

バス料金のルール

　あるバス会社Aの乗車料金は、次の「料金ルールA」で決まっています。

料金ルール A

乗客の年齢が6歳以上	100円
乗客の年齢が6歳未満	0円

　この料金ルールAに従うと、13歳のアリスの乗車料金は100円になります。アリスの年齢は6歳以上だからです。また、4歳のボブの乗車料金は0円になります。ボブの年齢は6歳未満だからです。それでは、6歳のチャーリーの乗車料金はどうなりますか。チャーリーの年齢は6歳以上ですので、乗車料金は100円になります。6歳**以上**というときには6歳を含みます。

　ここまでは、何も難しいことはありません。

命題と真偽

　これから説明を続けるために、いくつかの用語を解説しておきましょう。

　料金ルールAで、乗車料金を調べるときには、常に乗客の年齢が6歳以上かどうかを調べます。**正しいか正しくないかを判断できる文**のことを、**命題**（proposition）と呼びます。たとえば、以下の文は正しいかどうかを判断できるので、すべて命題です。

- ・アリス（13歳）の年齢は6歳以上である。
- ・ボブ（4歳）の年齢は6歳以上である。
- ・チャーリー（6歳）の年齢は6歳以上である。

　命題が正しいとき、その命題は「**真**である」といいます。正しくないとき、その命題は「**偽**である」といいます。真のことを**true**、偽のことを**false**ともいいます。

　上に示した3つの命題の真偽は次のようになります。

- ・アリス（13歳）の年齢は6歳以上である。　……真（true）の命題
- ・ボブ（4歳）の年齢は6歳以上である。　　……偽（false）の命題
- ・チャーリー（6歳）の年齢は6歳以上である。……真（true）の命題

　命題は、絶対にtrueかfalseのどちらかになります。trueとfalseの両方になるものは命題とは呼びません。また、trueとfalseのどちらでもない、というものも命題とは呼びません。

　料金ルールAを使って乗車料金を知りたいときには、乗客の年齢を調べ「乗客の年齢は6歳以上である」という命題の真偽を判定しました。もしも真ならば乗車料金は100円に

なり、もしも偽ならば乗車料金は0円になります。

　ここでは、命題、真（true）、偽（false）という言葉を覚えました。

「もれ」はないか

　p.26の料金ルールＡのような規則を読むときには、

　　「もれ」はないか？

と問うのが大切です。料金ルールＡに「もれがない」というのは、どんな乗客に対しても、「乗客の年齢は6歳以上である」の真偽を判定できるということです。

　ルールＡには、もれはありません。バスにどんなお客さんが乗ってくるかわかりませんが、どんな人であっても年齢を持っていますから、真偽の判定を行うことができますね。

◆クイズ……もれがあるルール

　次に示す料金ルールＢの「もれ」を探してください。

料金ルールＢ
(もれがある)

乗客の年齢が 6 歳より上	100円
乗客の年齢が 6 歳未満	0円

◆クイズの答え

　乗客が6歳の場合がもれています。

　料金ルールＢは、「6歳より上の場合」と「6歳未満の場合」については料金を定めています。しかし、乗客が「6歳ちょうどの場合」に料金がいくらになるかは定めていません。このように「もれ」があるので、料金ルールＢは乗車料金を定めるルールとしては不適切です。

「だぶり」はないか

　ルールに「もれ」がないことを確認するだけではなく、

　　「だぶり」はないか？

と問うことも大切です。たとえば料金ルールなら、ある乗客に対して、2種類の料金が対

応していないかどうかを確認するのです。

◆クイズ……だぶりがあるルール

次に示す料金ルールCの「だぶり」を探してください。

料金ルールC
（だぶりがある）

乗客の年齢が 6 歳以上	100円
乗客の年齢が 6 歳以下	0円

◆クイズの答え

乗客が6歳の場合がだぶっています。

料金ルールCでは「6歳以上の場合」と、「6歳以下の場合」の両方に6歳が含まれていますので、このルールには「だぶり」があることになります。それぞれの場合で料金が異なりますので、料金ルールCは不適切です。

ここで注意すべきことは、だぶっている部分が矛盾しているという点です。もしも次のような料金ルールDならば、6歳の場合の記述が無駄ですが、矛盾してはいません。

料金ルールD
（だぶりはあるが、矛盾してはいない）

乗客の年齢が 6 歳以上	100円
乗客の年齢が 6 歳	100円
乗客の年齢が 6 歳未満	0円

数直線を書いて考えよう

「もれ」や「だぶり」がないことを調べるのは大切です。乗車料金のルールのような仕様を調べるときには、文章を読むだけではなく、次のような**数直線を書く**のがよいでしょう。

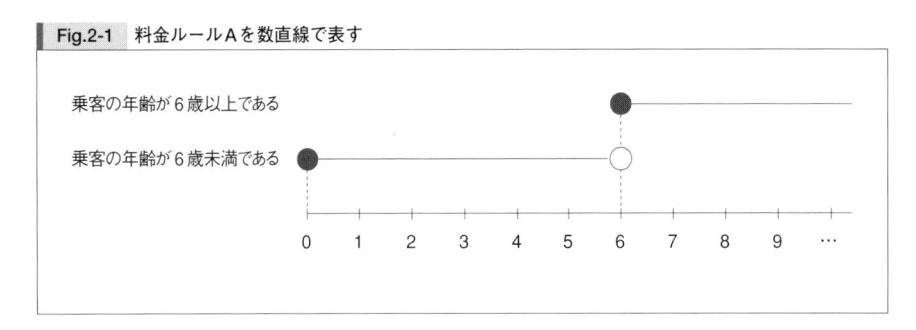

Fig.2-1　料金ルールAを数直線で表す

この図では、「乗客の年齢は6歳以上である」という文を真にする年齢の範囲を●──という図形で表し、偽にする年齢の範囲を●──○という図形で表しました。記号●はその点を含むことを表し、記号○はその点を含まないことを表します。この図を見ると「もれ」や「だぶり」がないことが調べやすいですね。

「もれ」がある料金ルールB（p.27）を図示してみると、○が重なることがわかります。

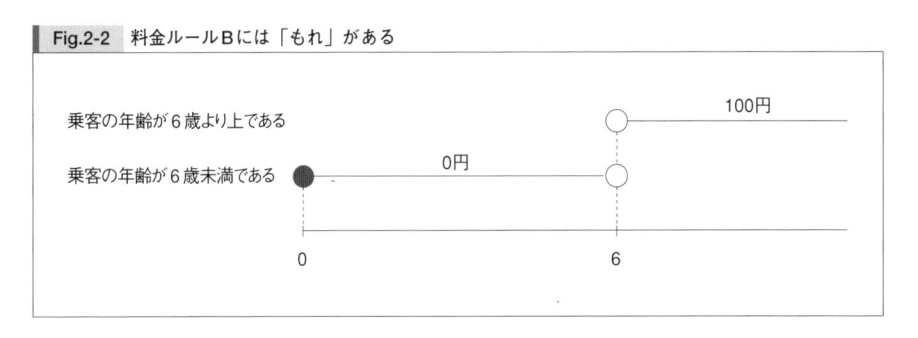

Fig.2-2　料金ルールBには「もれ」がある

「だぶり」のある料金ルールC（p.28）では、逆に●が重なります。

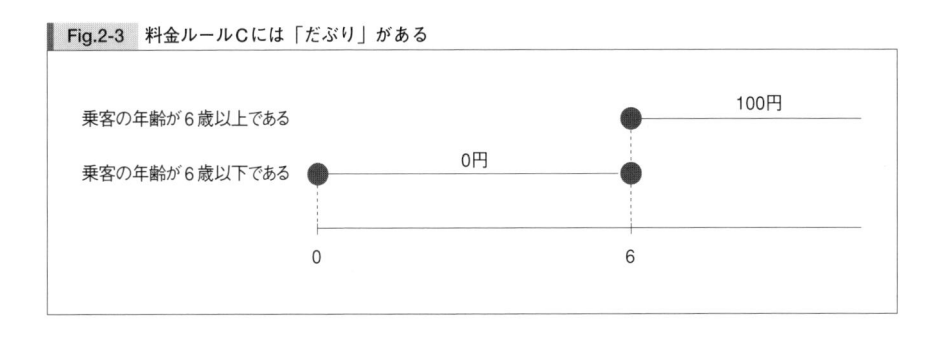

Fig.2-3　料金ルールCには「だぶり」がある

境界に注意しよう

　数直線を見ると、**境界に注意する**のがとても大切であることがわかります。この章で考えている料金ルールでは、0歳の部分と6歳の部分が境界になります。仕様の誤りやプログラムの誤りは、しばしば境界で発生します。ですから、数直線を書いて考えるときには、いつも、境界を含むのか・含まないのかをはっきりさせます。境界がはっきりしないような図（Fig.2-4）を描いてはいけません。

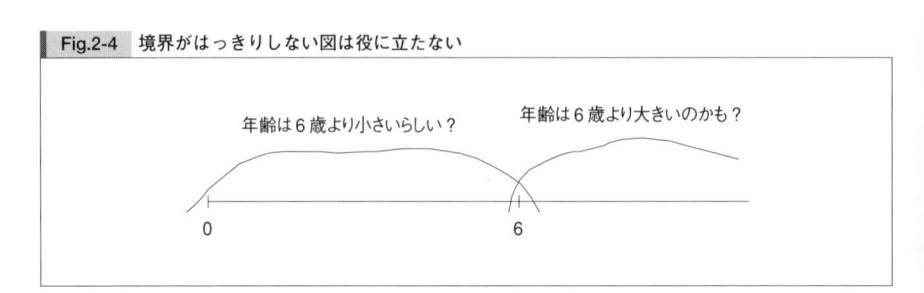

Fig.2-4　境界がはっきりしない図は役に立たない

網羅的で排他的な分割をしよう

　ルールを考えるとき、「もれ」や「だぶり」がないことを確認するのはとても大切です。「もれ」がないこと——**網羅的**であること——によって、そのルールがどんな場合にも適用できることがはっきりします。

　「だぶり」がないこと——**排他的**であること——によって、そのルールに矛盾がないことがはっきりします。

　大きな問題に出合ったときには、それをたくさんの小さな問題に分割して解きます。そのときによく使われるのが**網羅的**で**排他的**な**分割**です。大きくて解きにくい問題であっても、網羅的で排他的な分割によって、小さくて解きやすい問題に変換することができるのです。網羅的で排他的な分割は、MECE（Mutually Exclusive and Collectively Exhaustive）とも呼ばれます。

if文は問題を分割する

　いま、p.26の料金ルールAを元にして「乗車料金を表示するプログラムを作る」という問題が与えられたとしましょう。この問題は、「乗客の年齢は6歳以上である」という命題が「真の場合」と「偽の場合」の2つに分割することができます（Fig.2-5）。

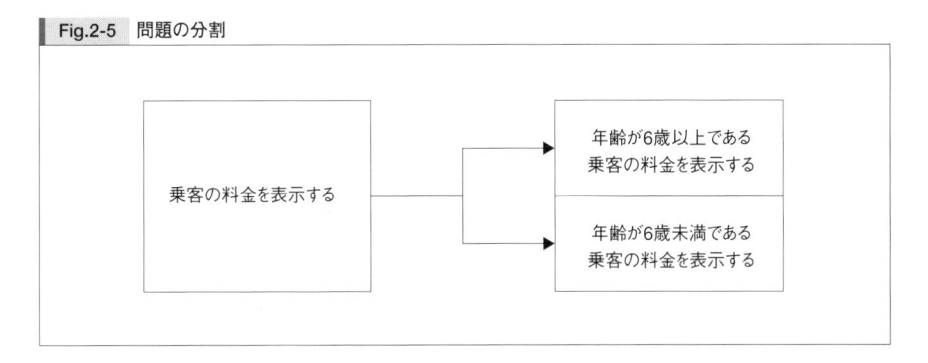

Fig.2-5　問題の分割

「年齢が6歳以上である乗客の料金を表示する」という問題は、料金ルールAからすぐに解くことができます。「料金は100円」と表示すればいいからです。

「年齢が6歳未満である乗客の料金を表示する」という問題も、料金ルールAからすぐに解くことができます。「料金は0円」と表示すればいいですね。

大きな問題を、2つの小さな問題に「分割して解く」というポイントをよく理解してください。

実は、このような「命題の真偽」に応じて問題を分割しているのが、プログラムでよく使うif文です。

```
if　（乗客の年齢は6歳以上である）｛
　　「料金は100円」と表示する
｝ else ｛
　　「料金は0円」と表示する
｝
```

if文のような条件分岐は「網羅的で排他的な分割」を表現しているのですね。

論理の基本は2分割

ここまでで、「そんなこと、当たり前じゃないか」と思われている読者がおられるかもしれません。

熟練したプログラマは、「網羅的で排他的な分割」を意識せずにif文を書くことができます。すばやく条件式を作り、条件が真のときと偽のときの処理をさっと書き上げてしまうでしょう。特に、ここに示したような単純なルールの場合には、if文を書くのも一瞬でしょう。

しかし、と私は思います。プログラマはif文を何十、何百と書きます。一つ一つは単純であっても、複雑に組み合わせたif文の中のどこかでミスをおかし、バグが生まれるのです。

　ですから、私たちはシンプルなif文であっても、「網羅的で排他的な分割」であることを意識してプログラミングする必要があります。ここに示したバス料金ルールは、「もれ」と「だぶり」について意識してもらうための例なのです。

　網羅的で排他的な分割を組み合わせて表現するのが論理の基本です。そこで行っているのは世界をたった2つに分割することですが、2つの分割を積み重ねれば複雑なことも明確に表現できるのです。

　以下では、複雑な命題の作り方と、その解きほぐし方について学んでいきましょう。

複雑な命題を組み立てる

　命題はいつも単純とは限りません。複雑に絡み合った状況を表現するためには、複雑な命題を組み立てる必要があります。

　たとえば、「乗客の年齢は6歳未満で、かつ乗車日が日曜日ではない」はちょっと複雑な命題です。これは、「乗客の年齢が6歳未満である」と「乗車日が日曜日ではない」という2つの命題を組み合わせて作りました。「乗客の年齢は6歳未満で、かつ乗車日が日曜日ではない」は、正しいか・正しくないかを定めることができるので、たしかに命題といえますね。

　この節では、命題を組み合わせて新しい命題を作る方法についてお話しします。

否定 —— Aではない

　「乗車日は日曜日**である**」という命題を元にして、「乗車日は日曜日**ではない**」という命題を作り出すことができます。このような「……ではない」という命題を作る演算を**否定**と呼びます。英語では**not**で表しますね。

　ある命題をAとすると、Aの否定は論理式では、

　　¬A　　（ノット・エイ）

と表記します＊。

●真理値表

　「Aではない」ということ、すなわち¬Aという論理式の意味を厳密に定義しましょう。文章を使って説明してはあいまいになる危険性がありますので、**真理値 表**という表を使います（Fig.2-6）。

＊　¬Aは、Ā と表記する場合もあります。

Fig.2-6　真理値表を使った演算子 ¬ の定義

A	¬A	
true	false	Aが true のとき、¬Aは false
false	true	Aが falseのとき、¬Aは true

この表は、¬という演算子の**定義**であり、

・命題Aがtrueのとき、命題¬Aはfalseである。
・命題Aがfalseのとき、命題¬Aはtrueである。

ということを述べています。

　Aは命題ですから、必ずtrueかfalseのいずれかになりますね。ですから、この真理値表はすべての場合を尽くしていることになります。**真理値表は「もれ」や「だぶり」のない、網羅的で排他的な分割を表現しています。**

●2重否定は元に戻る

　否定は2回繰り返すと元に戻ります。「乗車日は日曜日ではない、ではない」という命題は、「乗車日は日曜日である」という命題に等しくなります。一般に、

　　¬¬AとAは等しい

といえそうです。

　「¬¬AとAは等しい」は当たり前のように感じますが、きちんと「証明」することもできます。どうやって証明すればよいのでしょうか。はい、真理値表を使えばよいのです。

　Aの真偽を元にして、¬Aの真偽が定まります。¬Aの真偽が定まれば、¬¬Aの真偽が定まります。これを真理値表としてまとめると、Fig.2-7のようになります。

　左端の列（A）と右端の列（¬¬A）を比較しましょう。Aはtrueかfalseのいずれかであり、そのいずれの場合でも、Aと¬¬Aはいつも同じ値になります。したがって、Aと¬¬Aは等しいといえます。

　このように真理値表は、演算子の「定義」だけではなく、「証明」に使うこともできます。

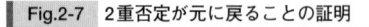

Fig.2-7　2重否定が元に戻ることの証明

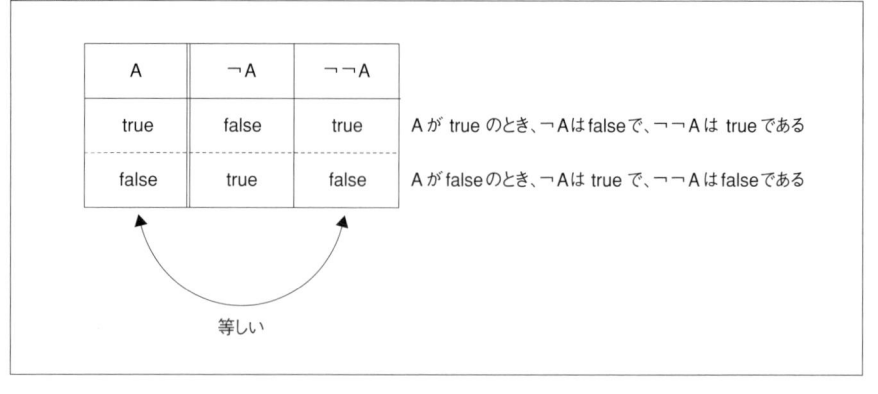

A	¬A	¬¬A	
true	false	true	Aが true のとき、¬Aは false で、¬¬Aは true である
false	true	false	Aが false のとき、¬Aは true で、¬¬Aは false である

等しい

●ベン図

　真理値表は便利な道具ですが、表の形になっているので、パッと見ただけではわかりにくいときがあります。**ベン図**（ヴェン図、Venn diagram）という図を使うと、命題の真偽をわかりやすく表現することができます。

　Fig.2-8に、命題Aと命題¬Aの関係を表したベン図を示します。染めてある部分に注目してください。

Fig.2-8　命題Aと命題 ¬Aを表したベン図

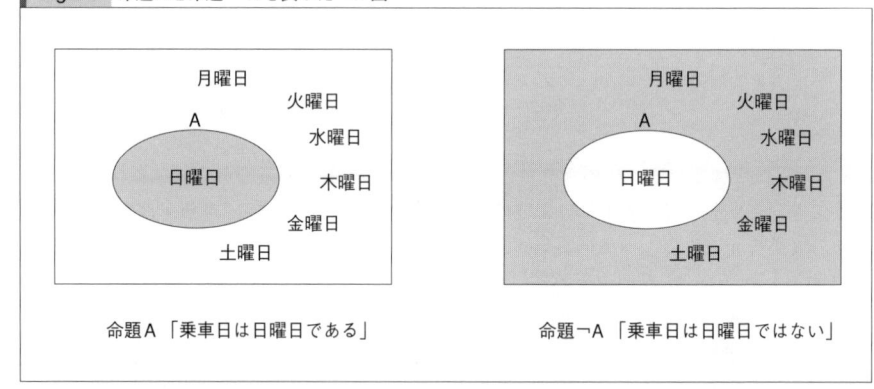

命題A「乗車日は日曜日である」　　　　命題¬A「乗車日は日曜日ではない」

　もともと、ベン図は集合の関係を表すための図です。外側の四角は全体の集合を表します。ここでは「すべての曜日の集合」を表します。Aを「乗車日は日曜日である」という命題だとすると、内側の楕円の中は「日曜日の集合」を表しています。すなわち、この領域は「命題Aがtrueになる曜日の集合」を表していることになります*。

　さて、四角の領域が「すべての曜日の集合」で、楕円内の領域が「日曜日の集合」だとすると、この楕円の部分を取り除いた残りの部分は何でしょうか。もちろん、「日曜日ではない曜日の集合」になります。これは、「命題Aがfalseになる曜日の集合」あるいは「命題¬Aがtrueになる曜日の集合」といえます。

　この2つのベン図を見比べると、命題Aと命題¬Aの関係を直感的に理解することができるでしょう。

論理積 —— A かつ B

　「年齢が6歳以上である」と「乗車日は日曜日である」という2つの命題を組み合わせて、「年齢が6歳以上であり、**かつ**、乗車日は日曜日である」という新しい命題を作ることができます。このような「A かつ B」という命題を作る演算を**論理積**と呼びます。英語では**and**で表します。

　「A かつ B」という命題は、論理式では、

　　A ∧ B　　　（エイ・アンド・ビー）

と表記します。A∧Bは、「AとBの両方がtrueの場合だけtrue」になる命題です。

●真理値表

　先ほどと同じように、A∧Bの真理値表を書いてみましょう（Fig.2-9）。これが、演算子∧の定義です。

Fig.2-9　演算子∧の定義

A	B	A ∧ B
true	**true**	**true**
true	false	false
false	true	false
false	false	false

A∧Bは、AとBの両方が trueのときだけ true

＊　「乗車日は日曜日である」という文章は、乗車日がいつなのかを決めて初めてtrueかfalseかが決まります。この場合、命題と呼ぶよりも乗車日に関する条件と呼ぶほうが適切です。ここでベン図が表しているのは、「乗車日は日曜日である」という条件をtrueにする乗車日をすべて集めた集合といえます。

　元になる命題が A と B の 2 つですから、真理値表の行数は 4 行になります。A が true/false のどちらかであり、そのそれぞれに対して B も true/false のどちらかになるので、すべての場合は 2×2 で 4 通りになるわけです。これで、すべての場合を「もれ」も「だぶり」もなく尽くしていますね。ここにも、「網羅的で排他的な分割」があります。

　真理値表 Fig.2-9 が「∧」の定義になります。人に説明するときには「A と B の両方が true のときだけ、A∧B は true になるんだよ」とシンプルに言えますが、真理値表で表すときには、このように「すべての場合」を書き並べることになります。

● ベン図

　A∧B を、ベン図を使って表現しましょう。A と B の 2 つの命題に対応した円をそれぞれ描き、その両方が重なり合った部分を染めます。この染めた部分が A∧B に対応していることになります。重なっている部分は、A の円の内部でもあり、かつ B の円の内部でもあるからです。

Fig.2-10　A∧B を表したベン図

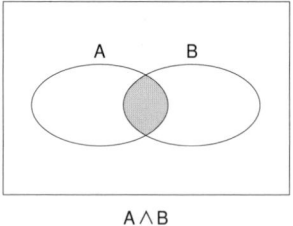

A∧B

◆ クイズ……ベン図を描く

　¬(A∧B) という論理式をベン図で描くとどうなりますか。

◆ クイズの答え

　¬(A∧B) のベン図は Fig.2-11 のようになります。いったん Fig.2-10 のように A∧B を表すベン図を考え、その色を反転させて否定を求めればよいのです。

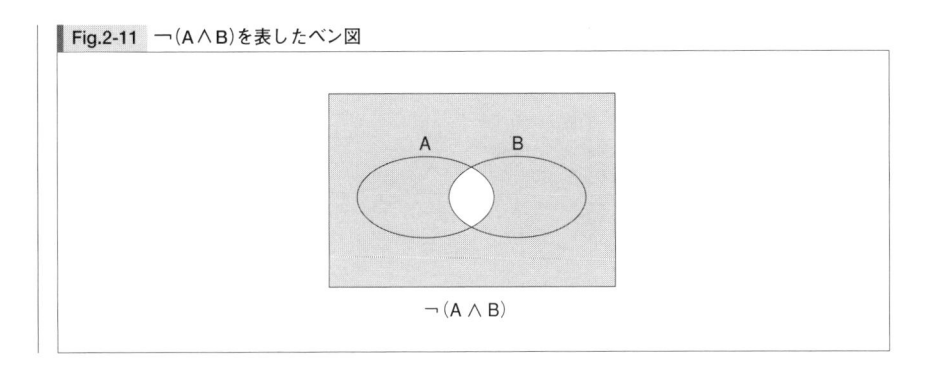

Fig.2-11　¬(A∧B)を表したベン図

¬(A∧B)

論理和 —— A または B

　あるスーパーでは、「クーポン券Aを持っているか、または、クーポン券Bを持っている」というお客様に対して、割引が適用されるとしましょう。クーポン券A, Bの両方を持っていてもかまいません。「クーポン券Aを持っているか、**または**、クーポン券Bを持っている」は、「クーポン券Aを持っている」と「クーポン券Bを持っている」という2つの命題を組み合わせて作った命題といえます。このような「A または B」という命題を作る演算を**論理和**と呼びます。英語では or です。

　「A または B」という命題は、論理式では、

　　　A∨B　　　（エイ・オア・ビー）

と表記します。A∨Bは、1つの命題であり、「AとBの少なくともどちらか片方がtrueのときにtrue」という性質を持っています。

●真理値表

　いつものように、A∨Bの真理値表を書いてみましょう。これが演算子∨の定義になります（Fig.2-12）。この真理値表を見ると、A∨Bは、AとBの両方がfalseのときだけfalseになり、それ以外はtrueになることがわかります。

　「少なくとも…」という表現が出てきたときには、否定を考えるとわかりやすく整理できることが多いものです。演算子∨を人に説明するときでも、

　　　・AとBの少なくともどちらか片方がtrueのときにtrueになる

というよりも、

　　　・AとBの両方がfalseのときだけfalseになる

といったほうが簡潔ですね。

Fig.2-12　演算子∨の定義

A	B	A ∨ B	
true	true	true	
true	false	true	
false	true	true	
false	**false**	**false**	A∨Bは、AとBの両方がfalseのときだけfalse

　このように、真理値表は「定義」や「証明」をするだけではなく、より簡潔な表現を見つけるために役立つ場合もあります。真理値表は便利な道具なのです。

●ベン図

　A∨Bのベン図を描いてみましょう（Fig.2-13）。

Fig.2-13　A∨Bを表したベン図

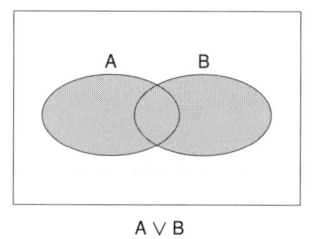

A ∨ B

　AとBの2つの命題に対応した円を描き、Aの内部を染め、Bの内部も染めます。もちろん、AとBの重なり合った部分も染めます。この染めた部分がA∨Bに対応していることになります。染めた部分は、Aの円の内部か、またはBの円の内部に入っているからです。

◆クイズ……ベン図を描く

(¬A)∨(¬B)という論理式をベン図で描くとどうなりますか。

◆クイズの答え

Fig.2-14のようになります。

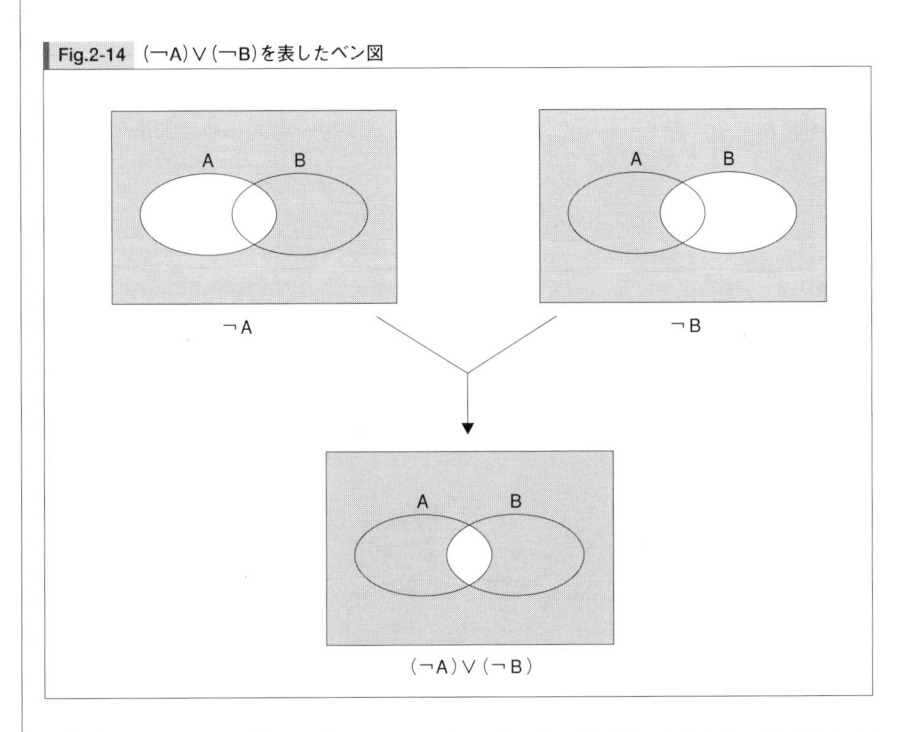

Fig.2-14　(¬A)∨(¬B)を表したベン図

　まず、¬Aのベン図と、¬Bのベン図を描いておき、その2つを重ね合わせるようにして、(¬A)∨(¬B)のベン図を描くとわかりやすいでしょう。

　ここで、p.37で示した¬(A∧B)のベン図(Fig.2-11)と、(¬A)∨(¬B)のベン図(Fig.2-14)が一致していることに気づきましたか。この2つのベン図が一致するのは偶然ではありません。これをド・モルガンの法則といいますが、詳細については後ほどお話しします。

　ベン図が一致するということは、¬(A∧B)と(¬A)∨(¬B)とが等しい命題であることを意味しています。¬(A∧B)という論理式を文章で書けば、「AかつB、ではない」になり、(¬A)∨(¬B)を文章で書けば、「Aではないか、または、Bではない」になります。でも、2つの文章の両方が同じ意味になることには、なかなか気づきませんね。でもベン図を描いてみると、両方が等しいことがはっきりとわかります。

排他的論理和 —— A または B（でも両方ではない）

　「彼は現在東京にいる」という命題と、「彼は現在大阪にいる」という命題を組み合わせて、「彼は現在東京にいる、**または**、彼は現在大阪にいる」という命題を作ったとします。ここで使われている「または」は、先ほど述べた論理和とは異なります。なぜなら、ここでは、彼が現在、東京と大阪の**どちらか一方だけ**にいることを述べていて、両方にいるということは想定していないからです。

　「AまたはB（でも両方ではない）」という演算を**排他的論理和**と呼びます。英語では**exclusive or**といいます。論理和と似ていますが、AとBの両方がtrueの場合の振る舞いが異なります。AとBの排他的論理和は、「AとBの一方だけがtrueならばtrueになるが、両方がtrueならばfalseになる」という命題になります。

　論理式では、

　　A ⊕ B

と表現します。

●真理値表

　A ⊕ Bはそれほど直感的ではないので、真理値表を書いて、じっくり調べてみましょう。

Fig.2-15 演算子 ⊕ の定義

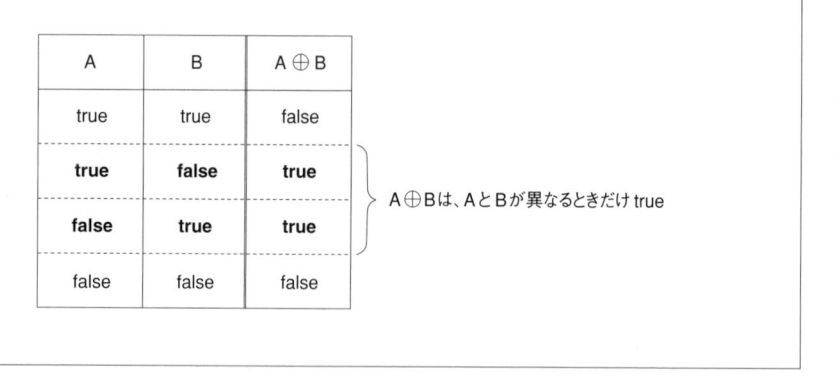

A	B	A ⊕ B
true	true	false
true	**false**	**true**
false	**true**	**true**
false	false	false

A ⊕ Bは、AとBが異なるときだけ true

　この真理値表を見ると、A ⊕ Bというのは「AとBが異なるときだけtrueになる」ことがわかります。

●ベン図

A⊕Bのベン図を描いてみましょう。

Fig.2-16 A⊕Bを表したベン図

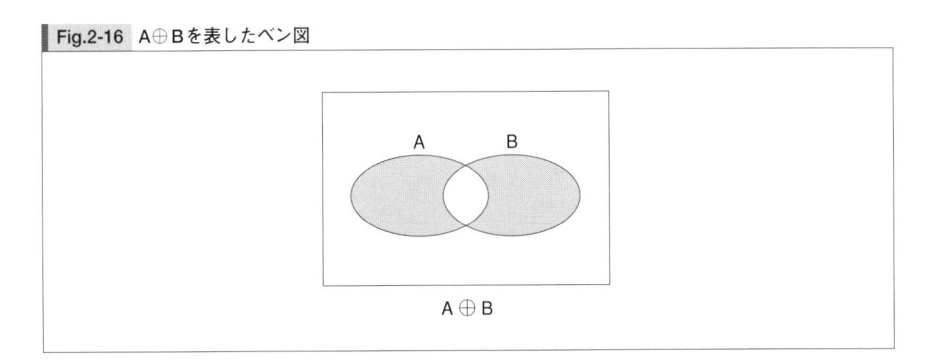

　AとBの2つの命題に対応した円を描き、Aの内部を染め、Bの内部も染めます。ただし、**AとBの重なり合う部分は染めません。**このとき染まっている部分がA⊕Bに対応していることになります。

●回路図

　排他的論理和A⊕Bは、Fig.2-17のような電気回路で表現することもできます。この回路には電池と電球が1個ずつあり、AとBの2個のスイッチがあります。それぞれのスイッチは2箇所の端子に接続することができ、上と接続したらtrue、下と接続したらfalseという約束にします。

Fig.2-17 A⊕Bを表す回路図

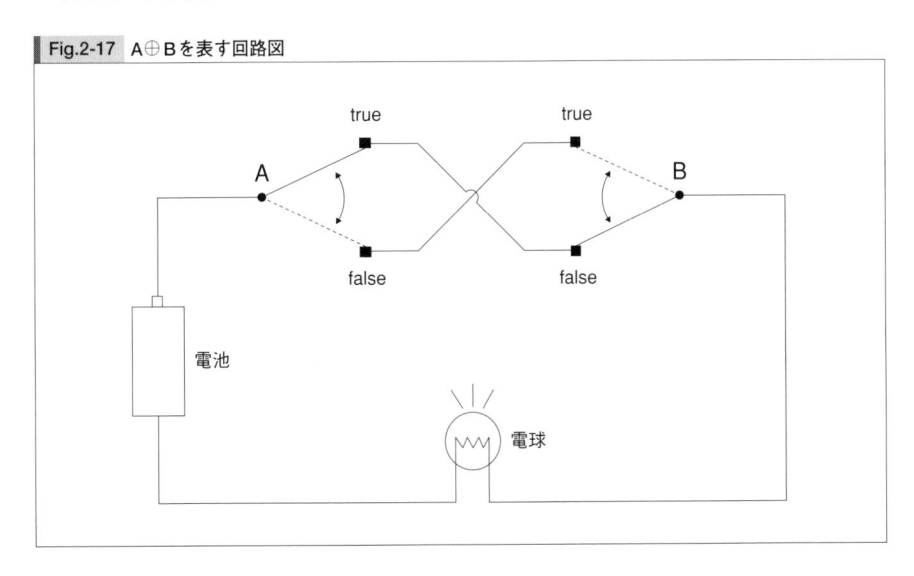

　このようにしたとき、AとBのtrueとfalseの組み合わせによって、電球がついたり消えたりするでしょう。電球がつくことをtrue、消えることをfalseだとすると、この回路はちょうどA⊕Bに対応します。両方のスイッチが異なるときにのみ電球がつくからです。

等値 —— AとBは等しい

　2つの命題A, Bがあるとして、「AとBは等しい」というのも1つの命題になります。本書では、「AとBは等しい」を表す論理式を

　　A = B

と書きます。=は「等しい」ことを示す演算子です*。

●真理値表
　演算子=を、真理値表を書いて定義しましょう。

Fig.2-18　演算子=の定義

A	B	A = B	
true	**true**	**true**	AとBの両方が true のとき、A = Bはtrue
true	false	false	
false	true	false	
false	**false**	**true**	AとBの両方が falseのとき、A = Bはtrue

●ベン図
　A = Bのベン図も描いてみましょう（Fig.2-19）。
　AとBの2つの命題に対応した円を描き、2円の外側を染め、AとBの重なり合う部分も染めます。このとき染まっている部分がA = Bに対応しています。2円の外側はAとBの

――――――――――――――――――――――――
＊A = Bは、A ≡ Bと書く場合もあります。

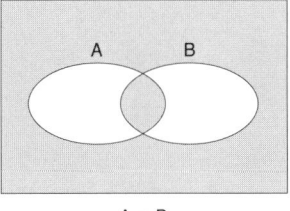

Fig.2-19　A＝Bを表したベン図

A　　　B

A＝B

両方がfalseである領域、AとBの重なり合う部分はAとBの両方がtrueである領域を表しています。

◆クイズ……排他的論理和の否定

　¬（A⊕B）という論理式（排他的論理和の否定）をもっとわかりやすく表現してください。

◆クイズの答え

　A＝Bになります。

　A⊕Bのベン図（Fig.2-16）と、A＝Bのベン図（Fig.2-19）を比較すると、染まっている部分がちょうど反対になっています。つまり、A⊕Bを否定した論理式はA＝Bに等しいことになりますから、¬（A⊕B）はA＝Bに等しいことがわかります。

　ちなみに、「¬（A⊕B）はA＝Bに等しい」というのも1つの命題であり、

$$（¬（A⊕B））＝（A＝B）$$

と表現することができます。この命題は、AとBの真偽にかかわらず常にtrueになる命題です。このような常にtrueになる命題のことを**恒真命題**といいます。

┃含意 ── AならばB

　さて、今度は「ならば」という演算を紹介します。この「ならば」という演算は、慣れないと非常にわかりにくいので、ここまで本章を流し読みしてきた読者も注意して読んでください。

　「または」や「かつ」と違い、「ならば」というのはあまり演算らしくありません。しかし、AとBという2つの命題から作った「AならばB」は、真偽を判定できる命題になり

ます。たとえば、「乗客の年齢は10歳以上である」という命題をAとし、「乗客の年齢は6歳以上である」という命題をBとすると、「AならばB」という命題は真になります。なぜなら、乗客の年齢が10歳以上なら、その乗客の年齢は当然6歳以上であるといえるからです。

「AならばB」という命題は**含意**（がんい）とよび、論理式では、

A⇒B

と表記します。A⇒Bは1つの命題であり、AとBという2つの命題を元に作ります。それでは、その定義はどうなるでしょう。いつものように真理値表を使って定義することにしましょう。

●真理値表

A⇒Bは簡単なようですが、引っかかりやすい演算です。Fig.2-20の真理値表を注意深く読んでください。

Fig.2-20　演算子⇒の定義

A	B	A ⇒ B
true	true	true
true	**false**	**false**
false	true	true
false	false	true

Aが true のとき、A⇒BはBが false の場合だけ false

Aが falseのとき、A⇒Bは常に true

さて、この真理値表は、あなたが想像する「AならばB」と一致しているでしょうか。

真理値表をじっと見ると、まず「A⇒Bがfalseになるのは、AがtrueでBがfalseのときだけ」だということがわかります。これは直感的にも納得がいきますね。前提となっているAがtrueであるにもかかわらずBがfalseだったら、「AならばB」という主張は成り立ちません。ですから、AがtrueでBがfalseだったら、A⇒Bはfalseになります。

十分に注意して読まなければならないのは、「Aがfalseの場合」すなわち真理値表の下の2行です。Aがfalseの場合、Bの真偽にかかわらずA⇒Bはtrueになります。つまり、**前提条件であるAがfalseであれば、Bの真偽によらず「AならばB」の値はtrueになる**のです。

これが、論理における「ならば」の定義です。

　私たちが、普段「AならばB」というときには、

　　(1) Aがtrueならば Bもtrueである。また、Aがfalseならば Bもfalseである
　　(2) Aがtrueならば Bもtrueである。しかし、Aがfalseならば、Bはtrue/falseどちら
　　　　でもよい

という2つのパターンがあるようです。論理ではこの2つを区別します。(1) は、A＝Bということです。(2)のほうがA⇒Bになります。

●ベン図

　真理値表（Fig.2-20）を見ながら、A⇒Bのベン図を描いてみましょう。

　Aがtrueで Bがfalseのところ以外は全部染めなければいけません。Aがtrueで Bがfalseという領域、すなわち「Aの内部のうちBの内部になっていないところ」は染めてはいけません。要するに、Fig.2-21のようにAの外部とBの内部を染めることになります。

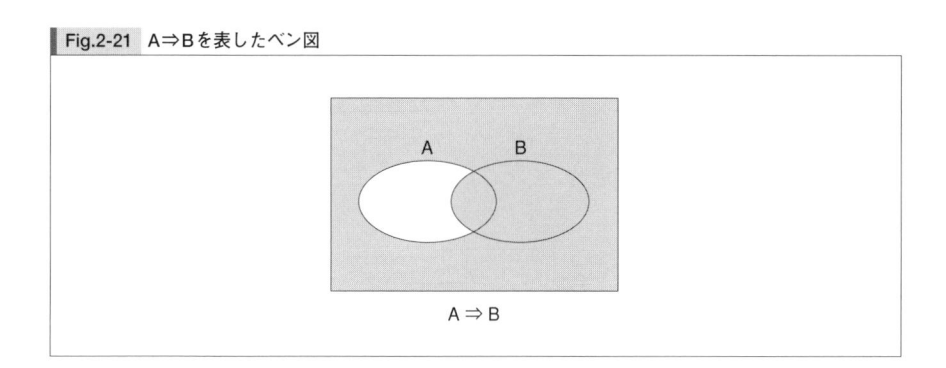

Fig.2-21　A⇒Bを表したベン図

●落とし穴の論理

　Fig.2-21のベン図は、たしかに「ならば」の真理値表と一致しています。でも、これを見て、「うん、たしかにこれは『ならば』のベン図だね」とすぐ納得できる人は少ないでしょう。

　次のように考えてみてください。

　Fig.2-21のベン図は、上空からある土地を見た図です。染めたところはコンクリートでできています。染めていないところは、ぽっかりと空いた「落とし穴」になっています。穴に落ちないようにするには、コンクリートの上に立っていなければなりません。

　このような状況だと、「あなたがAの中に立っている**ならば**あなたはBの中に立っている」といえます。でないと穴に落ちてしまうからです。つまり、Fig.2-21のベン図は

「Aの中にいるならば、絶対にBの中にいなければいけない」という状況に追い込むために穴を掘った図なのです。

◆クイズ……ベン図を描く

(￢A)∨Bという論理式をベン図で描くとどうなりますか。

◆クイズの答え

Fig.2-22のようになります。

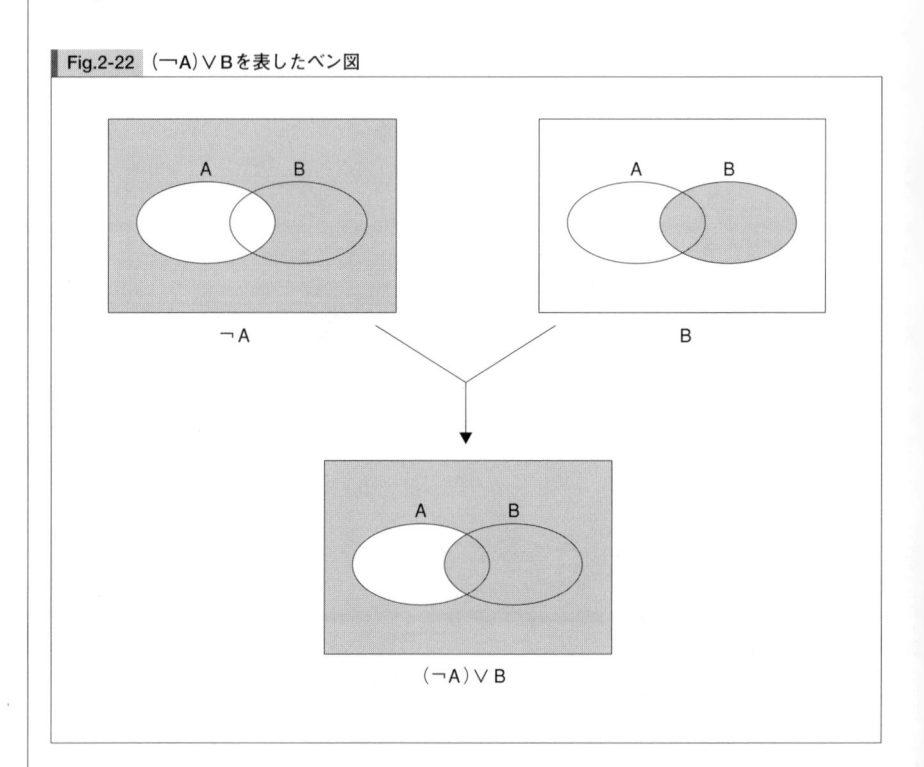

| Fig.2-22 | (￢A)∨Bを表したベン図 |

このベン図（Fig.2-22）を見ると、先ほどのA⇒Bという論理式のベン図（Fig.2-21）と等しいことがわかります。つまり、A⇒Bは(￢A)∨Bに等しいのです。

「AならばB」が「Aでない、またはB」と等しいことは、落とし穴の論理（p.45）を逆に考えれば納得がいくでしょう。

・Aに足を踏み入れなければ、絶対に穴には落ちません。穴はAにしかないからです。
・またBでじっとしていれば、絶対に穴には落ちません。穴はBにはないからです。

　つまり、「Aに入らない、**または**Bの中にいる」という保証があれば絶対に穴には落ちませんね。これこそ、「Aの中にいる**ならば**Bの中にいる」ということなのです。

◆クイズ……逆

　B⇒Aという論理式をベン図で描くとどうなりますか。

◆クイズの答え

　B⇒Aというのは、要するに(￢B)∨Aということですから、ベン図はFig.2-23のようになります。

Fig.2-23　B⇒Aを表したベン図

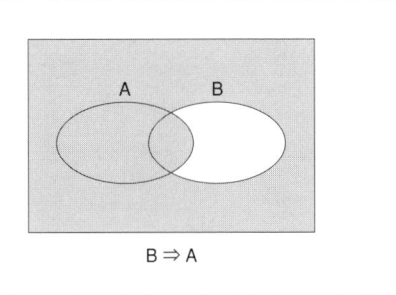

　論理式B⇒Aを表したベン図(Fig.2-23)は、論理式A⇒Bを表したベン図(Fig.2-22)と一致しません。これは、A⇒Bが真だからといってB⇒Aが真だとはいえないことを示します。論理学では、B⇒AをA⇒Bの**逆**（ぎゃく）と呼びます。「逆は必ずしも真ならず」ということですね。

◆クイズ……対偶

　(￢B)⇒(￢A)という論理式をベン図で描くとどうなりますか。

◆クイズの答え

　A⇒Bは(￢A)∨Bです。つまり、「⇒の左側に書いてある式の否定」と、「⇒の右側に書いてある式」との論理和∨をとることになります。ですから、(￢B)⇒(￢A)は￢(￢B)∨(￢A)になります。したがって、(￢B)⇒(￢A)のベン図はFig.2-24のようになります。

　論理式(￢B)⇒(￢A)を表したベン図(Fig.2-24)は、論理式A⇒Bを表したベン図(Fig.2-21)と等しいことがわかります。つまり、A⇒Bは(￢B)⇒(￢A)に等しいのです。

　　(￢B)⇒(￢A)

をA⇒Bの**対偶**といいます。元の論理式が真ならその対偶も真、元の論理式が偽ならその対偶も偽になります。

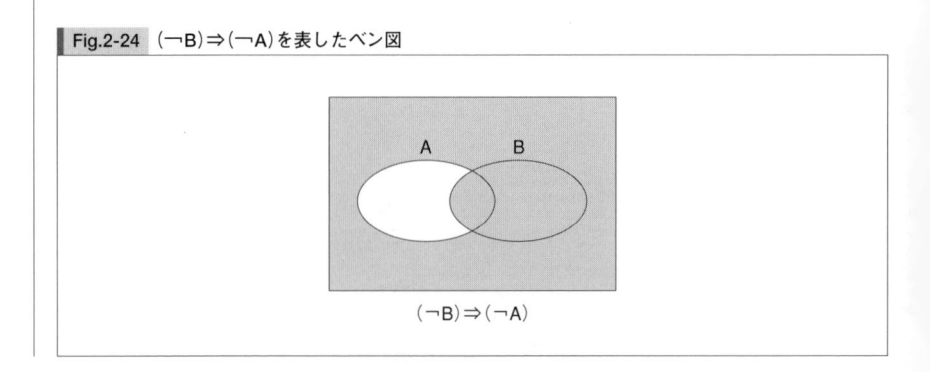

Fig.2-24　(￢B)⇒(￢A)を表したベン図

すべてを尽くしているか

ここまでで、私たちは以下のような複合的な論理式を学びました。

　￢A
　A∧B
　A∨B
　A⊕B
　A＝B
　A⇒B

これらはよく使われる論理式ですが、これですべてを尽くしているわけではありません。AとBが取り得るtrue/falseの組み合わせは、以下のように全部で2×2＝4通りあります。

　A＝true,　B＝true
　A＝true,　B＝false
　A＝false,　B＝true
　A＝false,　B＝false

この4通りのそれぞれに対して、演算の結果はtrue/falseの2通りがありえます。つまり、2つの命題を組み合わせた演算子は$2^4 = 16$通りあることになります。

せっかくですから、すべての組み合わせを表現する真理値表を書いておきましょう（Fig.2-25）。

Fig.2-25　AとBから作られるすべての演算の真理値表

| | | | | | | | | A⊕B | | | | | | A⇒B | | | |
A	B	常にfalse	A∧B	A∧(¬B)	A	(¬A)∧B	B	¬(A=B)	A∨B	¬(A∨B)	A=B	¬B	A∨(¬B)	¬A	(¬A)∨B	(¬A)∨(¬B)	常にtrue
true	true	false	true	false	true	false	true	false	true	false	true	false	true	false	true	false	true
true	false	false	false	true	true	false	false	true	true	false	false	true	true	false	false	true	true
false	true	false	false	false	false	true	true	true	true	false	false	false	false	true	true	true	true
false	false	false	false	false	false	false	false	false	false	true	true	true	true	true	true	true	true
		0	1	2	3	4	5	6	7	8	9	10	11	12	13	14	15

◆クイズ……規則性の発見

Fig.2-25の真理値表は一見でたらめな順番に並んでいるように見えますが、実は規則性があります。どんな規則でしょうか。

◆クイズの答え

真理値表のfalseを0, trueを1と書き換えると、左端から一列ごとに0, 1, 2, …, 15を2進法で表現した数になります。

たとえば、一番左（0番目）の「常にfalse」は、下からfalse, false, false, falseとなっていますが、これは、2進数の0000に相当します。7番目にある「A∨B」は、下からfalse, true, true, trueとなっていますが、これは、2進数の0111に相当します。

このように、2進数を使うと「もれ」や「だぶり」がない表をうまく作ることができます。

ド・モルガンの法則

この節では、ド・モルガンの法則について学びます。ド・モルガンの法則は、∧と∨の関係を理解するために便利な法則です。この法則を使うと、∧を使った式と∨を使った式とを相互に変換することができます。

ド・モルガンの法則とは

(¬A)∨(¬B)は、¬(A∧B)と書き換えることができ、(¬A)∧(¬B)は、¬(A∨B)と書き換えることができます。これを**ド・モルガンの法則**（de Morgan's law）といいます。ド・モルガンの法則は以下のような論理式で書くことができます。

$$(¬A)∨(¬B) = ¬(A∧B)$$
$$(¬A)∧(¬B) = ¬(A∨B)$$

ド・モルガンの法則を日本語で無理矢理に表現すれば、次のようになります。

「Aではない」または「Bではない」というのは、「AかつB」ではないことに等しい。
「Aではない」かつ「Bではない」というのは、「AまたはB」ではないことに等しい。

このような日本語を読んだだけで納得することは難しいですが、真理値表を作ったり、ベン図を描いたりすると、間違いないことを確認できます。

真理値表（Fig.2-26）で確かめてみましょう。

Fig.2-26 ド・モルガンの法則を真理値表で確かめる

A	B	(¬A)∨(¬B)	¬(A∧B)	(¬A)∧(¬B)	¬(A∨B)
true	true	false	false	false	false
true	false	true	true	false	false
false	true	true	true	false	false
false	false	true	true	true	true

等しい　　　　　　　等しい

　ベン図を描いて調べてみてもいいでしょう。これは、すでにFig.2-11とFig.2-14で描きましたね。

双対性

　論理式の双対性という性質を知ると、ド・モルガンの法則を簡単に覚えることができます。

　ある論理式の中のtrueとfalse、Aと¬A、∧と∨を、それぞれ**交換**すると、その論理式全体を否定した論理式ができます。つまり、

true	⟷	false
A	⟷	¬A
∧	⟷	∨

はたがいに対になっているのです。これを論理式の**双対性**（そうついせい）と呼びます。論理式A∧Bで試してみましょう。論理式A∧Bの「Aと¬A」「∧と∨」「Bと¬B」をそれぞれ交換すると、論理式(¬A)∨(¬B)ができます（かっこは適宜補いました）。この論理式(¬A)∨(¬B)は、元の論理式A∧Bの否定（つまり¬(A∧B)）に等しくなります。これが双対性という性質です。

$$(¬A)∨(¬B) = ¬(A∧B)$$

　これは、まさにド・モルガンの法則そのものですね。

　双対性を使って論理式で遊んでいると、論理にもしだいに親しみが持てるようになってきます。

カルノー図

　これまで論理式、真理値表、それにベン図を学びました。今度は、複雑な論理式を整理するためのカルノー図という道具を紹介しましょう。

2ランプゲーム

　あなたはいま、ゲーム機で遊んでいます。画面には青と黄色の2個のランプが表示され、どちらもピカピカと点滅を繰り返しています。

　さて、2ランプゲームでは、以下に示すルールに従ってゲーム機のボタンをすばやく押

さなければなりません。以下のようなややこしいルールを、あなたはわかりやすく整理することができるでしょうか。

【2ランプゲームのルール】
　　次のいずれかのパターンになったら、ボタンを押してください。

　　ⓐ 青いランプは消えているが、黄色いランプは光っている。
　　ⓑ 青いランプは消えていて、黄色いランプも消えている。
　　ⓒ 青いランプは光っていて、黄色いランプも光っている。

Fig.2-27　2ランプゲーム

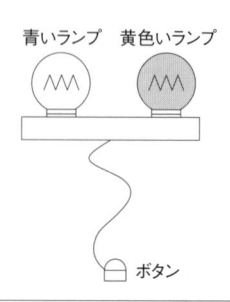

まずは論理式で考えてみよう

　ルールを整理するときには、頭だけで考えず、論理式を**書いて考える**のが鉄則です。まずは、与えられたルールをそのまま論理式として書いてみましょう。はじめに、基本的な命題にA, Bという名前をつけます。

　　・命題A「青いランプが光っている」
　　・命題B「黄色いランプが光っている」

　AとBを使って2ランプゲームのルールを書き換えると、ボタンを押すのは、以下のⓐ, ⓑ, ⓒの論理和になります。

　　ⓐ （¬A）∧B
　　ⓑ （¬A）∧（¬B）
　　ⓒ A∧B

　つまり、ボタンを押すのは、次のような論理式がtrueになるとき、ということになります。

$$((\neg A)\wedge B)\vee((\neg A)\wedge(\neg B))\vee(A\wedge B)$$

うーん。でも、これではぜんぜん簡単になっていません。ランプの点滅を見ながら、こんな論理式の真偽を判断するなんて無理です。

そこで登場するのがカルノー図です。

カルノー図を使ってみよう

カルノー図（Karnaugh Map）とは、**全命題の真偽の組み合わせを2次元的に表した図**のことです。

2ランプゲームをカルノー図を使って表現しましょう。

・命題A「青いランプが光っている」
・命題B「黄色いランプが光っている」

という命題AとBが取り得る、すべての真偽の組み合わせに対応した図を作ります。そして、ボタンを押すべき組み合わせに、チェックマークを付けていくのです（Fig.2-28）。

Fig.2-28 2ランプゲームのカルノー図（チェックマークを付ける）

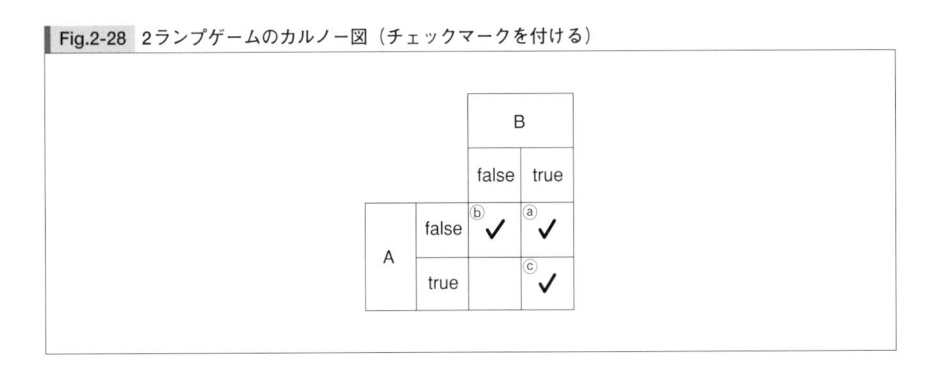

チェックマークを付けたら、今度は、隣接するチェックマークを囲むようなグループをいくつか作ります。グループは、

・1×1のマス目
・1×2のマス目
・1×4か2×2のマス目
・4×4のマス目

のうち、できるだけ大きなまとまりにします。グループは互いに重なっていてもかまいま

せん（Fig.2-29）。

　Fig.2-30では、角が丸い点線の長方形で表現しました。

Fig.2-29　隣接するチェックマークを囲むグループ

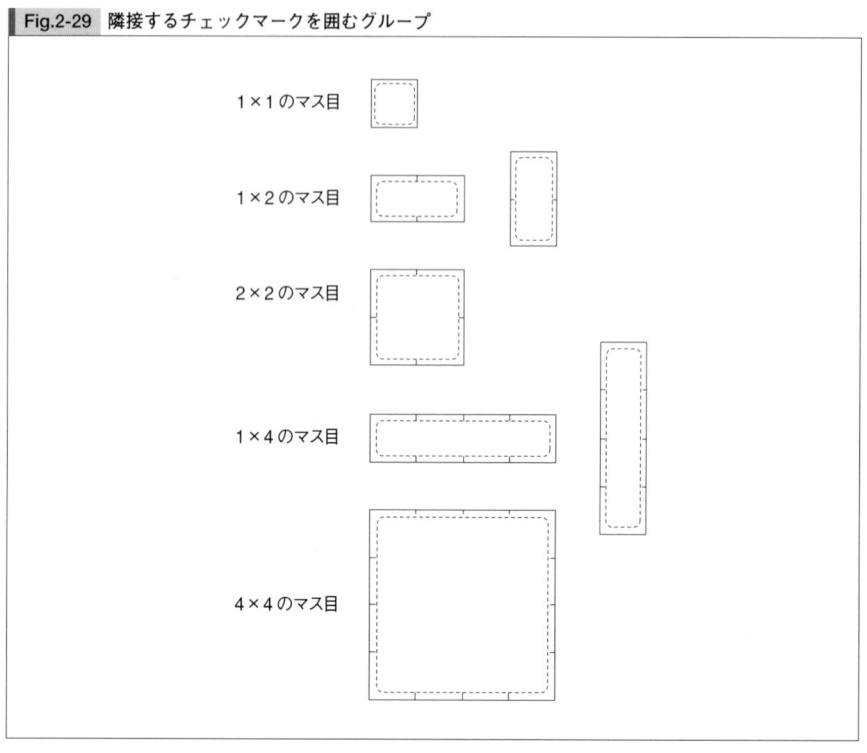

Fig.2-30　2ランプゲームのカルノー図（グループを作り、論理式を考える）

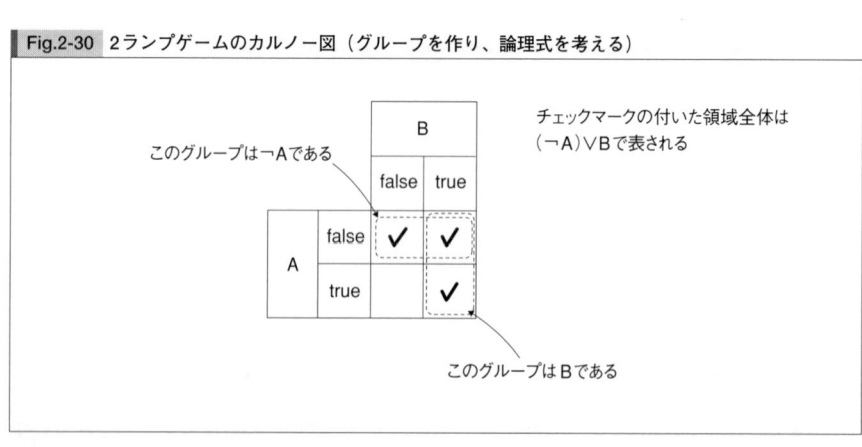

　チェックマークをすべて囲むことができたら、今度はそれぞれのグループを表す論理式を考えます（Fig.2-30）。

- ・横長のグループは、Aがfalseになる領域ですから、¬Aと表せます。
- ・縦長のグループは、Bがtrueになる領域ですから、Bと表せます。

　ということは、チェックマークの付いた領域全体は、¬AとBの論理和を取って、

　　$(\neg A) \lor B$

と表せることになります。

　つまり、2ランプゲームでは、点滅するランプを見ていて、「青いランプが消えている（¬A）」ときか、または「黄色いランプが光っている（B）」ときにボタンを押せばよいことになるのです。

　カルノー図を書くことで、$((\neg A) \land B) \lor ((\neg A) \land (\neg B)) \lor (A \land B)$ が、$(\neg A) \lor B$に等しいことがわかりました。**カルノー図を使って、論理式をシンプルな形に変換できたの**です。これは便利ですね。

3ランプゲーム

　今度はランプを3個にしてみましょう。

　【3ランプゲームのルール】

　　次のいずれかのパターンになったら、ボタンを押してください。

　　ⓐ 青いランプが消えていて、黄色いランプも消えていて、赤いランプも消えている。
　　ⓑ 黄色いランプは消えているが、赤いランプは光っている。
　　ⓒ 青いランプは消えているが、黄色いランプは光っている。
　　ⓓ 青いランプも黄色いランプも赤いランプも光っている。

ランプは青、黄、赤の3種類になりました（Fig.2-31）。

　ここまでくると、頭の中だけで整理することは無理ですね。カルノー図を使ってみましょう（Fig.2-32）。

- ・命題A「青いランプが光っている」
- ・命題B「黄色いランプが光っている」
- ・命題C「赤いランプが光っている」

として、A, B, Cのtrue/falseに応じた表を作り、「ボタンを押す場合」のところにチェックマークを付けていきます。今度は命題が3個ありますから、表のマス目は全部で$2^3 = 8$個になります。

Fig.2-31 3ランプゲーム

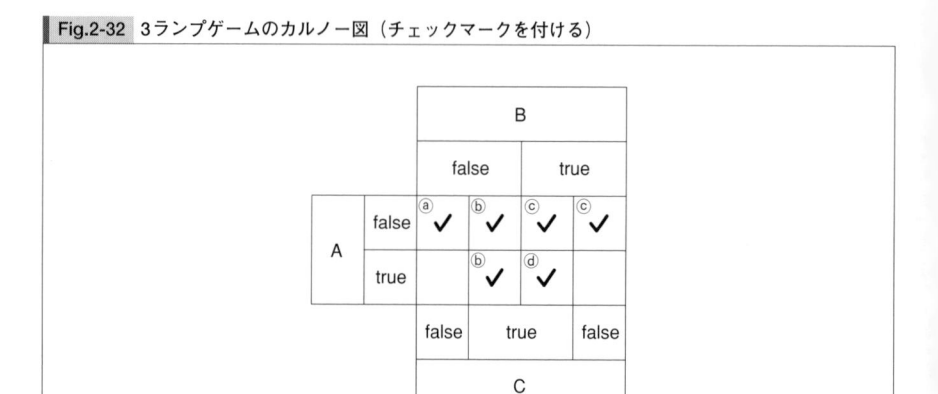

Fig.2-32 3ランプゲームのカルノー図（チェックマークを付ける）

		B			
		false		true	
A	false	ⓐ ✔	ⓑ ✔	ⓒ ✔	ⓒ ✔
	true		ⓑ ✔	ⓓ ✔	
		false	true		false
		C			

　BとCのfalse/trueの境目がずれていることに注意しましょう。この「ずれ」によって、8個のマス目がすべてのパターンを表現できるのです。

　チェックマークを付けることができたら、先ほどと同じようにできるだけ大きなまとまりでグループ分けをします（Fig.2-33）。

　チェックマークをすべて囲んだなら、それぞれのグループを表す論理式を考えましょう。

　　・横長のグループは、Aがfalseになる領域ですから、¬Aと表せます。
　　・真ん中のグループは、Cがtrueになる領域ですから、Cと表せます。

　以上のことから、チェックマークの付いた領域は、¬AとCの論理和を取って、

$$(\neg A) \vee C$$

と表せることになります。3ランプゲームのルールはとても複雑そうに見えましたが、カルノー図を使えば、こんなにシンプルに表現できるのです。驚きですね。

Fig.2-33　3ランプゲームのカルノー図（グループを作り、論理式を考える）

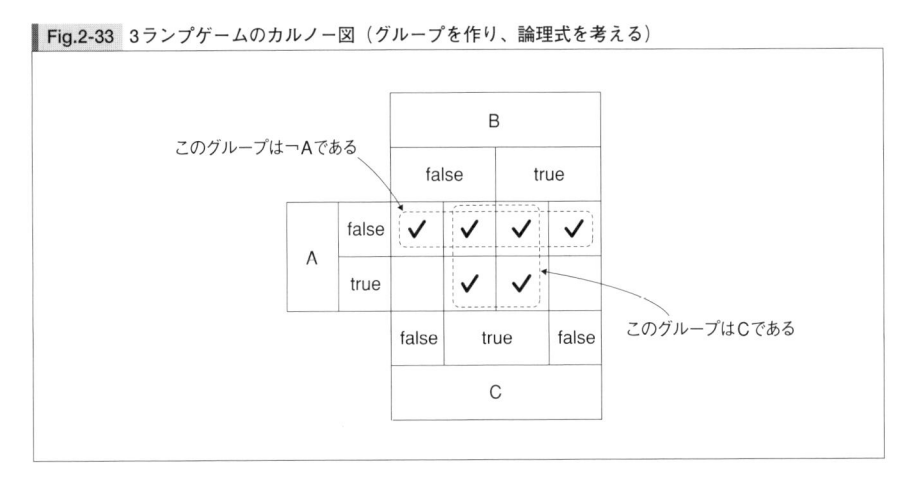

　得られた論理式（¬A）∨Cから、3ランプゲームでは、「青いランプが消えている（¬A）」とき、または「赤いランプが光っている（C）」ときに、ボタンを押せばよいことになります。

　この論理式にはBが登場しません。このことから、ボタンを押すかどうかを判断するときに黄色いランプは見る必要がないこともわかります。

　カルノー図は、論理式の単純化や、論理回路の設計などで用いられます。

未定義を含む論理

　私たちはこれまで、論理の基本を学んできました。論理では真（true）と偽（false）という2つの値だけを使って演算を行いました。命題は、必ず真偽いずれかの値を取ります。

　ここで、私たちの関心事であるプログラムを思い浮かべてみましょう。プログラムにおいては、エラーが原因で終了したり、暴走したり、無限ループに陥ったり、例外を投げたりして、**true**と**false**のうち、どちらの値も得られないという場合がしばしば起こります。

　そのような「値が得られない」という状況も合わせて表現するために、trueとfalseだけではなく、新たに**undefined**という値を導入します。undefinedは「未定義」という意味です。

true	真
false	偽
undefined	未定義

これからtrue, false, undefinedを使った**3値論理**を考えていくことにします。

　未定義を含む論理は、実際のプログラミングにもしばしば登場します。以下では未定義を含む論理の、

- ・条件付き論理積
- ・条件付き論理和
- ・否定
- ・ド・モルガンの法則

について考えましょう。

条件付き論理積（&&）

　3値論理での論理積（**条件付き論理積**）(conditional and, short-circuit logical and) を考えましょう。AとBの条件付き論理積を、

　　A && B

のように演算子&&を使って表現することにします。この演算子&&は、いつものように真理値表を使って定義します。ただし、これまでとは異なり、true/false/undefinedの3種類の値を使います（Fig.2-34）。

　この真理値表を見ると、次のことがわかります。

- ・undefinedを含まない行は、論理積A∧Bに等しい
- ・Aがtrueのとき、A && BはBに等しい
- ・Aがfalseのとき、A && Bは常にfalse
- ・Aがundefinedのとき、A && Bは常にundefined

　これは、各行を左から読み、undefinedを「ここでコンピュータが暴走」と読むとすぐに理解できます。

- ・Aがtrueのとき、Bを調べます。Bの結果がA && Bの結果となります。
- ・Aがfalseのとき、Bは調べるまでもなくfalseになります。
- ・Aがundefinedのとき、ここでコンピュータが暴走したので、Bを調べるまでもなく、A && Bの結果もundefinedになります。

　この&&は、CやJavaで使われている演算子&&と同じ意味を持ちます。
　次のようなプログラムを考えましょう。

```
if (A && B) {
    ...
}
```

Fig.2-34 演算子&&の定義

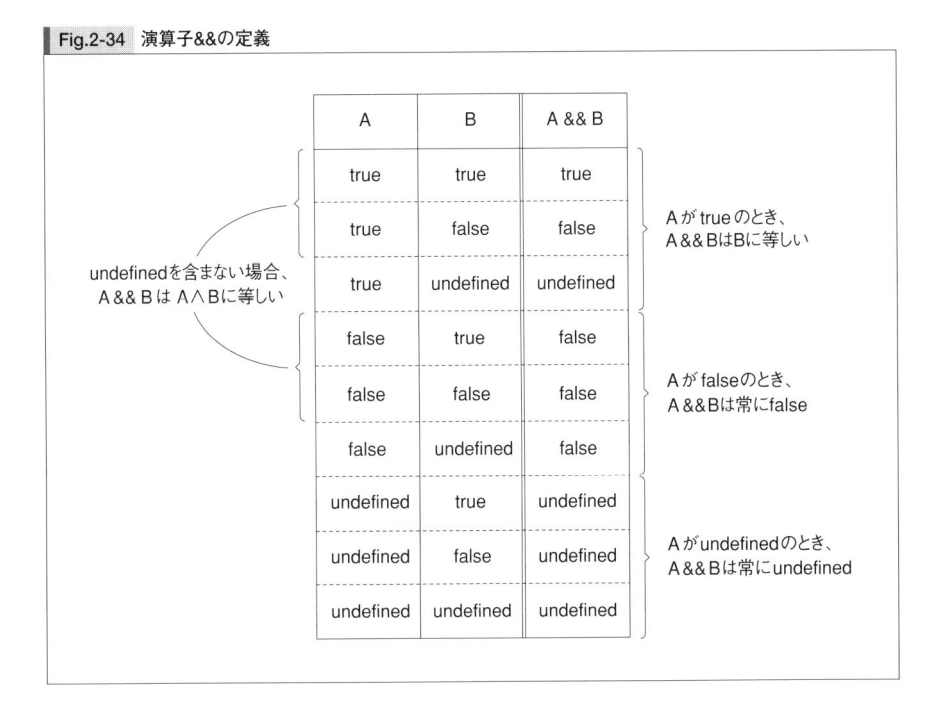

A	B	A && B
true	true	true
true	false	false
true	undefined	undefined
false	true	false
false	false	false
false	undefined	false
undefined	true	undefined
undefined	false	undefined
undefined	undefined	undefined

undefinedを含まない場合、A && B は A∧Bに等しい

Aが trueのとき、A&&BはBに等しい

Aが falseのとき、A&&Bは常にfalse

Aがundefinedのとき、A&&Bは常にundefined

　Aがfalseのとき A && Bは必ずfalseになり、Aがtrueのとき A && Bの値はBに等しくなります。ということは、**A && Bというのは、Aという条件によってBを調べるかどうかを判断している**、とみなすこともできます（それで条件付き論理積というのです）。結局、

```
if (A) {
    if (B) {
        ...
    }
}
```

と同じということですね。
　A && BとB && Aは等しくありませんから、いわゆる交換法則は成り立たないことになります。
　演算子&&は、次のように使われます。

```
if (check() && execute()) {
    ...
}
```

このとき、関数check()の値がfalseの場合、execute()はそもそも実行されません。ここでcheck()は、execute()を実行してもかまわないかどうかを調べる役割を果たします。

条件付き論理和（||）

同じようにして、3値論理での論理和（条件付き論理和）を考えます。AとBの条件付き論理和を、

    A || B

のように演算子||を使って表現します（Fig.2-35）。

Fig.2-35　演算子||の定義

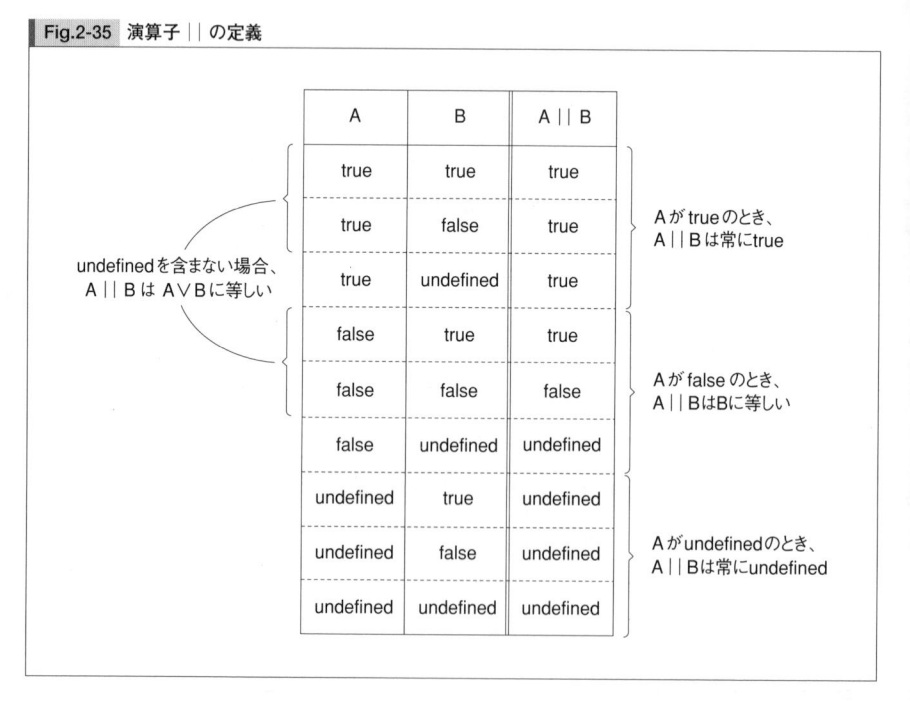

AがtrueのときA || Bは必ずtrueになり、AがfalseのときA || Bの値はBに等しくなります。

つまり、

```
if (A || B) {
    ...
}
```

というプログラムは、

```
if (A) {
    ...
} else {
    if (B) {
        ...
    }
}
```

と同じということになりますね。

3値論理での否定（！）

3値論理での否定は！で表します。つまり、Aの否定は、

!A

と書きます。これは簡単ですね（Fig.2-36）。

Fig.2-36　演算子！の定義

	A	!A	
undefinedを含まない場合、 !Aは￢Aに等しい	true	false	
	false	true	
	undefined	undefined	Aがundefinedなら、!Aもundefined

3値論理でのド・モルガンの法則

　さあ、3値論理での論理積、論理和、それに否定が出そろいましたので、3値論理での
ド・モルガンの法則を調べることができます。以下の2つの式が成り立つかどうか、真理
値表で調べてみましょう（Fig.2-37）。

$$(!A) || (!B) = !(A \,\&\&\, B)$$
$$(!A) \,\&\&\, (!B) = !(A || B)$$

Fig.2-37　3値論理でのド・モルガンの法則

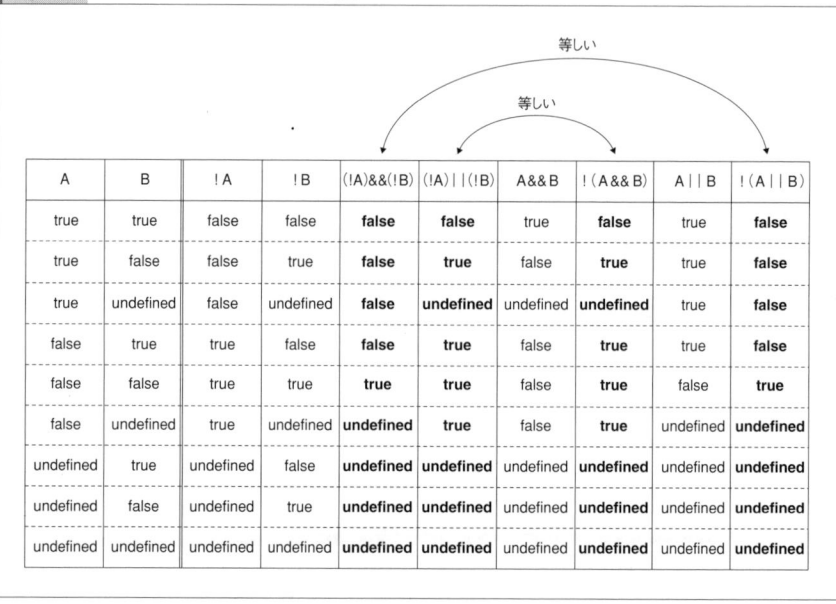

A	B	!A	!B	(!A)&&(!B)	(!A)||(!B)	A&&B	!(A&&B)	A||B	!(A||B)
true	true	false	false	**false**	**false**	true	**false**	true	**false**
true	false	false	true	**false**	**true**	false	**true**	true	**false**
true	undefined	false	undefined	**false**	**undefined**	undefined	**undefined**	true	**false**
false	true	true	false	**false**	**true**	false	**true**	true	**false**
false	false	true	true	**true**	**true**	false	**true**	false	**true**
false	undefined	true	undefined	**undefined**	**true**	false	**true**	undefined	**undefined**
undefined	true	undefined	false	**undefined**	**undefined**	undefined	**undefined**	undefined	**undefined**
undefined	false	undefined	true	**undefined**	**undefined**	undefined	**undefined**	undefined	**undefined**
undefined	undefined	undefined	undefined	**undefined**	**undefined**	undefined	**undefined**	undefined	**undefined**

　この真理値表を見ると、たしかに3値論理でもド・モルガンの法則は成り立つことがわ
かります。
　ド・モルガンの法則を使うと、if文を次のように変形できます。

```
if (!(x >= 0 && y >= 0)) {
    ...
}
        ↓
if (x < 0 || y < 0) {
    ...
}
```

すべてを尽くしたか？

true/false/undefinedを扱う論理演算子をすべて数えると、3^9個にもなりますので、すべては列挙しません。ここでは、プログラミングによく使われている&&と||、それに！を紹介しました。

この章で学んだこと

この章では、論理式、真理値表、ベン図、カルノー図などの道具を使い、複雑な論理を解きほぐす練習を行いました。

Fig.2-38　論理のさまざまな表現法

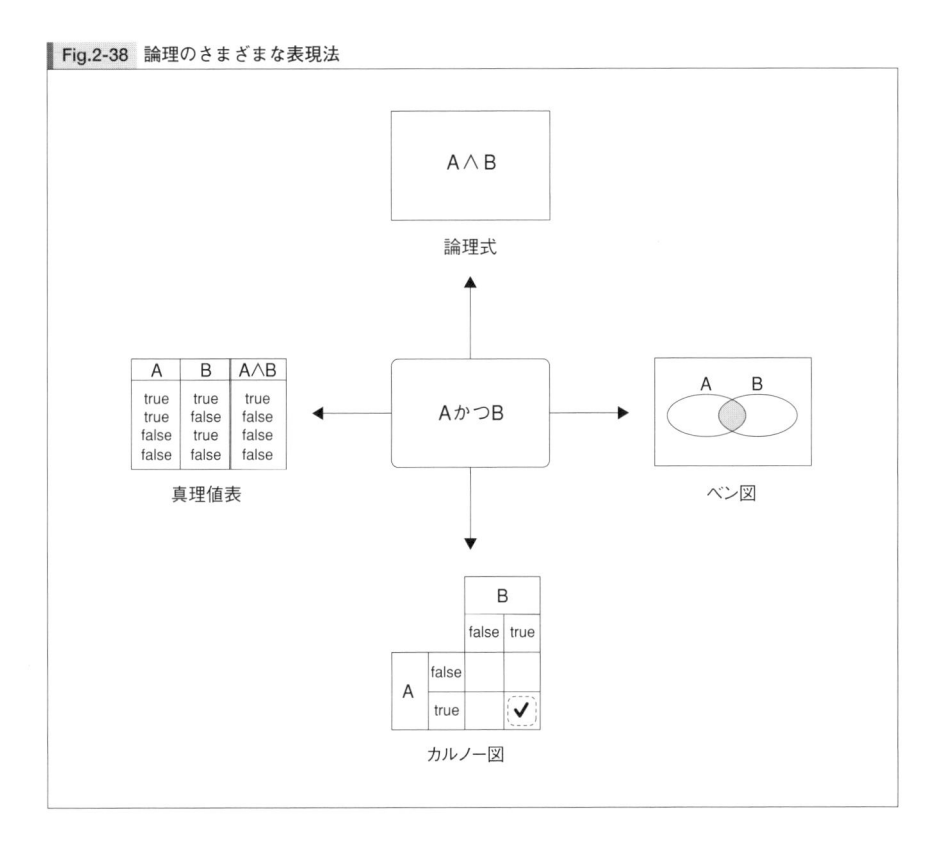

Fig.2-39　論理を使った単純化

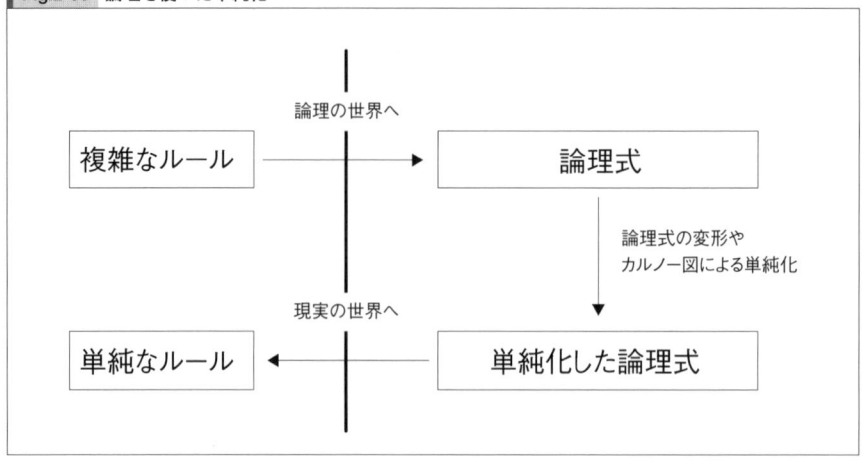

また、未定義値を扱う3値論理も紹介しました。

　論理では「網羅的で排他的な分割」がきわめて重要です。普通の論理では「2分割」、3値論理では「3分割」が基本になります。次の章では「分割」についてさらに深く学びましょう。

◉ おわりの会話

先生「結局、if文は世界を2分割していることになります」

生徒「2分割？」

先生「そう。条件が成り立つ世界と、条件が成り立たない世界に」

第**3**章

剰余
周期性とグループ分け

◉はじめの会話

先生「奇数とは何ですか？」

生徒「1, 3, 5, 7, 9, 11, … です」

先生「そう。奇数は2で割ると余りが1になる整数です。では、偶数は？」

生徒「2で割り切れる整数です」

先生「そのとおり。偶数は2で割ると余りが0になる整数です」

生徒「それがどうかしたんですか」

先生「割り算はグループ分けのようなものです」

生徒「グループ分け？」

先生「余りが何になるかで、どのグループに入るかが決まるのです」

この章で学ぶこと

　この章では、剰余について学びます。

　剰余というのは、割り算をしたときの「余り」のことです。私たちは、小学校のころから ＋, －, ×, ÷ つまり加減乗除の計算は繰り返し練習します。それに対して、剰余の計算は割り算を習うときにちょっと顔を出す程度です。でも実のところ、剰余という計算は、数学でもプログラミングでも重要な役割を果たすのです。

　この章では、いくつかのクイズを通して「剰余はグループ分けである」ということを学びます。剰余を使ってグループ分けをうまく行うと、難しい問題があっさり解けることもあります。また、剰余に関連して、パリティ（偶奇性）という概念も学びます。パリティは、通信のエラーチェックにも使われる重要な概念です。

曜日クイズ（1）

クイズ（100日後は何曜日）

　今日は日曜日です。100日後は何曜日ですか。

クイズの答え

　1週間は7日あり、7日ごとに同じ曜日が巡ってきます。今日が日曜日だとすると、7日後、14日後、21日後、……のように、[7の倍数] 日後は、すべて日曜日になります。98

は7の倍数なので、98日後も日曜日です。したがって、

> 98日後 …… 　日曜日
> 99日後 …… 　月曜日
> 100日後 …… 　火曜日

から、100日後は火曜日であることがわかります。
　答え：火曜日

剰余を使って考える

　上のクイズは、次のように剰余（余り）を使って計算したのと同じことです。
　いま、0, 1, 2, …, 6という数を日、月、火、…、土という曜日にそれぞれ割り当てます。

0	1	2	3	4	5	6
日	月	火	水	木	金	土

　今日が日曜日だとすると、100日後の曜日は「100を7で割ったときの剰余」に対応した曜日になります。

　100 ÷ 7 ＝ 14 余り 2

なので、100日後は火曜日になります。

剰余の力 ── 大きな数を割り算1回でグループ分け

　100日後の曜日を求めるクイズは、上のように剰余を使わずに「今日は日曜日、1日後は月曜日、2日後は火曜日、3日後は…」と100日まで順番に唱えていっても解けるでしょう。100という数がそれほど大きくないからです。
　しかし、もしもクイズが「**1億日後の曜日を求めよ**」だとすると、唱えていって解くわけにはいきません。1秒で1回唱えることができたとしても、1億まで唱えるためには3年以上かかるからです。
　でも、剰余を使えば、1億日後の曜日でもすぐに求められます。やってみましょう。

　1億日後：
　　100000000 ÷ 7 ＝ 14285714 余り 2

　余りが2なので、1億日後は火曜日になります。

　n 日後の曜日は、n を7で割った剰余を使って求めることができます。これは、**曜日は7を周期として繰り返している**からです。

　直接取り扱うのが難しいような大きな数に直面したとき、そこに繰り返し——**周期性**——を見つけ出すことができれば、剰余の力を使って、大きな数をねじ伏せることができるのです。

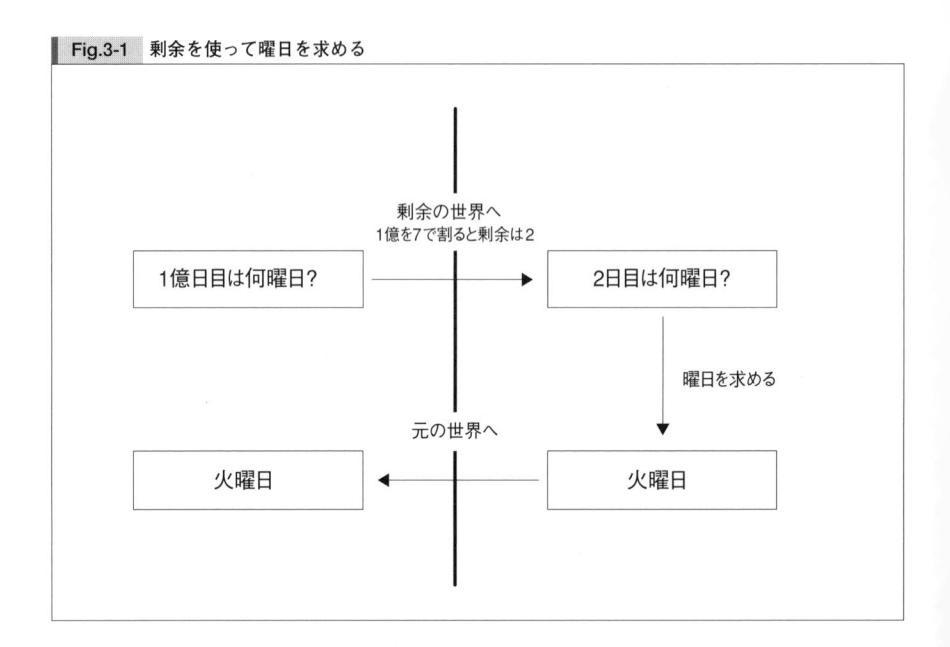

Fig.3-1　剰余を使って曜日を求める

曜日クイズ（2）

今度は、もうちょっと難しい曜日クイズにチャレンジしましょう。

クイズ（10^{100} 日後は何曜日）

今日は日曜日です。10^{100} 日後*は何曜日ですか。

---

* 10^{100} とは、10000000000 0000000000 0000000000 0000000000 0000000000 0000000000 0000000000 0000000000 0000000000 0000000000 という数のことです（0が100個並んでいます）。

ヒント：直接計算できる？

100日後の曜日を求めるときと同じように、10^{100}を7で割った剰余を求めることができればいいのですが、実際にそんなに大きな計算をするのは大変です。電卓を使っても難しいでしょう。

曜日クイズ(1)は、曜日の周期性を使って解きました。曜日クイズ(2)には、周期性は出てくるでしょうか。繰り返しを発見してください。

クイズの答え

10^{100}を最初から求めるのではなく、1, 10, 100, 1000, 10000…と**0の個数を増やしていって**、周期性があるかどうか調べてみましょう。

0の個数

0	1日後の曜日	$1 \div 7 = 0$ あまり1	→月
1	10日後の曜日	$10 \div 7 = 1$ あまり3	→水
2	100日後の曜日	$100 \div 7 = 14$ あまり2	→火
3	1000日後の曜日	$1000 \div 7 = 142$ あまり6	→土
4	10000日後の曜日	$10000 \div 7 = 1428$ あまり4	→木
5	100000日後の曜日	$100000 \div 7 = 14285$ あまり5	→金
6	1000000日後の曜日	$1000000 \div 7 = 142857$ あまり1	→月
7	10000000日後の曜日	$10000000 \div 7 = 1428571$ あまり3	→水
8	100000000日後の曜日	$100000000 \div 7 = 14285714$ あまり2	→火
9	1000000000日後の曜日	$1000000000 \div 7 = 142857142$ あまり6	→土
10	10000000000日後の曜日	$10000000000 \div 7 = 1428571428$ あまり4	→木
11	100000000000日後の曜日	$100000000000 \div 7 = 14285714285$ あまり5	→金
12	1000000000000日後の曜日	$1000000000000 \div 7 = 142857142857$ あまり1	→月

はい、周期性がありますね。余りは1, 3, 2, 6, 4, 5, ... の順で繰り返し、曜日は月, 水, 火, 土, 木, 金, ... の順で繰り返します。この周期性は、筆算で割り算を行うとすぐに確かめることができます。

<pre>
  1   3   2   6   4   5   （日数を7で割った剰余）
 月   水   火   土   木   金
</pre>

ゼロの数が6個増えるごとに同じ曜日になりますから、周期は6です。ゼロの個数を6で割ったときの剰余は、0, 1, 2, 3, 4, 5のいずれかになり、そのそれぞれについて月, 水, 火, 土, 木, 金が対応します（おや、日曜日は出てこないのですね）。

0	1	2	3	4	5	（日数の0の個数を6で割った剰余）
月	水	火	土	木	金	

したがって、10^{100}日後の曜日は、日数の0の個数100を6で割った剰余を調べればわかります。計算してみましょう。

$$100 \div 6 = 16 \text{ 余り } 4$$

余りが4ですから、10^{100}日後の曜日は木曜日になります。
答え：木曜日

周期性を見ぬこう

曜日クイズ(1)では、数の周期性から曜日を得ることができました。

曜日クイズ(2)では、さらに、0の個数の周期性から曜日を得ることができました。この方法を使えば「$10^{1億}$日後の曜日」という、気が遠くなるような未来の曜日さえもすぐに求めることができます。やってみましょう！

$10^{1億}$日後：
$$100000000 \div 6 = 16666666 \text{ 余り } 4$$

余りが4ですから、木曜日になります。もっとも、そのころまでには宇宙はきっと終焉を迎えているでしょうけれど……。

ともあれ、手に負えないほど大きな数を取り扱うときには、その数に関連した**周期性を見ぬくことが重要**だということがわかりますね。そして、**剰余は周期性を活用するための道具**であるといえるでしょう。

周期を視覚的にとらえる

p.66の曜日クイズ(1)では、曜日の周期が7であることを利用して100日後の曜日を当てることができました。「周期が7」という意味は、Fig.3-2のような7角形の時計を思い浮かべるとよく理解できます。この7角形の頂点には、0〜6までの数字と、日, 月, 火, ... という曜日が付いています。時計の針は1本で、この時計は1日で1目盛り、7日で7目盛り進みます。つまり1週間で1回転する時計です。

「100を7で割ったときの剰余2」は、この時計が100目盛り進んだときにどの頂点を指しているかを表すことになります。ついでにいえば、100を7で割ったときの商14は、この時計が何回転したかを表していますね。

Fig.3-2 n 日目は何曜日？

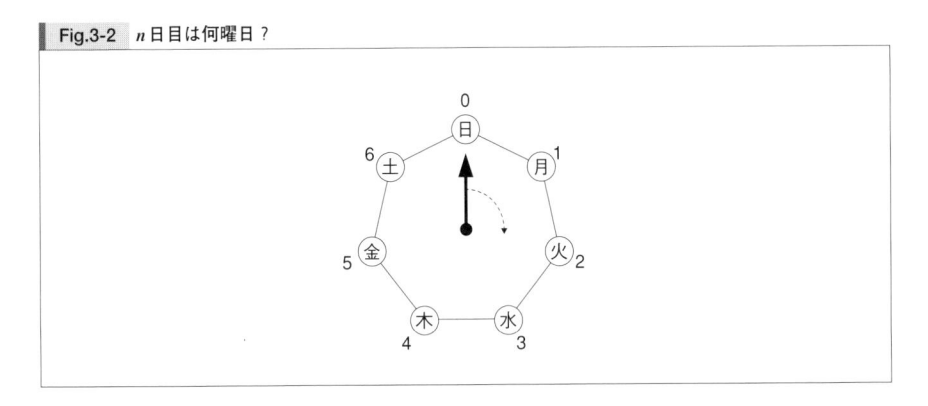

Fig.3-3 10^n 日目は何曜日？

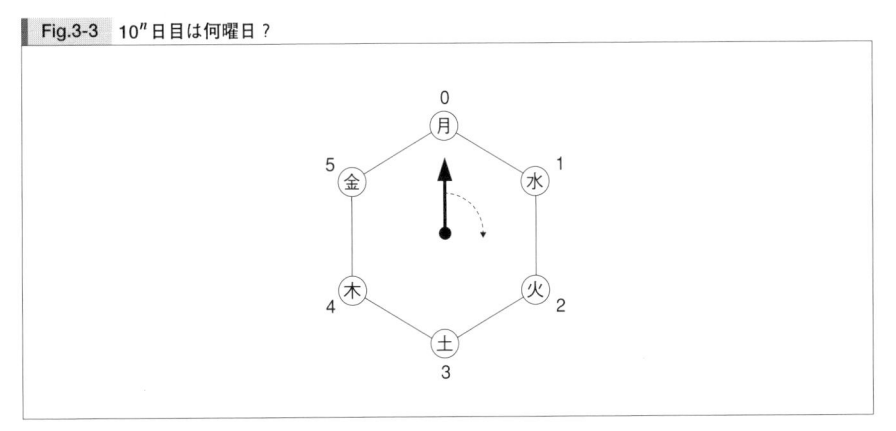

　このような図を描くと、周期を視覚的にとらえることができます。

　p.68の曜日クイズ(2)では、10^{100} 日後の曜日を当てました。そのときに使ったのは 10^{100} の指数、つまり1の後に続く「0の個数」です。0の個数を1ずつ増やしていくと、周期が6 で同じ曜日になることを発見し、その性質を利用したのです。周期が6ですから、Fig.3-3 のような6角形の時計を考えましょう。この時計は、はじめの日から10日後には1を指し ます。はじめの日から100日後には2を指し、1000日後は3を指し……、つまり、この時 計の針は、10^n 日後に n を6で割った剰余を指すことになりますね。だんだん進み方が遅く なる不思議な時計です。

　「0の個数」に着目すると、とてつもなく大きな数を取り扱うのが楽になります。これは 「対数」という概念と深い関係があります。対数については第7章で詳しくお話しします。

　「周期性に着目して剰余を使う」という視点を学んだところで、別のクイズに挑戦して みましょう。

累乗クイズ

クイズ ($1234567^{987654321}$)

$1234567^{987654321}$ の1の位は何になりますか*。

ヒント：実験して周期性を見つけよう

$1234567^{987654321}$ の値は、電卓で計算することはできません。また、コンピュータでプログラムしようとしても、桁数があまりにも大きくなってしまうので、そう簡単には求められません。

そこでまず、小さな数を使って「実験」をしてみることにしましょう。

$1234567^1 = 1234567$
$1234567^2 = 1524155677489$
$1234567^3 = ええと…$

すぐに数が大きくなってしまい、実験することもなかなか大変です。

でも、ちょっと待ってください。いま求めたいのは、$1234567^{987654321}$ の累乗そのものではなく「1の位の数字」だけであることを思い出しましょう。そうすると……。

周期性を見つけると、筆算だけで答えを求めることができますよ。

クイズの答え

2つの数の乗算の結果、1の位に影響を与えるのは、元の2つの数の1の位だけです。ということは、1234567の1の位にある7を累乗し、その1の位を調べればよいことになりますね。1234567のうち、10の位以上の123456は、今回のクイズでは無視していいのです。

実験してみましょう。

1234567^0 の1の位 $= 7^0$ の1の位 $= 1$
1234567^1 の1の位 $= 7^1$ の1の位 $= 7$
1234567^2 の1の位 $= 7^2$ の1の位 $= 9$
1234567^3 の1の位 $= 7^3$ の1の位 $= 3$

*この問題は、『問題解決への数学』(Steven G. Krantz, ISBN4-621-04831-7) の「3^{4798} の末尾の文字は何か？」という問題を参考にしています。

$$1234567^4 の1の位 = 7^4 の1の位 = 1$$
$$1234567^5 の1の位 = 7^5 の1の位 = 7$$
$$1234567^6 の1の位 = 7^6 の1の位 = 9$$
$$1234567^7 の1の位 = 7^7 の1の位 = 3$$
$$1234567^8 の1の位 = 7^8 の1の位 = 1$$
$$1234567^9 の1の位 = 7^9 の1の位 = 7$$

　ここまで計算してくると、周期性が見つかりますね。1の位は1, 7, 9, 3という4つの数字を繰り返しています。つまり、周期は4です。

　周期が4ですから、$1234567^{987654321}$の1の位を求めるには、指数987654321を4で割った剰余を考えればよいことになりますね。987654321を4で割った剰余は、0, 1, 2, 3のいずれかで、そのそれぞれに対して、1, 7, 9, 3という数が対応します。

　987654321を4で割った余りは1ですから、求める数は7になります。

　答え：$1234567^{987654321}$の1の位は7である

振り返って：周期性の発見と剰余の関係

　今回のクイズも、直接取り扱うことができないような大きな数に関わる問題でした。直接扱うことができないので、小さな数で実験しました。そのときのポイントは、**周期性**を見つけることです。周期性を見つければ、あとは剰余を使って解決です。

　剰余を使って、大きな数の問題を小さな数の問題に落とし込んだのです。

　さて、大きな数のクイズが続きましたので、今度は別のクイズを考えてみましょう。

オセロで通信

クイズ

　手品師と弟子、それから客の3人がいます。手品師は目隠しをしています。

（1）テーブルの上に、オセロの石がランダムに7個並んでいます（Fig.3-4）。手品師は目隠しをしているので、石を見ることはできません。

Fig.3-4　オセロの石がランダムに7個並んでいる

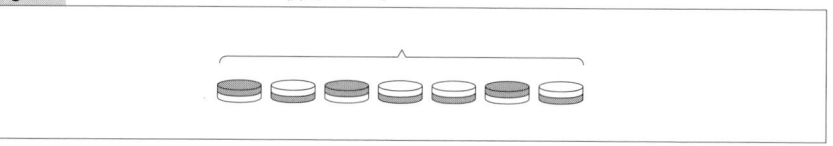

（2）手品師の弟子は、並んだ7個の石を見てから、右端に石を1個追加します。並んだ石は8個になりました（Fig.3-5）。手品師は目隠しをしたままです。

Fig.3-5　弟子は石を1個追加する

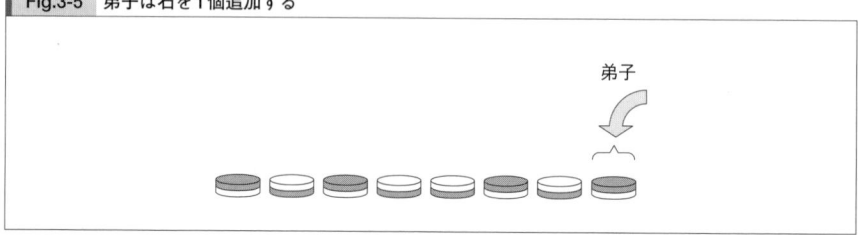

（3）客は、並んだ8個の石の中からどれか**1個だけ裏返す**か、**1個も裏返さず放置**します（Fig.3-6）。

　ここまでの間、弟子も客もまったく言葉を発せず、また手品師は目隠しをしていますので、客が石を裏返したかどうかは手品師にはわかりません。

Fig.3-6　客は石を1個だけ裏返す（あるいは放置する）

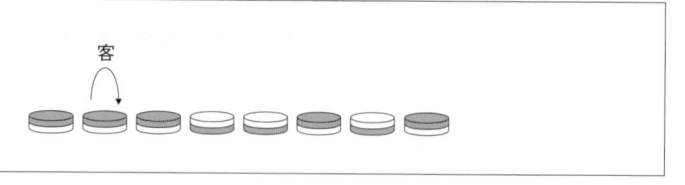

（4）手品師は、目隠しをとって、並んだ8個の石を見ます。そして、すぐに「お客さんは裏返しましたね」あるいは「裏返しませんでしたね」と言って、客の行動を見破ります。

Fig.3-7　手品師は客の行動を見破る

手品師「裏返しましたね」

どうして、手品師は客の行動を見破ることができるのでしょうか。

ヒント

　弟子が行う行動は、たった1個の石を置くことだけであり、しかも、その石を置くのは、客が行動を起こす「前」です。弟子は、どのようにして裏返した石があるかないかを手品師に伝えることができるのでしょう。

　手品師と弟子は、言葉こそ交わしませんが、オセロの石を1個だけ使って「通信」をしていることになります。その通信の仕組みを考えてください。

クイズの答え

　弟子は、客が置いた7個の石のうち、黒の数を数えます。もしも黒が奇数個あったら、弟子は黒の石を追加します。もしも黒が偶数個あったら、弟子は白の石を追加します。どちらの場合でも、結果として並んだ8個の石は**黒が必ず偶数個**になります。

　さて、客がとる行動は以下の(a)～(c)のいずれかです。

> (a) 客は白い石を裏返す。すると、黒が1個増えます。つまり黒は奇数個になります。
> (b) 客は黒い石を裏返す。すると、黒が1個減ります。この場合でも黒は奇数個になります。
> (c) 客は石を放置する。黒は偶数個のままです。

　手品師は、目隠しをとって、すぐに黒の石を数えます。黒が奇数個だったら「お客さんは裏返しましたね」と言い、偶数個だったら「裏返しませんでしたね」と言えばよいのです。

　ここでは、弟子は「黒が偶数個」になるように石を置きましたが、「黒が奇数個」になるようにしてもかまいません。どちらにするかは、手品師と弟子が事前に打ち合わせをしておけばよいのです。

パリティのチェック

　手品師と弟子が行ったパフォーマンスは、白い石を2進法の0、黒い石を2進法の1として考えると、コンピュータの通信で使われる**パリティのチェック**という方法と同じです。

　弟子が送信者、手品師が受信者です。途中でオセロの石をひっくり返す客は、「通信を乱す雑音（ノイズ）」の役割にあたります。

　送信者である弟子が置いた1個の石は、通信では**パリティ・ビット**と呼ばれます。受信者である手品師は、置かれた石の偶奇（パリティ）を調べることで、ノイズで通信エラー

が起こったかどうかを判定するのです。偶数／奇数のどちらになるようにパリティ・ビットを設定するかは、送信者と受信者の間での通信の約束事になります。

パリティ・ビットで2つの集合に分割

また、こんなふうに考えることもできます。7個の石の並べ方は全部で$2^7 = 128$通りあります。このうちの半数（64通り）は黒の石が偶数個であり、残りの半数（64通り）は黒の石が奇数個です。つまり、128通りは2つのグループに分けられます。

手品師の弟子が追加した1個の石は、いま目にしている7個の石の並び方が、2つのグループのどちらに属しているかを示す「しるし」の役目を果たしています。黒を上にして置くか、白を上にして置くかの2通りがあるので、2つのグループを区別するしるしになるのです。

恋人探しクイズ

クイズ（恋人探し）

ある小さな国には、8つの村（A～H）があり、Fig.3-8のように道で結ばれています（黒点は村を、線は道を表しています）。あなたはこの国を放浪している、たった1人の恋人を探しています。

あなたの恋人は、8つの村のどこかにいます。恋人は、1か月ごとに道でつながっている別の村に移動します。恋人は、住む村を1か月ごとに必ず変えるのですが、どの村を選ぶかはランダムであり、予測できません。たとえば、恋人がG村に今月住んでいたなら、来月は「C, F, Hのいずれかの村」にいることになります。

いま、あなたは「1年前（12か月前）に、恋人がG村に住んでいた」というたしかな情報をつかみました。今月、恋人がA村に住んでいる確率を求めてください*。

ヒント：小さな数で実験しよう

恋人は、12か月前にGにいました。ですから、現在、恋人はGからスタートしてランダムな移動を12回すませたことになります。12回目の移動の後にAにいる確率を求めるのが、今回の問題です。

最初から12回の移動を考えるのではなく、**小さな数で実験してみましょう**。

---

* この問題は、『マスター・オブ・場合の数』（栗田哲也 他著、東京出版、ISBN978-4-88742-028-1）を参考にしています。

Fig.3-8　ある小さな国の8つの村と道

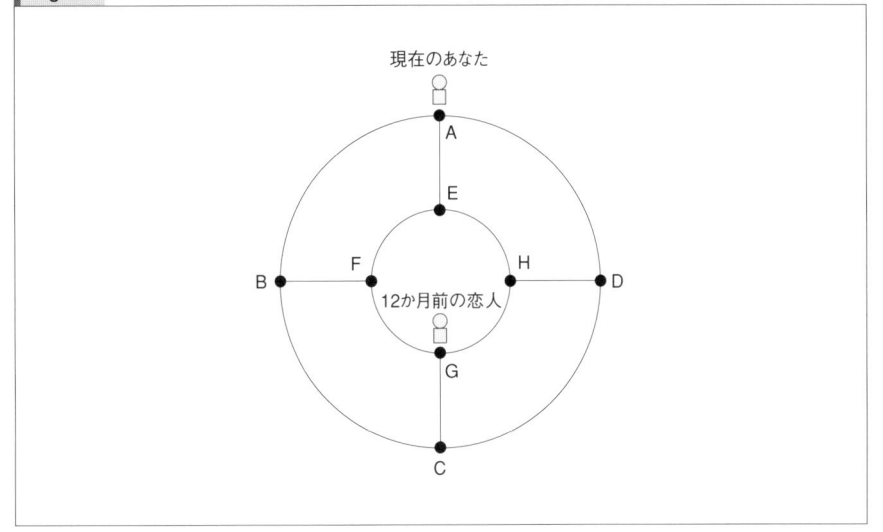

クイズの答え

12か月前（0回目の移動）、恋人はGにいます。

11か月前（1回目の移動）、恋人はC, F, Hのいずれかにいます。

10か月前（2回目の移動）、恋人はB, D, E, Gのいずれかにいます。

9か月前（3回目の移動）、恋人はA, C, F, Hのいずれかにいます。

8か月前（4回目の移動）、恋人はB, D, E, Gのいずれかにいます。

　これ以降、奇数回目の移動のときには、恋人は、A, C, F, Hのいずれかにおり、偶数回目の移動のときには、B, D, E, Gのいずれかにいます。したがって、現在（12回目の移動）、恋人はB, D, E, Gのいずれかにおり、A村には住んでいないことがわかります（Fig.3-9）。

　答え：求める確率は0

振り返って

　この問題のおもしろさは、どこにあるのでしょうか。

　恋人は、ふらふらと村の間をさまよいます。GからCに移るかもしれませんし、GからFに行くかもしれません。またFに行ったとすれば、つぎはEに行くかもしれませんし、

Fig.3-9　4回目までの移動で行く可能性のある村を考える

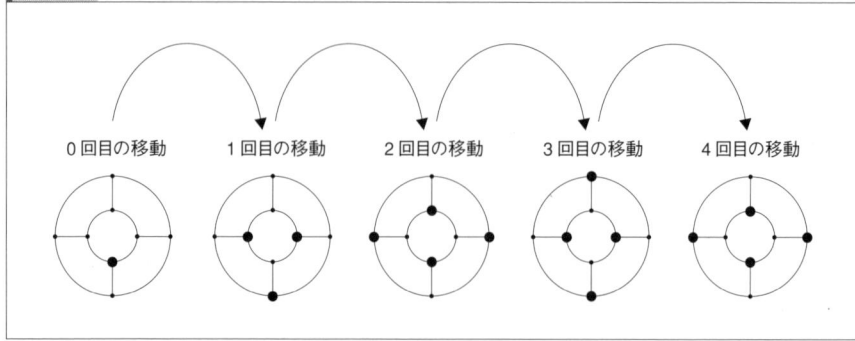

Gに戻るかもしれません。このように、恋人の通った「道筋」を考えようとすると、非常に多くの可能性を検討しなければならなくなります。

　先ほどの答えでは、道筋に注目するのではなく、たどりついた場所に注目しました。これで、問題をすっきりと整理することができたのです。

　Gから奇数回目の移動でたどりつける場所を「奇数村」と呼び、偶数回目の移動でたどりつける場所を「偶数村」と呼ぶことにしましょう。

Fig.3-10　「奇数村」と「偶数村」に分ける

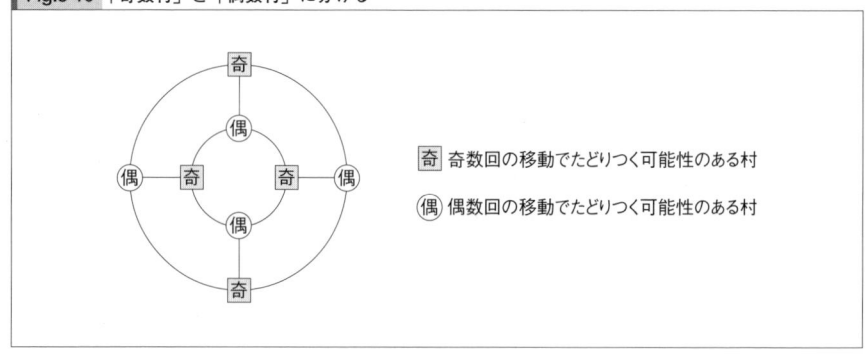

奇 奇数回の移動でたどりつく可能性のある村

偶 偶数回の移動でたどりつく可能性のある村

　　奇数村はA, C, F, H
　　偶数村はB, D, E, G

　この問題では、8つの村について考える代わりに、8つの村を奇数村と偶数村の2つに分類して考えたところがポイントなのです。12回目の移動で8つの村のどこに行くかはわからなくても、奇数村と偶数村のどちらにいるかはわかるのですから。

　A〜Hの8つの村のうち、奇数村と偶数村の両方に属する村はありません。

また、8つの村のすべてが奇数村と偶数村のどちらかには必ず属します。

すなわち、奇数村と偶数村という分類は「排他的で網羅的な分類」になります。しかも、奇数村から1回移動したら偶数村へ移り、偶数村から1回移動したら奇数村へ移ります。この性質によって、今回の問題を解くことができたのです。この問題も、パリティのチェックの一例になっています。

畳の敷き詰めクイズ

クイズ（部屋に畳を敷き詰める）

Fig.3-11のような形をした部屋があります。この部屋に、図の右下のような畳を敷き詰めることはできるでしょうか。ただし、半畳を使ってはいけないものとします。

もしできないなら、その理由も答えてください。

Fig.3-11 部屋に畳を敷き詰めることができますか

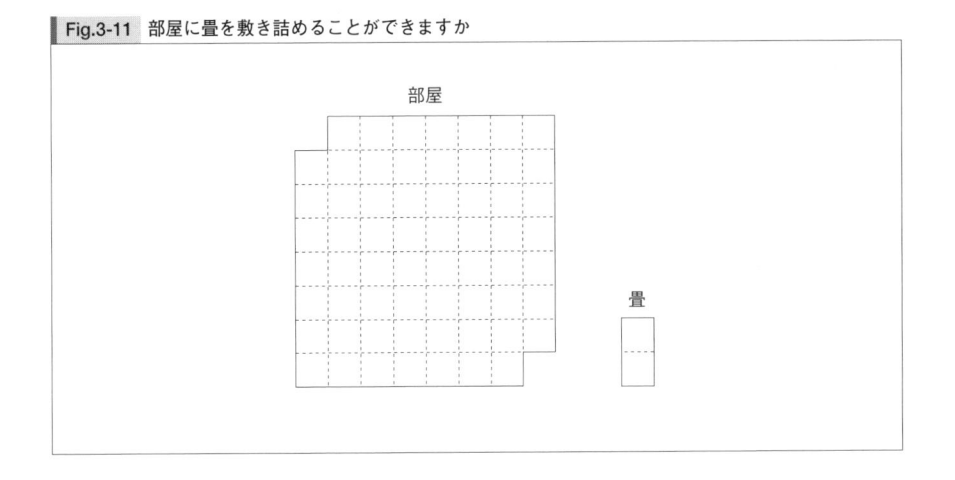

ヒント：畳の数を数えてみると

部屋の広さを半畳単位で数えてみましょう。1枚の畳は半畳2個ですから、もしも部屋の広さが半畳単位で奇数だったら、「敷き詰めることは不可能」といえます。

数えた結果、部屋には半畳が62個入ります。62は偶数なので、残念ながら「半畳の個数の偶奇」を調べるだけでは、敷き詰められるかどうかは判定できません。

もっとうまい分類方法を見つけることはできるでしょうか。

クイズの答え

　Fig.3-12のように、半畳単位で塗り分けを行います。

Fig.3-12　部屋を半畳単位で塗り分ける

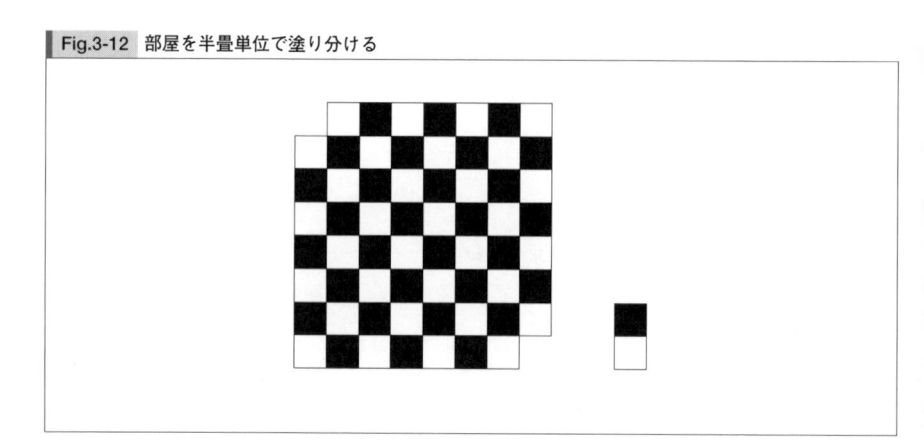

　このようにして、半畳の個数を黒白別々に数えてみましょう。

- ・黒の半畳　…　30個
- ・白の半畳　…　32個

　ところで、1枚の畳では、黒と白の半畳はそれぞれ1個ずつです。ということは、何枚の畳をどのように敷き詰めたとしても、黒の半畳と白の半畳の枚数は等しくなければなりません。

　以上から、部屋を敷き詰めるのは不可能だということがわかります。

振り返って

　これは、いろんなクイズの本に登場する有名な問題です。この問題も、パリティのチェックで答えることができますね。

　計算で解きたいなら、次のように考えるとよいでしょう。

- ・黒の半畳に +1という数を割り当て、
- ・白の半畳に −1という数を割り当てる

　そして、部屋の半畳に割り当てられた数をすべて足し合わせ、その計算結果が0になるかどうかを調べます。もしも0にならなかったら、畳で敷き詰めることはできません。ただし、計算結果が0になったからといって、敷き詰められるとは限りません。「逆は必ず

しも真ではない」のです。

　このようなパリティのチェックを使った判定法は非常に強力です。畳を敷き詰める方法はたくさんあり、「できない」ことを証明するには、そのすべてを試さなければなりません。しかし、パリティのチェックを使えば、まったく試行錯誤せずに「できない」と言えます。

　ただし、パリティのチェックをうまく使うためには、「適切な分類方法」を見つけ出す必要があります。恋人探し（p.76）なら偶数村と奇数村に分けること、畳の敷き詰め問題（p.79）なら市松模様のように塗り分けることがポイントになります。試行錯誤の代わりに「ひらめき」が必要になるのですね。

一筆書きクイズ

クイズ（ケーニヒスベルクの橋）

　むかしむかし、ケーニヒスベルク*という町がありました。その町には、川で区切られた4つの土地があり、それらの土地を結ぶために7本の橋が架けられていました（Fig.3-13）。

Fig.3-13　ケーニヒスベルクの7本の橋

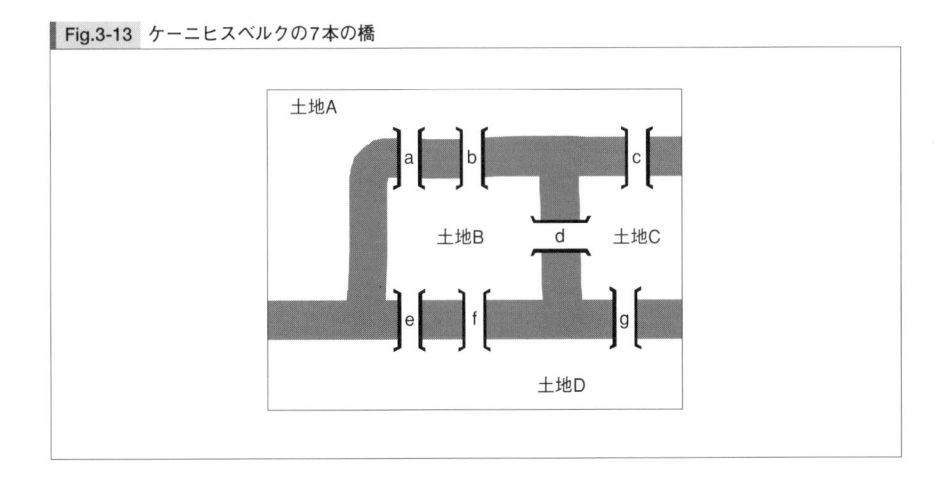

---

*　ケーニヒスベルクは哲学者カントの故郷です。現在はロシア連邦にあり、カリーニングラード
　（Kaliningrad, Калининград）という名前になっています。

あなたはいま、この**7本の橋すべてを渡りつくす方法**を探しています。ただし、次のような条件を守らなければなりません。

- ・いったん渡った橋は二度と渡ってはいけない。
- ・それぞれの土地には何度降り立ってもよい。
- ・どこの土地からスタートしてもよい。
- ・スタートした土地に戻ってくる必要はない。

最後に、7本の橋すべてを渡りつくすことができるならその方法を示し、できないならそれを証明してください。

ヒント：試しにやってみよう

これは「一筆書き」の問題ですね。地図を見ながら、試しにやってみましょう。

- ・Aからスタートすることにしよう。
- ・Aから橋aを渡ってBに移る。
- ・Bから橋bを渡ってAに戻る。
- ・Aから橋cを渡ってCに移る。
- ・Cから橋dを渡ってBに移る。
- ・Bから橋eを渡ってDに移る。
- ・Dから橋fを渡ってBに戻る。

……とここまで来ましたが、Bから出ている橋はすべて一度渡ったことがある橋ですから、もう進むことはできません。このやりかたでは橋gを渡り損ねてしまったことになります（Fig.3-14）。

読者のみなさんも、ぜひ、いろいろと試してみてください。

実際に試してみると、7本の橋すべてを渡るのはできそうもありません。でも、「絶対に渡れない」という結論を出すためには、渡れないことを**証明**しなければなりません。もしかしたら、うまく渡る方法はあるけれど、自分がそれに気づいていないだけかもしれないからです。

Fig.3-14 試しにやってみる（橋gを渡れない）

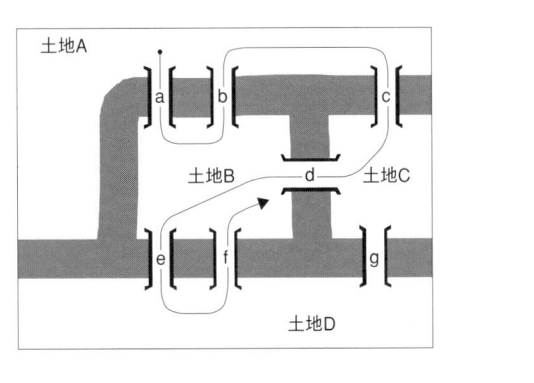

ヒント：単純化して考えよう

　いちいち「Aから橋aを渡ってBに移る」のように考えるのは面倒なものです。地図を使うのではなく、Fig.3-15のように単純化することにしましょう。もちろん、単純化するといっても、元の地図での「土地のつながり方」を変えてはいけません。このように「つながり方」を図式化したものを**グラフ**と呼びます。

Fig.3-15 問題をグラフにする

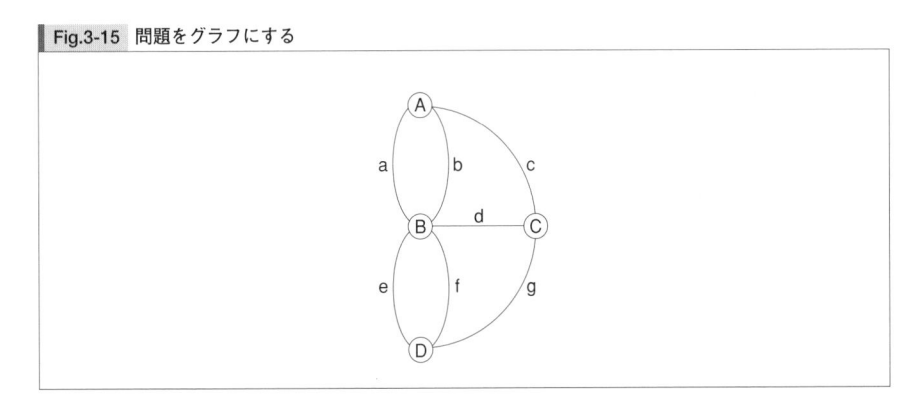

　Fig.3-15では、土地A, B, C, Dを白い丸で表しました。これを**頂点**と呼ぶことにします。また、橋a, b, c, d, e, f, gを、頂点どうしを結ぶ線で表しました。これを**辺**と呼ぶことにします。

　ちなみに数学者**オイラー**（Leonhard Euler, 1707 - 1783）は、このケーニヒスベルクの橋渡りを一筆書きの問題として解きました。これが**グラフ理論**の始まりです。

ヒント：入口と出口を考えよう

　いろいろと試行錯誤しているうちに、次のようなことに気づきます。頂点を通過するためには、その頂点の「入口になる辺」と「出口になる辺」という2つの辺が必要です。1つの頂点からは辺が何本か出ていますが、頂点を1つ通過するごとに、その頂点から出ている2個の辺が減っていくことになりますね。これがヒントです。

クイズの答え

　頂点からの辺の数を、その頂点の**次数**と呼ぶことにします（Fig.3-16）。

Fig.3-16　次数

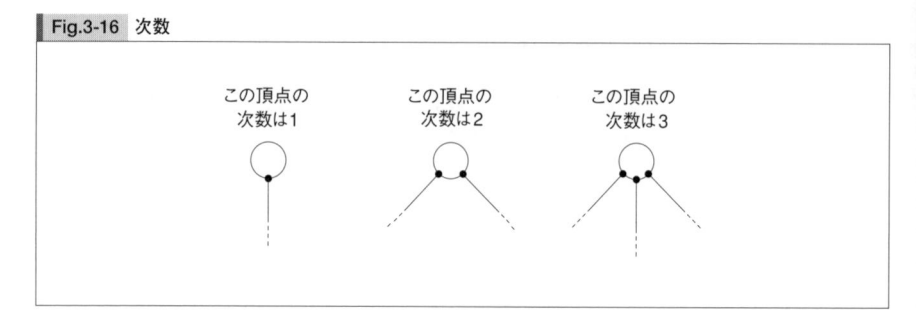

この頂点の
次数は1

この頂点の
次数は2

この頂点の
次数は3

　また、次数が偶数である頂点のことを「偶点」、次数が奇数である頂点のことを「奇点」と呼ぶことにします（Fig.3-17）。
　いまから、グラフの辺をたどりつつ、通った辺の端にチェックマークを付けて、頂点の次数を減らしていきます。これを「減らし歩き」と呼ぶことにします。

Fig.3-17 偶点と奇点

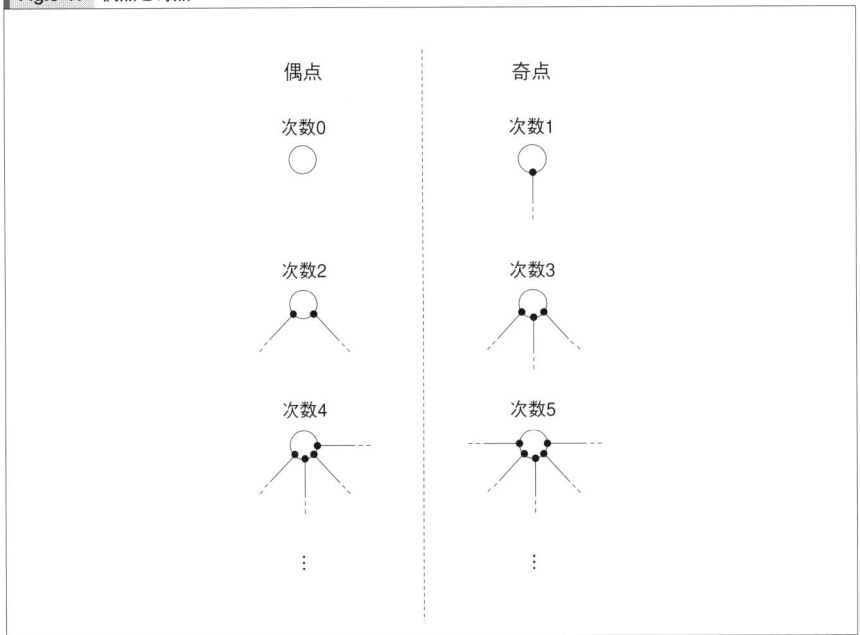

[具体的にどこから始めるか、どういうルートを通るかは、いまは問題にしません。とにかく、グラフの辺をたどったときに**頂点の次数がどう変化するか**だけに着目します]

出発するとき、スタートする頂点の次数を1減らします。

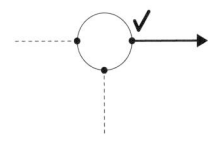

スタートの頂点では
次数を1減らす

途中の頂点を通過するとき、その頂点の次数を2減らします。2というのは、「入口になる辺」と「出口になる辺」の分です。

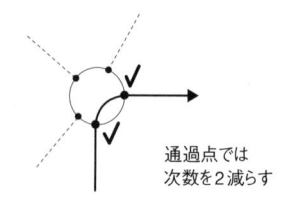

通過点では
次数を2減らす

　頂点を通るたびに頂点の次数を2減らすので、その頂点を何回通過しても、**通過点となる頂点の偶奇は変化しない**ことになります。つまり偶点は偶点のまま、奇点は奇点のままです。

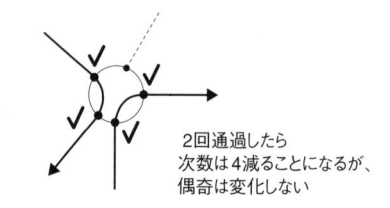

2回通過したら
次数は4減ることになるが、
偶奇は変化しない

　ゴールに着いたとき、その頂点の次数を1減らします。

ゴールの頂点では
次数を1減らす

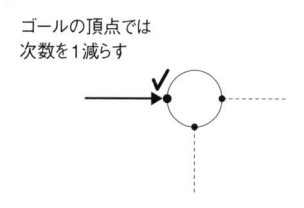

　さて、このようにして仮に「一筆書きができた」とします。すると、以下の2通りのいずれかになります。

　　(1) スタートとゴールが一致している場合
　　(2) スタートとゴールが一致していない場合

● (1) スタートとゴールが一致している場合

　一筆書きができたということは、「減らし歩き」の結果、すべての頂点の次数は0（偶数）になったことになります。なぜなら、次数が0にならない頂点があるなら、通っていない辺があることになるからです。

　「減らし歩き」によって、通過点となる頂点の偶奇は変化しません。次数を0（偶数）にできたということは、元のグラフの通過点となる頂点はもともと偶点であったことがわかります。

　また、スタートでは次数を1減らし、ゴールでも次数を1減らして0になったのですが、

スタートとゴールが一致していることから、結局同じ頂点の次数を2減らしたことになり、やはりこの頂点も偶点だったことになります。

　結局、一筆書きで「スタートとゴールが一致している」場合、このグラフの頂点は**すべて偶点**になります。

● （2） スタートとゴールが一致していない場合

　(1)と同じように考えて、通過点となる頂点はすべて偶点になります。また、スタートとゴールだけは奇点になります。したがって、一筆書きで「スタートとゴールが一致していない」場合、このグラフには**奇点が2個**だけになります。

　ここまでで、

　「一筆書きできる」⇒「すべての頂点が偶点、または、奇点が2個」

が成り立つことがわかりました*。

　さてここで、ケーニヒスベルクの橋に話を戻します。ケーニヒスベルクの橋が一筆書きで渡れるなら、「すべての頂点が偶点、または、奇点が2個」になっているはずです。

　ケーニヒスベルクの橋（を表すグラフ）の頂点を調べてみましょう。各頂点につながっている辺の本数を数えれば、偶奇はすぐにわかります。Fig.3-18のように、4つの頂点すべてが奇点になっています。

　したがって、ケーニヒスベルクの橋は、与えられた条件では渡りつくすことはできないことが証明されました。

Fig.3-18 ケーニヒスベルクの橋の頂点を調べる

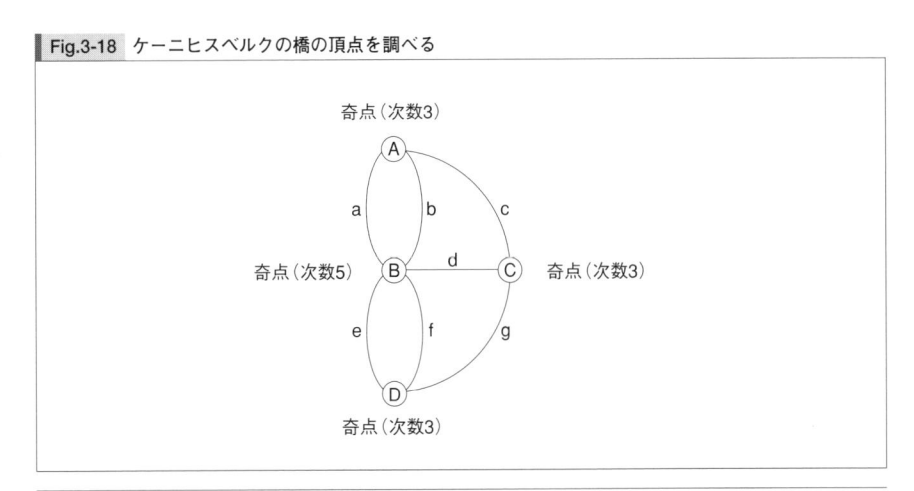

---

* この命題の逆である「すべての頂点が偶点、または、奇点が2個」⇒「一筆書きできる」も成り立ちますが、証明は省略します。

パリティのチェック

　「一筆書きができるならば、すべて偶点か、奇点が2個だけでなければならない」というオイラーの主張は理解できたでしょうか。この主張によって、ケーニヒスベルクの橋すべてを渡りつくすことはできないことがわかりました。

　オイラーの主張の重要な点は、「試行錯誤をしなくても、一筆書きができないことを示せる」というところにあります。膨大な数の渡り方を試さず、各頂点の次数を調べるだけでよいのです。

　また、オイラーの行った証明にも重要なアイディアが含まれています。それは、各頂点の辺の数を調べるときに、「数そのもの」ではなく「数の**偶奇**」に着目したことです。1本、3本、5本、のように数をばらばらにとらえるのではなく、ひっくるめて「奇数本」と考えたわけです。一筆書きの問題では、この「偶奇」が決め手になります。これもまた、パリティのチェックの例です。

この章で学んだこと

　この章では、さまざまな問題を解きながら、剰余について考えました。

　取り扱いが難しい大きな数であっても、周期性を見つけて剰余を使えば、問題を簡単にすることができました。

　また、剰余の結果が同じになるかどうかで、たくさんのものをグループ分けすることができました。畳の敷き詰めやケーニヒスベルクの橋渡りの問題を通して、偶奇性（パリティ）を使えば試行錯誤を省略できるということも学びましたね。

　私たちは物事を「詳しく調べよう」というときに、「情報を細かいところまで正確に把握しよう」と考えがちです。しかし、パリティのチェックのように「正確な把握」よりも「的確な分類」のほうが役に立つ場合もあるのです。

　人間が、周期性や偶奇性を見つけると、大きな問題でも小さな問題に落とし込んで解くことができます。剰余は、そのための重要な武器なのです。

　次の章では、たった2つのステップで無数の問題に立ち向かうための武器——数学的帰納法——について学びましょう。

●おわりの会話
生徒「先生、僕の人生は360度変わりました」
先生「360度だと、変わってないんじゃないかな」

第 **4** 章

数学的帰納法
無数のドミノを倒すには

●はじめの会話

先生「ドミノを一列に並べるとします。すべてのドミノを確実に倒すにはどうしたらいいですか」

生徒「簡単です。1つのドミノが倒れたら、次のドミノも確実に倒れるように並べればいいのです」

先生「それだけではだめですよ」

生徒「えっ、どうしてですか」

先生「最初のドミノを確実に倒す必要があります」

生徒「当たり前じゃないですか」

先生「はい。これであなたは、数学的帰納法の2つのステップを知ったことになります」

この章で学ぶこと

　この章では、数学的帰納法について学びます。数学的帰納法は、ある主張が成り立つことを、0以上のすべての整数（0, 1, 2, 3, . . . ）について証明する方法です。0, 1, 2, 3, . . . という0以上の整数は無数にありますが、数学的帰納法を用いると、「2つのステップ」を踏むだけで、無数の証明の代わりをすることができるのです。

　この章ではまず、1から100までの和を求める例を紹介してから、数学的帰納法について解説します。次に、クイズを交えながら数学的帰納法の具体例を示します。そして最後に、数学的帰納法とプログラムの関係について触れ、ループ不変条件についてお話しします。

ガウス少年、和を求める

クイズ（貯金箱の金額）

　あなたの前に空っぽの貯金箱があります。

- ・1日目、この貯金箱に1円を入れます。貯金箱の中身は1円になりました。
- ・2日目、この貯金箱に2円を入れます。貯金箱の中身は1 + 2 = 3円になりました。
- ・3日目、この貯金箱に3円を入れます。貯金箱の中身は1 + 2 + 3 = 6円になりました。
- ・4日目、この貯金箱に4円を入れます。貯金箱の中身は1 + 2 + 3 + 4 = 10円になりました。

　さて、このように貯金を続けていったとき、貯金箱の中身は100日目に何円になっているでしょうか。

考えてみよう

　このクイズで求めるものは、100日目の貯金箱の中身です。100日目の金額を求めるためには、$1 + 2 + 3 + \cdots + 100$の値を計算すればいいですね。では、具体的にどうやって計算したらいいでしょうか。

　まず考えられるのは、根気よく足し算をしていく方法です。1に2を足し、3を足し、4を足し、……、99を足し、100を足す。このような足し算をすれば、答えを得ることができるでしょう。手で計算するのは手間がかかるというなら、電卓を使ったり、そのような計算をするプログラムを書いたりしてもいいですね。

　ところで、ガウスという少年は9歳のときにこれと等価な問題を出されて、即座に結果を求めたといわれています。そのとき、ガウス少年は電卓もコンピュータも使いませんでした。いったい、どうやって計算したのでしょうか。

ガウス少年の解答

　ガウス少年は次のように考えました。

　順番に$1 + 2 + 3 + \cdots + 100$を計算した結果と、逆順に$100 + 99 + 98 + \cdots + 1$を計算した結果は等しくなるはずだ。それなら、この2つの数を以下のように縦に足してみよう。

$$
\begin{array}{r}
1 + \ \ 2 + \ \ 3 + \cdots + \ \ 99 + 100 \\
+) \ 100 + \ 99 + 98 + \cdots + \ \ \ 2 + \ \ \ 1 \\
\hline
101 + 101 + 101 + \cdots + 101 + 101
\end{array}
$$

101が100個

　すると、$101 + 101 + 101 + \cdots + 101$のように101を100個足したものになる。これを計算するのは簡単だ。101を100倍すればよいからだ。結果は10100になる。ところで、10100は求めたい数の2倍だ。よって、答えは半分の5050になる。

　答え：5050円

ガウス少年の解答を検討する

　ガウス少年の方法は、なかなかエレガントですね。

　いまひとつ納得できない人のために、ガウス少年の方法を図形的に表現してみましょう。$1 + 2 + 3 + \cdots + 100$を求めることは、Fig.4-1のように階段状に敷き詰めたタイルの枚数を数えることと同じです。

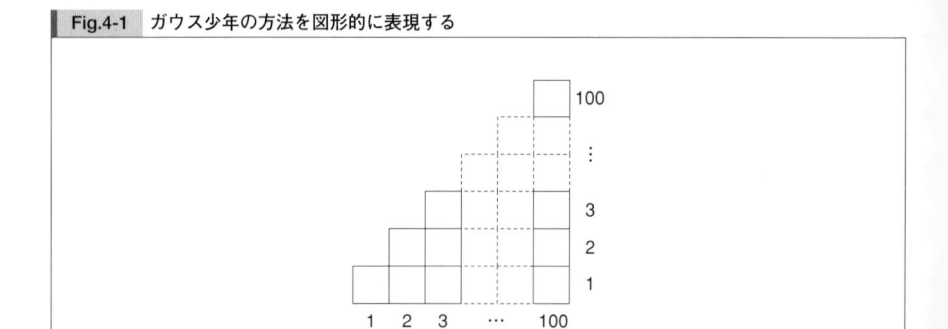

Fig.4-1　ガウス少年の方法を図形的に表現する

　ガウス少年は、この階段をもう1つ作ってさかさまにし、2つの階段をかみ合わせて長方形を作りました。

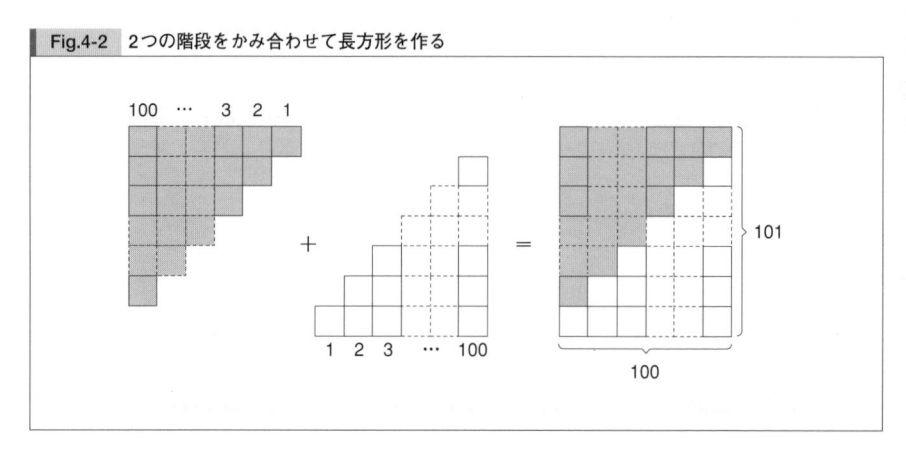

Fig.4-2　2つの階段をかみ合わせて長方形を作る

　2つの階段をかみ合わせてできる長方形は、タイルが縦に101枚、横に100枚並んでいます。ですから、この長方形には101 × 100 = 10100枚のタイルが敷き詰められていることになります。したがって、求めるべきタイルの枚数は、10100枚の半分で5050枚ということになりますね。

　ガウス少年の方法を、計算の手間という視点から調べてみます。ガウス少年の方法を使えば、根気よく足し算をする必要はありません。両端の1と100を足して100倍し、2で割るだけでよいのです。

　いま、1から100までではなく、1から10000000000（100億）まで足したいとします。今度は、根気よく足し算するという方法はとらないほうがよいですね。なぜなら、仮に電卓

を使って1秒に1個足し算ができたとしても、100億まで足すためには300年以上かかってしまうからです。コンピュータを使っても、かなりの時間がかかります。

　しかし、ガウス少年の方法を使えば、1から100億まで足すのも、足し算1回、掛け算1回、割り算1回の手間ですみます。実際に計算してみましょう。

$$\frac{(10000000000 + 1) \times 10000000000}{2} = 50000000005000000000$$

　ガウス少年は、後に歴史的な大数学者になりました (Karl Friedrich Gauss, 1777 − 1855)。

┃ 一般化する

　ガウス少年の方法は、以下の等式が成り立つことを利用しています。

$$1 + 2 + 3 + \cdots + 100 = \frac{(100 + 1) \times 100}{2}$$

　ここで「1から100まで」を「0からnまで」のように、変数nを使って一般化しましょう。すると、上の等式は次のようになります。

$$0 + 1 + 2 + 3 + \cdots + n = \frac{(n + 1) \times n}{2}$$

　さて、この等式は0以上のどんな整数nについても成り立つでしょうか。すなわち、たとえば、nが100でも200でも、あるいは100万でも100億でも、この等式が成り立つといえるでしょうか。もしいえるなら、どのようにしてそれを証明できるでしょう。

　こんなときに使うのが、数学的帰納法という方法です。数学的帰納法は「0以上のすべての整数nについて、その主張が成り立つ」ことを証明する方法なのです。

生徒「《すべての整数nについて…》という表現を読むと、どうも落ち着きません」
先生「落ち着かない？」
生徒「頭の中に整数がいっぱい流れ込んでくるような気持ちになるんです」
先生「それなら、《どんな整数nを選んだとしても…》と考えてはどうでしょう」
生徒「あっ、ちょっと落ち着きます」
先生「両方とも同じことを言っているのですけれどね」

数学的帰納法 ── 無数のドミノを倒すには

　それでは、いよいよ数学的帰納法についてお話ししましょう。まず、「0以上の整数についての主張」について学んでから、ガウス少年の主張を、数学的帰納法を使って証明してみることにします。

0以上の整数についての主張

　「0以上の整数nについての主張」というのは、0, 1, 2, …という整数ごとに「真である」あるいは「偽である」と判定できる主張のことです。といってもわかりにくいので、例をいくつか示しましょう。

●例1

　　・主張$A(n)$：$n \times 2$は偶数である。

　$A(n)$は、「$n \times 2$は偶数である」という主張です。nが0のとき、$0 \times 2 = 0$は偶数ですから、$A(0)$は真ですね。$A(1)$はどうでしょうか。$1 \times 2 = 2$は偶数なので、$A(1)$は真です。
　では、この主張$A(n)$は、0以上のすべての整数nについて真だといえるでしょうか。
　はい、いえます。0以上のどんな整数nを選んだとしても、2倍した結果は偶数になりますから、0以上のすべての整数nについて主張$A(n)$は真になります。

●例2

　　・主張$B(n)$：$n \times 3$は奇数である。

　では、主張$B(n)$はどうでしょう。この主張は、0以上のすべての整数nについて成り立つでしょうか。
　たとえば、nとして1を選んでみましょう。すると主張$B(1)$は、「1×3は奇数である」となり、これは真ですね。でも、0以上のすべての整数nについて主張$B(n)$が真であるとはいえません。なぜなら、nとして2を選んだ場合には、$n \times 3$の値は$2 \times 3 = 6$となります。6は偶数ですから、主張$B(2)$は真ではありません（偽です）。
　$n = 2$は、「主張$B(n)$は0以上のすべての整数nについて成り立つ」をくつがえす**反例**のひとつとなっています。

●他の例

それでは、次の4つの主張のうち、**0以上のすべての整数nについて成り立つもの**はどれでしょうか。考えてみてください。

・主張$C(n)$：$n + 1$は0以上の整数である。
・主張$D(n)$：$n - 1$は0以上の整数である。
・主張$E(n)$：$n \times 2$は0以上の整数である。
・主張$F(n)$：$n \div 2$は0以上の整数である。

主張$C(n)$は、0以上のすべての整数nについて成り立ちます。nが0以上の整数なら、$n + 1$も必ず0以上の整数になるからです。

主張$D(n)$は、0以上のすべての整数nについて成り立つとはいえません。たとえば、主張$D(0)$は偽になります。$0 - 1 = -1$で、0以上の整数にならないからです。$n = 0$が唯一の反例です。

主張$E(n)$は、0以上のすべての整数nについて成り立ちます。

主張$F(n)$は、0以上のすべての整数nについて成り立つとはいえません。nが奇数のとき、$n \div 2$は整数にならないからです。

ガウス少年の主張

さて、「0以上の整数nについての主張」に慣れたところで、ガウス少年の主張に戻りましょう。次のようにすると、彼のアイディアをnに関する主張の形として書くことができます。

・主張$G(n)$：0からnまでの整数の和は $\dfrac{n \times (n+1)}{2}$ に等しい。

いまから証明したいのは、「$G(n)$が、0以上のすべての整数nについて成り立つ」ということです。p.92で示した階段状の図（Fig.4-1）を描いて証明としてもよいのですが、疑い深い人はこういう疑問を持つかもしれません。「0以上の整数は$0, 1, 2, 3, \cdots$と**無数に**あるのに、図に書かれているのは1つの場合だけだね。たとえば$G(1000000)$も本当に成り立つのだろうか？」

たしかに、0以上の整数は無数にあります。そこで登場するのが「数学的帰納法」による証明です。数学的帰納法を使えば、0以上のすべての整数に関する証明を作ることができるのです。

数学的帰納法とは

数学的帰納法は、整数についての主張を、0以上のすべての整数（$0, 1, 2, 3, \cdots$）につい

て証明するときに用いる方法です。

いま、「0以上のすべての整数nについて主張$P(n)$が成り立つ」ことを数学的帰納法で証明するとします。

数学的帰納法では、次の2つのステップを踏んで証明を行います。さあ、いいですか。ここが本章の核心です。先を決して急がず、ゆっくり読んでください。

・ステップ1：
　「$P(0)$が成り立つ」ことを証明する。

・ステップ2：
　0以上のどんな整数kを選んでも、「$P(k)$が成り立つならば、$P(k+1)$も成り立つ」ことを証明する。

ステップ1では、出発点である0について主張$P(0)$を証明します。ステップ1を**基底**（base）と呼びます。

ステップ2では、0以上のどんな整数kを選んだとしても、「$P(k)$が成り立つならば、$P(k+1)$も成り立つ」ことを証明します。ステップ2を**帰納**（induction）と呼びます。これは、0以上のある整数に関して主張が成り立つなら、その次の整数でも成り立つことを示すステップです。

ステップ1とステップ2の両方が証明できたなら、「0以上のすべての整数nについて、主張$P(n)$が成り立つ」ことが証明できたことになります。

以上が、数学的帰納法という証明法です。

ドミノ倒しにたとえてみよう

数学的帰納法は、ステップ1（基底）とステップ2（帰納）という2つのステップを証明することで、0以上のすべての整数nについて主張$P(n)$が成り立つことを証明する方法です。

どうして、たった2つのステップを証明しただけで、無数のnについての証明したことになるのでしょうか。次のように考えてみてください。

・主張$P(0)$は成り立ちます。
　なぜなら、ステップ1で証明できているからです。
・主張$P(1)$は成り立ちます。
　なぜなら、$P(0)$が成り立っているので、ステップ2で$k=0$とすることにより、$P(1)$も成り立つといえるからです。
・主張$P(2)$は成り立ちます。
　なぜなら、$P(1)$が成り立っているので、ステップ2で$k=1$とすることにより、$P(2)$も成り立つといえるからです。

・主張 $P(3)$ は成り立ちます。

なぜなら、$P(2)$ が成り立っているので、ステップ2で $k=2$ とすることにより、$P(3)$ も成り立つといえるからです。

これを繰り返せば、どんな n に対しても主張 $P(n)$ が成り立つことがいえます。n は、どんなに大きくてもかまいません。n として 10000000000000000 を選んだとしても、ステップ2を何度も何度も機械的に繰り返せば、いつかは $P(10000000000000000)$ が成り立つといえるからです。

このような数学的帰納法の考え方は、「ドミノ倒し」にたとえることができます。

たくさんのドミノが一列に並んでいるとします。次の2つのステップを保証することができるなら、どんなに遠くに立っているドミノでも、いつかは必ず倒すことができます。

・ステップ1：

0番目のドミノ（最初のドミノ）が倒せることを保証する。

・ステップ2：

k 番目のドミノが倒れたならば、$k+1$ 番目のドミノも倒れることを保証する。

ドミノ倒しの2つのステップは、そのまま数学的帰納法の2つのステップに対応しています。

数学的帰納法では、「ドミノが倒れる」までにかかる時間を度外視します。数学の証明ではプログラミングと異なり、時間を無視した手法がよく登場します。これは数学とプログラミングとの非常に大きな相違点です。

ガウス少年の主張を数学的帰納法で証明する

それでは、数学的帰納法の具体例として、ガウス少年の主張 $G(n)$ を証明してみましょう。もう一度、主張 $G(n)$ を示します。

・主張 $G(n)$：0から n までの整数の和は $\frac{n \times (n+1)}{2}$ に等しい。

数学的帰納法を使うので、ステップ1（基底）とステップ2（帰納）を証明することになります。

●ステップ1：基底の証明

$G(0)$ が成り立つことを証明します。

$G(0)$ とは、「0から0までの整数の和は $\frac{0 \times (0+1)}{2}$ に等しい」ということです。

これは、直接計算して証明できます。0から0までの整数の和は0であり、$\frac{0 \times (0+1)}{2}$ も0
になるからです。

これで、ステップ1は証明できました。

●ステップ2：帰納の証明

0以上のどんな整数kを選んだとしても「$G(k)$ が成り立つならば、$G(k+1)$ も成り立
つ」ことを証明します。

いま、$G(k)$ が成り立つと仮定します。すなわち「0からkまでの整数の和は $\frac{k \times (k+1)}{2}$ に
等しい」と仮定します。このとき、次の式が成り立ちます。

仮定する式 $G(k)$

$$0 + 1 + 2 + \cdots + k = \frac{k \times (k+1)}{2}$$

これは、$G(k)$ を式として表現しただけですね。いまから、$G(k+1)$ すなわち次の式が
成り立つことを証明しましょう。

証明したい式 $G(k+1)$

$$0 + 1 + 2 + \cdots + k + (k+1) = \frac{(k+1) \times ((k+1)+1)}{2}$$

$G(k+1)$ の左辺は、仮定する式 $G(k)$ を使って、次のように計算できます。

$$
\begin{aligned}
G(k+1) \text{の左辺} &= \underbrace{0 + 1 + 2 + \cdots + k}_{G(k)\text{の左辺}} + (k+1) \\[2ex]
&= \underbrace{\frac{k \times (k+1)}{2}}_{G(k)\text{の右辺}} + (k+1) && \text{$G(k)$の左辺を$G(k)$の右辺で置き換えた} \\[2ex]
&= \frac{k \times (k+1)}{2} + \frac{2 \times (k+1)}{2} && \text{$(k+1)$を分数の形にした} \\[2ex]
&= \frac{k \times (k+1) + 2 \times (k+1)}{2} && \text{分母が同じなので分子を足した} \\[2ex]
&= \frac{(k+1) \times (k+2)}{2} && \text{$(k+1)$でくくった}
\end{aligned}
$$

一方、$G(k+1)$ の右辺は、次のように計算できます。

$$G(k+1) \text{の右辺} = \frac{(k+1) \times ((k+1)+1)}{2}$$
$$= \frac{(k+1) \times (k+2)}{2} \qquad ((k+1)+1) \text{を計算した}$$

$G(k+1)$ の左辺と右辺が同じ計算結果になりました。

これにより、$G(k)$ から $G(k+1)$ が導けたので、ステップ2が証明できたことになります。

以上で、主張 $G(n)$ に関して、数学的帰納法のステップ1とステップ2の両方が証明されました。数学的帰納法により、0以上のどんな整数 n についても、主張 $G(n)$ が成り立つことが証明されたわけです。

奇数の和を求める —— 数学的帰納法の例

それでは、別の主張を数学的帰納法で証明してみましょう。

奇数の和

次の主張 $Q(n)$ が、1以上のすべての整数 n について成り立つことを証明してください。

- 主張 $Q(n)$：$1 + 3 + 5 + 7 + \cdots + (2 \times n - 1) = n^2$

$Q(n)$ は、ちょっとおもしろい主張ですね。小さいほうから順に n 個の奇数を足していくと、n^2 すなわち $n \times n$ という平方数になるというのです。

これは本当でしょうか。証明する前に、小さな数 $n = 1, 2, 3, 4, 5$ で、$Q(n)$ の真偽を確かめてみましょう。

- 主張 $Q(1)$：$1 = 1^2$
- 主張 $Q(2)$：$1 + 3 = 2^2$
- 主張 $Q(3)$：$1 + 3 + 5 = 3^2$
- 主張 $Q(4)$：$1 + 3 + 5 + 7 = 4^2$
- 主張 $Q(5)$：$1 + 3 + 5 + 7 + 9 = 5^2$

計算をしてみると、たしかにこれらの主張は成り立ちますね。

数学的帰納法による証明

これから「1以上のすべての整数 n について主張 $Q(n)$ が成り立つ」ことを証明します。そのため、以下では数学的帰納法の2つのステップを順番に証明していくことになります。

証明することが「0以上の…」ではなく「1以上の…」になっていますが、基底の証明を0ではなく1で行えば数学的帰納法を使うことができます。

●ステップ1：基底の証明

$Q(1)$ が成り立つことを証明します。

$Q(1)$ は $1 = 1^2$ ですから、たしかに成り立ちます。

これで、ステップ1は証明できました。

●ステップ2：帰納の証明

k として、1以上のどんな整数を選んでも「$Q(k)$ が成り立つならば、$Q(k+1)$ も成り立つ」ことを証明します。いま、$Q(k)$ が成り立つ、すなわち次の式が成り立つことを仮定します。

> **仮定する式 $Q(k)$**
>
> $$1 + 3 + 5 + 7 + \cdots + (2 \times k - 1) = k^2$$

いまから、$Q(k+1)$ すなわち次の式が成り立つことを証明しましょう。

> **証明したい式 $Q(k+1)$**
>
> $$1 + 3 + 5 + 7 + \cdots + (2 \times k - 1) + (2 \times (k+1) - 1) = (k+1)^2$$

$Q(k+1)$ の左辺は、仮定する式 $Q(k)$ を使って、次のように計算できます。

$$
\begin{aligned}
Q(k+1) \text{の左辺} &= \underbrace{1 + 3 + 5 + 7 + \cdots + (2 \times k - 1)}_{Q(k)\text{の左辺}} + (2 \times (k+1) - 1) \\
&= \underbrace{k^2}_{Q(k)\text{の右辺}} + (2 \times (k+1) - 1) \qquad Q(k)\text{の左辺を}Q(k)\text{の右辺で置き換えた} \\
&= k^2 + 2 \times k + 2 - 1 \qquad 2 \times (k+1)\text{を展開した} \\
&= k^2 + 2 \times k + 1 \qquad 2 - 1\text{を計算した}
\end{aligned}
$$

一方、$Q(k+1)$ の右辺は、次のように計算できます。

$$Q(k+1)\text{の右辺} = (k+1)^2$$
$$= k^2 + 2 \times k + 1 \qquad (k+1)^2 \text{を展開した}$$

$Q(k+1)$ の左辺と右辺が同じ計算結果になりました。
これにより、$Q(k)$ から $Q(k+1)$ が導けたので、ステップ2が証明できたことになります。

　以上で、主張 $Q(n)$ に関して、数学的帰納法のステップ1とステップ2の両方が証明されました。数学的帰納法により、1以上のどんな整数 n についても、主張 $Q(n)$ が成り立つことが証明されたわけです。

図形的な説明

　主張 $Q(n)$ を、図を用いて説明することもできます。たとえば、$Q(5)$ を図示してみましょう（Fig.4-3）。

Fig.4-3　$Q(5)$ を図示する

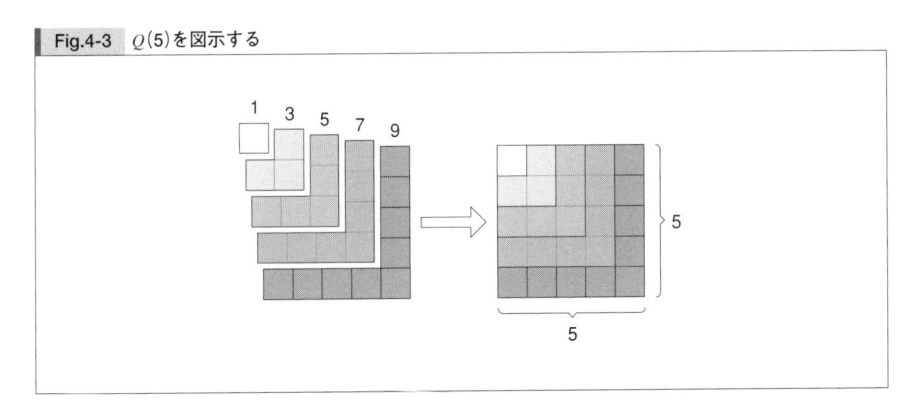

　1枚のタイル、3枚のタイル、5枚のタイル、7枚のタイル、9枚のタイルをすべて並べると、5×5の大きさの正方形を作ることができます。これは、ちょうど主張 $Q(5)$ に相当することがわかると思います。
　図を使ったこのような説明は、直感的で理解しやすいものです。ただ、図に頼りすぎるのは危険です。次の節では、図に惑わされてしまう例を示しましょう。

オセロクイズ —— 誤った数学的帰納法

今度は、数学的帰納法を使うときに図に惑わされてしまう例を示します。クイズ仕立てにしてありますので、証明の誤りを見つけましょう。

クイズ（オセロの石の色）

オセロの石は片面が白、もう片面が黒です。いま、オセロの石を何個か盤面にばらばらと投げたとしましょう。偶然、投げた石のすべてが白一色や黒一色になることもあるでしょう。でも、いつもそうとは限りませんね。ある石は白になり、またある石は黒になるかもしれません。

Fig.4-4　オセロの石の色（片面が白で、もう片面が黒）

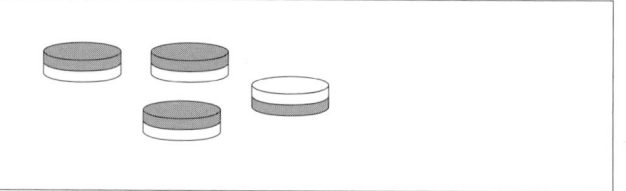

ところが、数学的帰納法を使うと、オセロの石を何個投げたとしても必ず全部が同じ色になることを「証明」できるのです！……もちろん、現実にはそんなことはありえませんね。

では、以下の「証明」の誤りを見つけてください。

nは1以上の整数であるとし、次の主張$T(n)$が1以上のすべての整数nで成り立つことを数学的帰納法で証明します。

・主張$T(n)$：n個のオセロの石を投げたとき、すべての石が必ず同じ色になる。

●ステップ1：基底の証明

主張$T(1)$が成り立つことを証明します。

主張$T(1)$は「1個のオセロの石を投げたとき、すべての石が必ず同じ色になる」というものです。石が1個しかなければ、上になる色は当然1種類ですから$T(1)$が成り立ちます。

これでステップ1は証明できました。

●ステップ2：帰納の証明

1以上のどんな整数kを選んでも、「$T(k)$が成り立つならば、$T(k+1)$も成り立つ」ことを証明します。

まず、主張$T(k)$「k個のオセロの石を投げたとき、すべての石が必ず同じ色になる」は成り立つと仮定します。いま、k個の石を投げた後に、オセロの石をもう1個投げたとします。すると、投げた石は全部で$k+1$個になります。

ここで、投げた石をk個ずつの2つのグループに分けます。2つのグループをAとBと呼ぶことにしましょう（Fig.4-5）。

Fig.4-5 投げた石をk個ずつの2つのグループに分ける

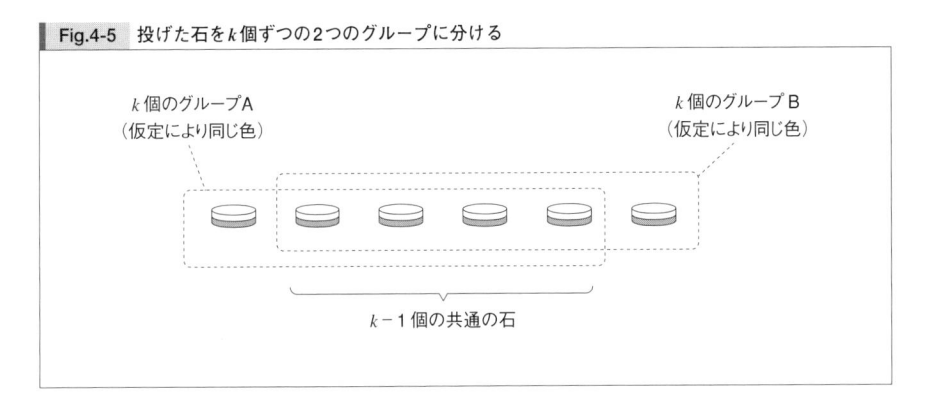

「k個のオセロの石を投げたとき、すべての石が必ず同じ色になる」という仮定がありますから、グループAの石（k個）と、グループBの石（k個）はグループごとに同じ色をしています。ところで、Fig.4-5を見ると、両方のグループに属している石が$k-1$個ありますね。各グループの石は同じ色であり、両方のグループには共通の石が存在していますから、結局$k+1$個の石はすべて同じ色をしていることになります。これは、主張$T(k+1)$にほかなりません。

これで、ステップ2は証明できました。

数学的帰納法により、主張$T(n)$は、1以上のすべての整数nで成り立つことが証明できました。……さて、この証明は、どこが誤っているのでしょうか。

┃ ヒント：図に惑わされないように

数学的帰納法は2つのステップから成っています。ステップ1とステップ2を順番に読み、どこに誤りがあるのかを調べてみましょう。図に惑わされないように注意してくださいね。

クイズの答え

ステップ1は誤っていません。石が1個なら、それは同じ色です。

誤りはステップ2の図（Fig.4-5）にあります。実はこの図は、$k = 1$のときには成り立たないのです。$k = 1$のときには、2つのグループは石が1個ずつになっています。両方のグループに属している石が$k - 1$個あるといっても、$k - 1 = 0$なので両方のグループに属している共通の石など存在しないのです（Fig.4-6）。

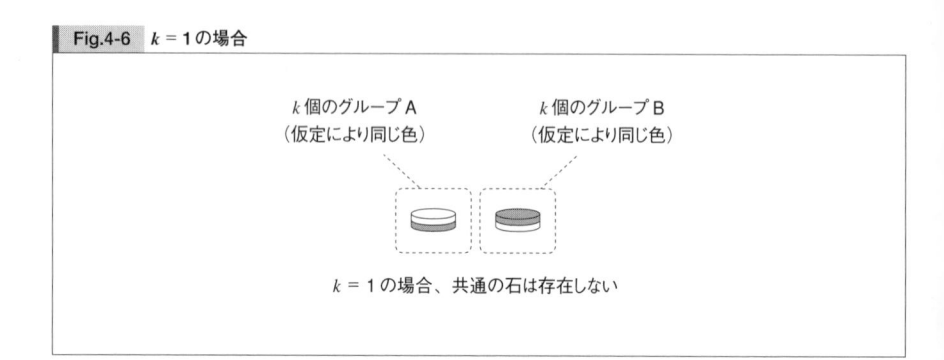

Fig.4-6　$k = 1$の場合

したがって、数学的帰納法の2つのステップのうち、ステップ2は証明されていないことになります。

図は便利なものですが、この例を見ると、図だけで確認するのは危険だということがわかりますね。

プログラムと数学的帰納法

プログラマの視点から数学的帰納法を考えてみましょう。

数学的帰納法をループで表現する

プログラマが数学的帰納法を学ぶときには、証明をプログラムになぞらえて考えると理解しやすいでしょう。たとえば、List 4-1に示したプログラムは、「与えられた0以上の整数nに対して、主張$P(n)$が成り立つことの証明」を出力するC言語の関数です。ステップ1とステップ2の証明がすんでいれば、この関数を呼び出すだけで、どんなnに対しても$P(n)$の証明を出力することができます。

List 4-1　$P(n)$ が成り立つという証明を出力する関数 prove

```
void prove(int n)
{
    int k;

    printf("いまから、P(%d)が成り立つことを証明します。\n", n);
    k = 0;
    printf("ステップ1により、P(%d)が成り立ちます。\n", k);
    while (k < n) {
        printf("ステップ2により、「P(%d)が成り立つならばP(%d)も成り立つ」といえます。\n", k, k + 1);
        printf("したがって、「P(%d)が成り立つ」といえます。\n", k + 1);
        k = k + 1;
    }
    printf("以上で、証明が終わりました。\n");
}
```

　関数 prove(n) に実際の数を与えて呼び出すと、主張 $P(n)$ が成り立つという証明を出力します。

　たとえば、prove(0) を呼び出すと、次のように主張 $P(0)$ の証明を出力します。

いまから、$P(0)$ が成り立つことを証明します。
ステップ1により、$P(0)$ が成り立ちます。
以上で、証明が終わりました。

　また、prove(1) を呼び出すと、次のように主張 $P(1)$ の証明を出力します。

いまから、$P(1)$ が成り立つことを証明します。
ステップ1により、$P(0)$ が成り立ちます。
ステップ2により、「$P(0)$ が成り立つならば $P(1)$ も成り立つ」といえます。
したがって、「$P(1)$ が成り立つ」といえます。
以上で、証明が終わりました。

　さらに、prove(2) を呼び出すと、次のように主張 $P(2)$ の証明を出力します。

いまから、$P(2)$ が成り立つことを証明します。
ステップ1により、$P(0)$ が成り立ちます。
ステップ2により、「$P(0)$ が成り立つならば $P(1)$ も成り立つ」といえます。
したがって、「$P(1)$ が成り立つ」といえます。
ステップ2により、「$P(1)$ が成り立つならば $P(2)$ も成り立つ」といえます。
したがって、「$P(2)$ が成り立つ」といえます。
以上で、証明が終わりました。

　関数proveの動作結果を見てみると、まずステップ1によって出発点を証明した後、kを1ずつ増やして、ステップ2を繰り返し適用していることがわかります。C言語のint型には大きさに限界があるので、実際に無数の証明を作ることはできませんが、ステップ2の証明を繰り返していけば、$P(0)$から$P(n)$まで証明が進むという仕組みはわかるでしょう。

　このプログラムを読むと、「ステップ1とステップ2を証明するだけで、0以上のどんな整数nについても証明したことになる」という数学的帰納法の考え方が理解できると思います。階段を一段ずつ昇っていくようなものですね（Fig.4-7）。

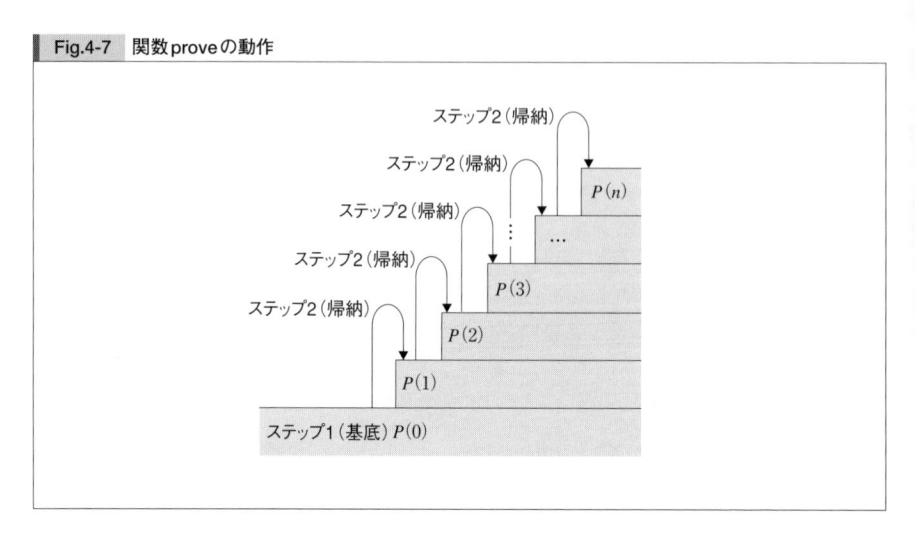

Fig.4-7 関数proveの動作

　学校で初めて数学的帰納法を学んだとき、私はその仕組みがさっぱり理解できませんでした。式の計算はそれほど難しくなかったのですが、数学的帰納法が有効な証明とは思えなかったのです。私が混乱したのは特にステップ2でした。ステップ2では、$P(k)$が成り立つことを仮定して$P(k+1)$を導きますね。私は、「$P(k)$はいまから証明しようとする式じゃないのか？　それを仮定してしまったら証明にならないはずだ」と思ってしまったのです。いまにして思えば、proveに与えられる**引数n**（目標の段）と、proveの中で使われている**ローカル変数k**（途中の段）を混同していたのですね。

ループ不変条件

　数学的帰納法の考え方に慣れることは、プログラマにとって重要です。たとえば、プログラムで繰り返し処理（ループ）を構成する際にも、数学的帰納法は役に立ちます。

　ループを構成するときには、ループの各回で成り立っている論理式を見つけることが重要です。このような論理式のことを**ループ不変条件**あるいは**ループ・インバリアント**（loop invariant）といいます。ループ不変条件は、数学的帰納法で証明する「主張」に相当します。

　ループ不変条件は、プログラムが正しいことを証明するときに使われます。ループを構成するときには、「このループのループ不変条件は何か？」と考えると誤りが少なくなるのです。

　話が抽象的でわかりにくくなってきたので、非常に簡単な例を用いてループ不変条件を紹介しましょう。

　List 4-2は、配列の要素の和を求める関数sumをC言語で書いたものです。引数array[]は和を求める配列、$size$はこの配列の要素数です。関数sumを呼び出すと、array[0]からarray[$size - 1$]までの$size$個の要素の和が得られます。

List 4-2　配列の要素の和を求める関数 sum

```
int sum(int array[], int size)
{
    int k = 0;
    int s = 0;
    while (k < size) {
        s = s + array[k];
        k = k + 1;
    }
    return s;
}
```

　関数sumの中では、簡単なwhileループを使っています。このループを数学的帰納法に見立てて、次のような主張$M(n)$を考えてみましょう。この主張$M(n)$がループ不変条件になります。

　　・主張$M(n)$：配列arrayの最初のn個の要素の和は、変数sの値に等しい。

　プログラムの各部分で成り立っている主張をコメントとして書き入れてみます。すると、List 4-3のようになります。

| List 4-3 | List 4-2 の各部分で成り立っている主張をコメントとして書き入れる |

```
 1: int sum(int array[], int size)
 2: {
 3:     int k = 0;
 4:     int s = 0;
 5:     /* M(0) */
 6:     while (k < size) {
 7:         /* M(k) */
 8:         s = s + array[k];
 9:         /* M(k+1) */
10:         k = k + 1;
11:         /* M(k) */
12:     }
13:     /* M(size) */
14:     return s;
15: }
```

　List 4-3の4行目で、sを0で初期化しました。これによって5行目では、$M(0)$ が成り立っています。$M(0)$ は「配列arrayの最初の0個の要素の和は、変数sの値に等しい」という主張です。これは、数学的帰納法のステップ1に相当していますね。

| Fig.4-8 | 数学的帰納法のステップ1（$M(0)$が成り立つ） |

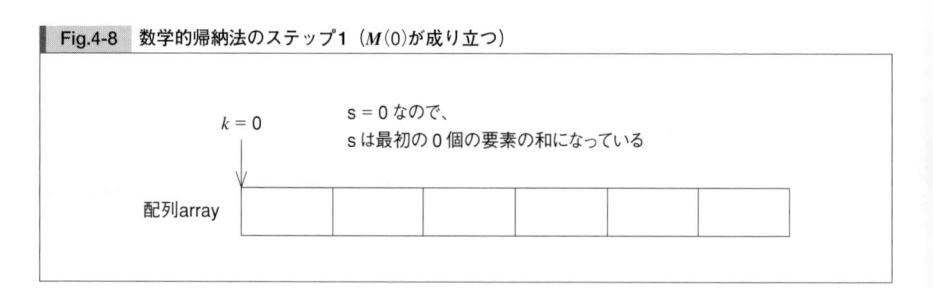

　7行目では、$M(k)$ が成り立っています。そして、8行目の処理を行うと、配列array[k]の値をsに足し込んでいるので、$M(k+1)$ が成り立つことになります。これは、数学的帰納法のステップ2に相当していますね。

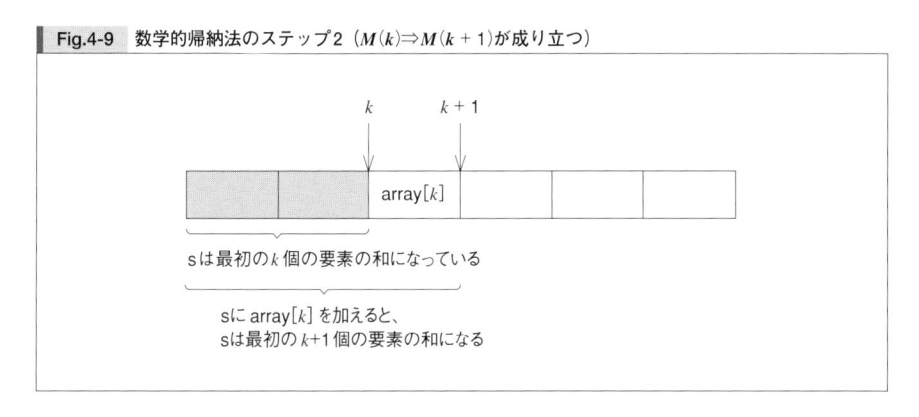

Fig.4-9 数学的帰納法のステップ2（$M(k) \Rightarrow M(k+1)$が成り立つ）

8行目の、

```
s = s + array[k];
```

という処理は、「$M(k)$が成り立っているという前提のもとで、$M(k+1)$が成り立つようにしている」ということを、ぜひ理解してください。

10行目でkを1増やしていますから、11行目では、$M(k)$が成り立つことになります。これで、次の一歩につながるように変数kが整ったことになります。

最後に、13行目では、$M(size)$が成り立っています。なぜなら、whileの中でkが1ずつ増加しますが、その間ずっと$M(k)$は満たされており、13行目に来たときにはkは$size$に等しくなっているからです。そして、$M(size)$が成り立つことが、この関数sumの目的でした。ですから、14行目でreturnしているのです。

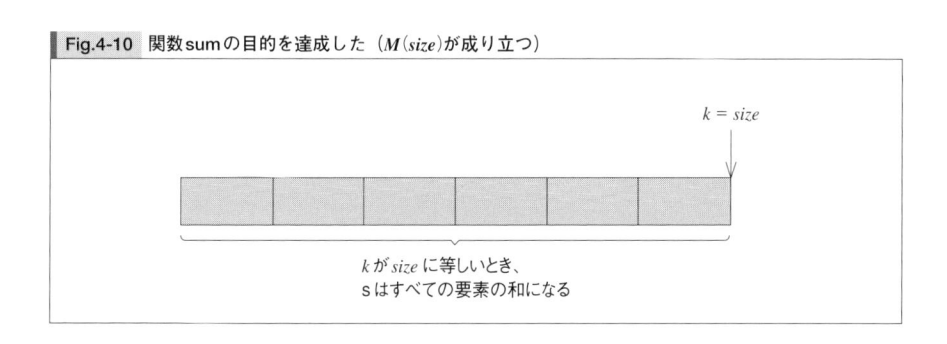

Fig.4-10 関数sumの目的を達成した（$M(size)$が成り立つ）

　このループは要するに、**ループ不変条件$M(k)$がずっと成り立つように注意しつつ、kを0から$size$まで増加させた**ことになるのですね。ループを構成するときには、注意すべき要素が2つあります。1つは「目的を果たすこと」で、もう1つは「終了すること」です。ループ不変条件$M(k)$は「目的を果たすこと」を保証するためにあります。そして、kが0から$size$まで増加していくことが「終了すること」を保証してくれているのです。

　List 4-4では、$M(k)$を成り立たせつつkを増加させている様子を明示してみました（∧は「かつ」を表します）。

List 4-4　　$M(k)$を成り立たせたままkを増加させる

```c
int sum(int array[], int size)
{
    int k = 0;
    int s = 0;
    /* M(k) ∧ k == 0 */
    while (k < size) {
        /* M(k) ∧ k < size */
        s = s + array[k];
        /* M(k+1) ∧ k < size */
        k = k + 1;
        /* M(k) ∧ k <= size */
    }
    /* M(k) ∧ k == size */
    return s;
}
```

　ループ不変条件$M(k)$が、ループの間ずっと成り立っている様子をつかんでいただけたでしょうか。

この章で学んだこと

　この章では、数学的帰納法について学びました。数学的帰納法は、0以上のすべての整数nについて、ある主張が成り立つことを証明する方法です。たった2つのステップを証明するだけで、無数の主張を証明できるというのは、とても興味深いですね。

　数学的帰納法で証明を行うのは、いわば整数に関してドミノ倒しを行うようなものです。ステップ2の証明は、「次のドミノ」がうまく倒れるように構成しなければなりません。そのためには「$P(k)$から$P(k+1)$へ一歩を進める仕組み」を解明することが必要になるでしょう。このような数学的帰納法の考え方は、プログラマがループを構成するときにも重要です。

　次の章では、ものの数え方について学びましょう。

◉終わりの会話

先生「まず、片足を前に出せるとしましょう」

生徒「はい」

先生「それから、どんなときにも、反対の足を前に出せるとします」

生徒「そうすると？」

先生「そうすると、無限のかなたまで行けます。それが数学的帰納法なのです」

第 **5** 章

順列・組み合わせ

数えないための法則

●はじめの会話

生徒「場合の数を数えるって苦手なんですよ」

先生「もれなく、だぶりなく数えるのがポイントですね」

生徒「要するに、注意深く数えろってことですか」

先生「それだけではありませんよ」

生徒「と言いますと？」

先生「数えるものの性質を見ぬきなさい、ということです」

この章で学ぶこと

　この章では、「数え上げ」について学びます。たくさんのものを間違えずに数えることは、日常生活においてもプログラミングにおいても大切です。どのようにしたら、もれなく、だぶりなく数えることができるでしょうか。

　ここでは、まず「数えること」とは整数との対応付けであることを学びます。それから、和の法則、積の法則、置換、順列、組み合わせという「数え上げの法則」を具体例を交えて紹介します。でも、出てくる法則を丸暗記しようと思わないでください。むしろ、その法則をどのようにして作ったか —— どうやって「もれなく、だぶりなく」整数に対応付けたか —— に注目してください。

数えるとは —— 整数との対応付け

数えるとは

　私たちは毎日、いろんなものを数えて生活しています。

- ・買い物に行って、リンゴの数を数える。
- ・電車に乗っているときに、目的の駅まであと何駅かを数える。
- ・トランプのゲームで自分のカードの枚数を数える。

　このように「数える」というのは、私たちにとって日常的な活動です。ところで、そもそも「数える」とはどういう行為なのでしょう。

　たとえば、目の前に並んでいるカードを数えるとき、私たちは次のようにします。

- ・まだ数えていないカードから1枚を選んで、「1」と言います。
- ・まだ数えていないカードから1枚を選んで、「2」と言います。

・まだ数えていないカードから1枚を選んで、「3」と言います。

・まだ数えていないカードから1枚を選んで……

　数えていないカードがなくなるまで繰り返し、最後に自分が言った数がカードの枚数になります＊。これは結局、**自分が数えたいものを整数に対応付ける**という行為ですね。正しく対応付けをすることができたら、正しく数えたことになります。

「もれ」と「だぶり」に注意

　数えるときに注意しなくてはならないのは、「もれ」と「だぶり」です。

　もれというのは、すべてを数え尽くさず、数え落としてしまうことです。言い換えれば、「まだ数えていないものがあるのに、ぜんぶ数えたと判断する」という失敗です。

　だぶりは、「もれ」の逆で、すでに数えたものを、また数えてしまうことです。

　「もれ」や「だぶり」があっては、正しく数えることはできません。逆に、「もれ」も「だぶり」もなかったら、正しく数え上げたことになります。

　私たちはカードを数えるとき、指を使って整数との対応付けを行います。しかし、それで数えることができるのはカードの枚数が少ないときだけです。カードが何千枚、何万枚にもなってしまったら、指を使って数えることは困難です。

　数えたいものが多すぎて直接には数えられないとき、数えたいものを整数に対応付けする「ルール」が必要になります。そのためには、数えたいものがどんな性質や構造を持っているのかを理解しなければなりません。このことを念頭において、具体的な問題を考えていくことにしましょう。

植木算 —— 0のことを忘れるな

植木算クイズ

◆クイズ……植木算
　長さ10メートルの道に、端から1メートル間隔で木を植えます。木は何本必要ですか。

◆解答
　端から1メートル間隔で植えるということは、端からの距離が0, 1, 2, 3, 4, 5, 6, 7, 8, 9, 10メートルの位置に植えるということです。したがって、木は11本必要になります。

　答え：11本

＊ 厳密にいえば、この方法では0枚のカードを数えることはできませんけれど。

> **Fig.5-1**　長さ10メートルの道に1メートル間隔で木を植える
>
>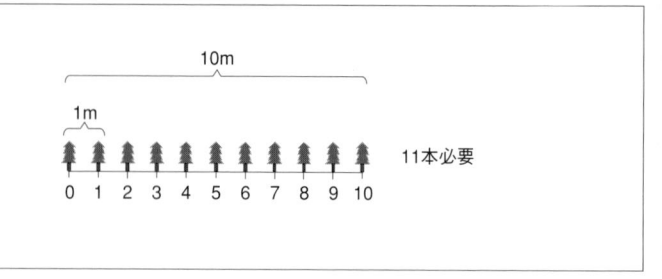

●植木算

　このクイズは**植木算**として有名な問題です。ここで、つい $10 \div 1 = 10$ と計算して、答えは10本だと思ってしまう人がいます。**0のことを忘れない**のが大切ですね。上の解答のように実際に紙に描いて数えるのもよい方法です。ちなみに、$10 \div 1$ という割り算の答えの10は、木の本数ではなく「木と木の間の個数」です。

◆クイズ……最後の番号

　プログラムで取り扱うデータが100個メモリ上に並んでいます。はじめから順に0番，1番，2番，3番，... と番号をふると、最後のデータは何番になりますか。

◆クイズの答え

　以下のように整理します。

- ・1個目のデータは0番
- ・2個目のデータは1番
- ・3個目のデータは2番
- ・4個目のデータは3番
- ・……
- ・k個目のデータは $k-1$ 番
- ・……
- ・100個目のデータは99番

　答え：99番

●一般的にとらえよう

　このクイズは本質的に植木算と同じです。一般に、n個のデータに0番から番号をふっ

たとき、最後のデータは $n-1$ 番になります。

　クイズとして出題されると間違える人は少ないですが、実際のプログラミングで同様の問題に直面すると、とても多くの人が間違えてしまうようです。上に書いたように、

　　・k 個目は $k-1$ 番

と**一般的なルールとしてとらえる**ことができれば、間違いは少なくなるでしょう。ここが重要です。

　データの個数がいくつであっても、上記の「k 個目は $k-1$ 番」のように一般的な対応関係としてとらえていれば、数えたいものから整数への対応付けがうまくいく——つまり正しく数えられる——ことになります。

　数えるものが少ないときには、指を動かして具体的に数えましょう。でも、それだけで終わりにしてはいけません。より一般的なルールを見つけ、そのルールを使って「数えるものから整数へ対応を付ける」ことが大切です。それが「数えるものの性質を見ぬく」ということです。

　しつこいようですが、考え方を確認しておきましょう。植木算で、本数が少なければ指で数えるだけでも目的を達することができます（Fig.5-2）。

| Fig.5-2　木の本数が少ないとき

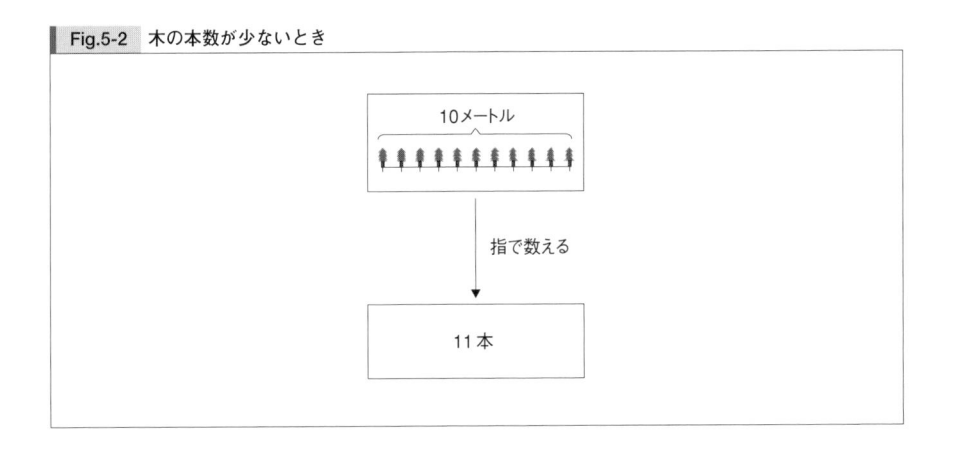

でも、それだけではなく、変数 n を使って一般化して理解するのも大切です（Fig.5-3）。

そうすれば、いざ指で数えることができないほどの大きな数になっても、ちゃんと問題を解くことができるからです（Fig.5-4）。

Fig.5-3　問題を一般化して考える

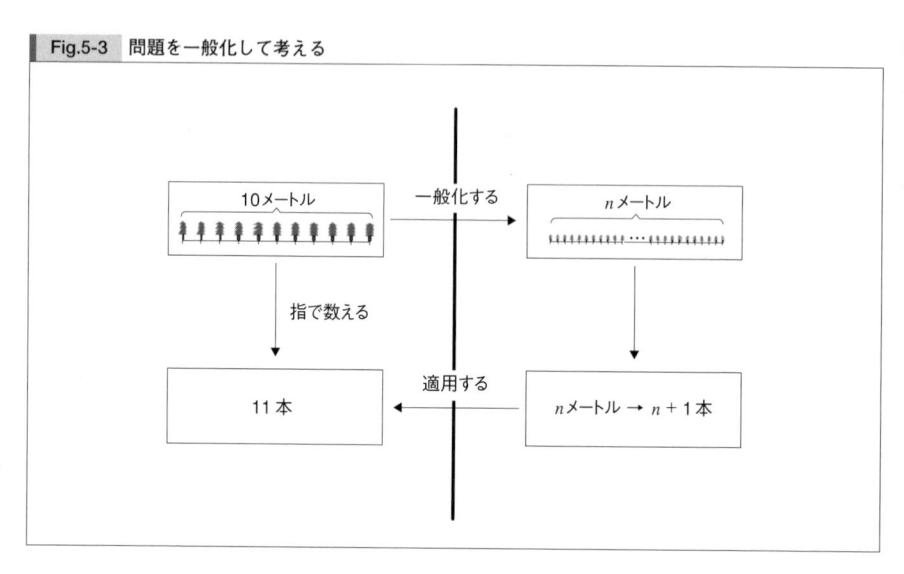

Fig.5-4　一般化すれば、大きな数でも解くことができる

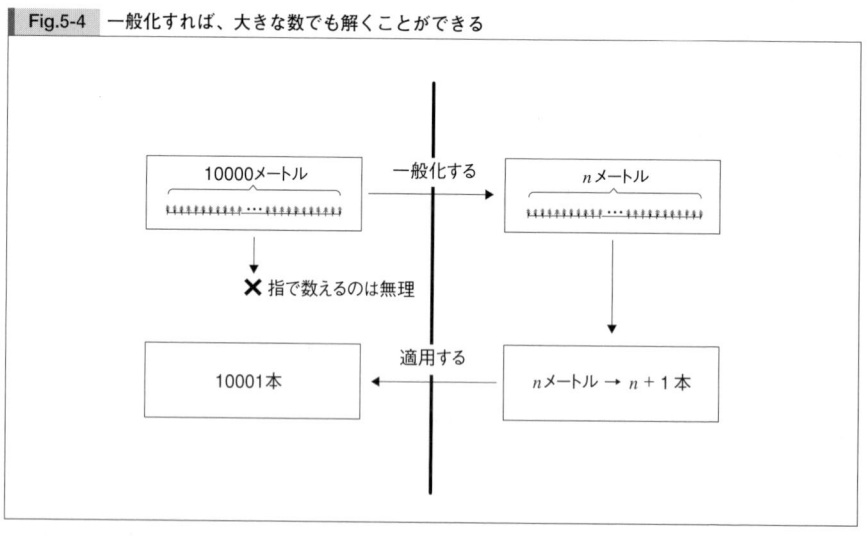

和の法則

2つの集合に分かれているものを数えるときには、和の法則を使うことができます。

和の法則

◆クイズ

一組のトランプには、ハートの字札が10枚（A, 2, 3, 4, 5, 6, 7, 8, 9, 10）と、ハートの絵札が3枚（J, Q, K）あります。ハートの札は全部で何枚ありますか。

◆クイズの答え

文字札10枚と絵札3枚とを合わせて、13枚になります。

答え：13枚

●和の法則

上のクイズはあまりにも簡単ですが、ここで使われているのが**和の法則**です。和の法則というのは、要素に「だぶり」のない2つの集合A, Bを合わせてできる集合$A \cup B$の要素数を得るための法則です。

$A \cup B$ の要素数 ＝ Aの要素数 ＋ Bの要素数

集合Aの要素数を$|A|$、集合Bの要素を$|B|$と書くとすると、和の法則は次の式で表現できます。

$|A \cup B| = |A| + |B|$

先ほどのクイズでは、集合Aはハートの字札、集合Bはハートの絵札に相当します。

ハートの札の枚数＝ハートの字札の枚数＋ハートの絵札の枚数

ただし、**和の法則が成り立つのは、集合の要素にだぶりがない場合**だけです。だぶりがある場合には、その分を引かなければ正しい数は求まりません。次のクイズで確認してみましょう。

◆クイズ……ライトを光らせるトランプ

一組のトランプには13種類のランク（A, 2, 3, 4, 5, 6, 7, 8, 9, 10, J, Q, K）があります。ここでは、Aを1、Jを11、Qを12、Kを13という整数として扱うことにします。

Fig.5-5　トランプのランク

あなたの前に、トランプの札を1枚入れると、ランクに応じてライトが光ったり消えたりする機械があります。入れた札のランク（1から13までの整数）を n とすると、

- ・n が2の倍数ならば、ライトが光る。
- ・n が3の倍数でも、ライトが光る。
- ・n が2の倍数でも3の倍数でもないときに、ライトは消える。

この機械に、ハートの札13枚を順番に入れていくとき、ライトが光るのはそのうちの何枚ですか。

◆クイズの答え

- ・1以上13以下の2の倍数は、2, 4, 6, 8, 10, 12で、6個あります。
- ・1以上13以下の3の倍数は、3, 6, 9, 12で、4個あります。
- ・2の倍数と3の倍数でだぶっているのは、6, 12で、2個あります。

したがって、ライトが光るカードの枚数は、6 + 4 − 2 = 8 となります。

答え：8枚

●包含と排除の原理

2の倍数と3の倍数には「だぶり」があることを意識しましたか。2の倍数と3の倍数の共通部分（だぶっている部分）は、6の倍数になっています（Fig.5-6）。

Fig.5-6 包含と排除の原理（2の倍数と3の倍数）

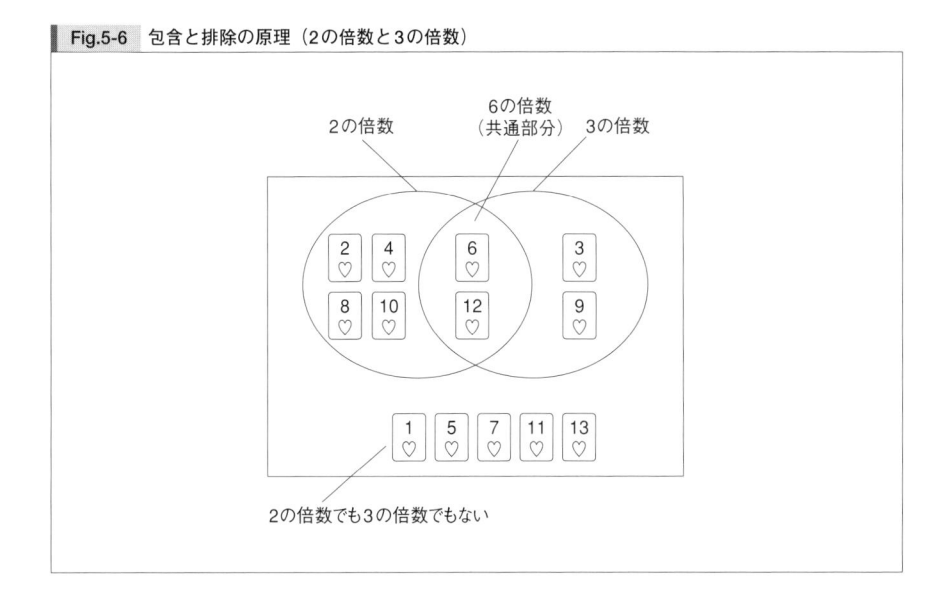

　2の倍数の個数と、3の倍数の個数を加えて、だぶった個数を引く、というのが、**包含**
と排除の原理（The Principle of Inclusion and Exclusion）です。これは「だぶりのこと
を考慮した和の法則」です。

　　AとBを合わせた集合の要素数＝Aの要素数 ＋ Bの要素数 － AとBに共通の要素数

　集合Aの要素数を $|A|$ と書くとすると、包含と排除の原理は次のように表現できます。

　　$|A \cup B| = |A| + |B| - |A \cap B|$

　要するに、Aの要素数 $|A|$ とBの要素数 $|B|$ を加えてから、だぶった要素数 $|A \cap B|$ を
引いているのです。

　包含と排除の原理を使うためには、「だぶっているものの数はいくつか」を見ぬく必要
がありますね。これも「数えたいものの性質を見ぬく」ことの例です。

積の法則

今度は、2つの集合から「要素のペア」を作るときの法則です。

積の法則

◆クイズ……ハートの枚数

　トランプ一組にはハート、スペード、ダイヤ、クラブの4種類のスートがあります。また各スートにはA, 2, 3, 4, 5, 6, 7, 8, 9, 10, J, Q, Kの13種類のランクがあります。トランプ一組は全部で何枚ありますか（ここでは、ジョーカーは除きます）。

◆クイズの答え

　トランプ一組には、4種類のスートのそれぞれに対して13種類のランクがあるので、求める枚数は、

$$4 \times 13 = 52$$

として得られます。

　答え：52枚

●積の法則

　トランプを、Fig.5-7のように長方形状に並べてみると、求める要素数が掛け算で得られる理由がよくわかります。

Fig.5-7　実際にトランプを並べてみる

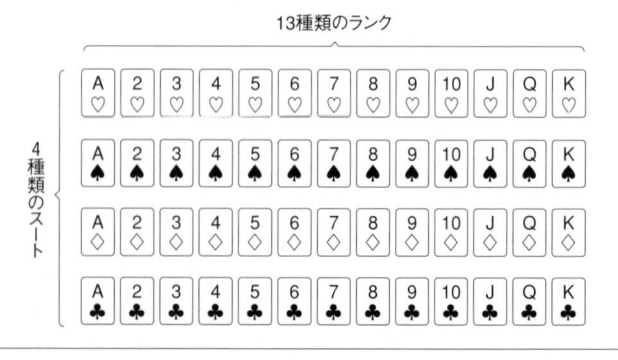

　トランプには4種類のスートがあり、そのそれぞれに対して13種類のランクがあります。このような「それぞれに対して」という表現が出てくるときには、掛け算だけで目的の数を求められることが多いものです。これもまた、「数えたいものの性質を見ぬく」ことの一例です。

　ここで使われているのが積の法則です。

　2つの集合AとBとがあり、集合Aのすべての要素と、集合Bのすべての要素の組を作るとします。このとき、組の総数は、両方の集合の要素数を掛けたものになります。集合Aの要素数を$|A|$、集合Bの要素数を$|B|$と書くことにすると、要素の組数は、

$$|A| \times |B|$$

になります。集合Aと集合Bから要素を1つずつ取り出してできる組をすべて集めた集合を$A \times B$とすると、

$$|A \times B| = |A| \times |B|$$

と表せることになります。Aをトランプのスートの集合、Bをトランプのランクの集合として、その要素を列挙すると、次のようになります。

　　集合A = { ハート, スペード, ダイヤ, クラブ }
　　集合B = { A, 2, 3, 4, 5, 6, 7, 8, 9, 10, J, Q, K }

また集合$A \times B$を列挙すると、次のようになります。

　　集合$A \times B$ = {
　　　(ハート, A),　　(ハート, 2),　　(ハート, 3), ...,　(ハート, K),
　　　(スペード, A),　(スペード, 2),　(スペード, 3), ..., (スペード, K),
　　　(ダイヤ, A),　　(ダイヤ, 2),　　(ダイヤ, 3), ...,　(ダイヤ, K),
　　　(クラブ, A),　　(クラブ, 2),　　(クラブ, 3), ...,　(クラブ, K),
　　}

　トランプのカードは52枚しかありませんから、Fig.5-7のようにすべてを図示して確かめることができます。でも、たとえ図示できないほど大きな数であっても、数えたいものの性質をよく理解していれば、落ち着いて計算できるはずです。クイズで練習しましょう。

◆クイズ……3個のサイコロ

　1から6までの数字が書かれたサイコロを3個並べて、3桁の数を作ります。全部で何通りの数が作れますか。（たとえばFig.5-8のように並べると、255という数を作ったことになります。）

Fig.5-8　3個のサイコロを並べて、3桁の数を作る

◆クイズの答え

　1個目のサイコロは、1, 2, 3, 4, 5, 6の**6通りの場合**があります。

　1個目のサイコロは6通りあり、そのそれぞれに対して、2個目のサイコロも6通りありますから、**2個目までで6×6通りの場合**があります（積の法則）。

　1個目のサイコロには6通りがあり、そのそれぞれに対して2個目のサイコロも6通りあり、そのそれぞれに対して3個目のサイコロも6通りあります。ですから、**3個目までで6×6×6通りの場合**があることになります（積の法則）。計算して、6×6×6 = 216となります。

　答え：216通り

◆クイズ……32個のランプ

　1個のランプは、光るか消えるかの2通りの状態があります。このランプを32個並べて設置するとき、ランプの点灯／消灯のパターンは全部で何通りありますか。

Fig.5-9　32個のランプ

◆クイズの答え

　1個目のランプは、光るか消えるかの2通りの点灯パターンがあります。

　その2通りのそれぞれに対して、2個目のランプは光るか消えるかの2通りの点灯パターンがあります。したがって、積の法則により、2個目までの点灯パターンは2×2 = 4で4通りあります。

　その4通りのそれぞれに対して、3個目のランプは光るか消えるかの2通りの点灯パターンがあります。したがって、積の法則により、3個目までの点灯パターンは2×2×2 = 8で8通りあります。

　同じようにして、32個までの計算を行っていくと、点灯パターンは全部で、

$$\underbrace{2 \times 2 \times \cdots \times 2}_{32個} = 2^{32} = 4294967296$$

になります。

　答え：4294967296通り

　32個のランプの点灯パターンの数というのは、32ビットで表現できる数値の総数と同じです。各ビットが0または1のいずれかの値（2通り）を取るので、32ビットで表される数値の総数は$2^{32} = 4294967296$です。

　一般に、2進数nビットで表すことができる数値の総数は2^nです。これはプログラマにとって基本的な知識ですね。

置換

さて、もう少し複雑なものを数えてみましょう。

置換

◆クイズ……3枚のカードの置換

　3枚のカードA, B, Cを、ABC, ACB, BAC ...のように**順序を考えて並べる**とします。並べ方は全部で何通りありますか。

◆クイズの答え

　3枚のカードの並べ方を調べてみると、Fig.5-10のように6通りあります。

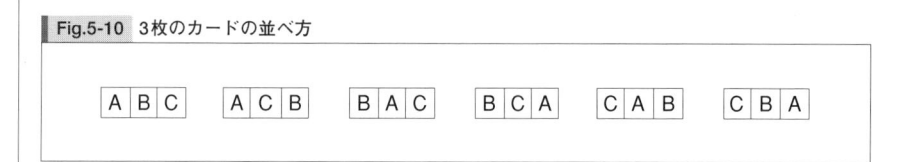

Fig.5-10　3枚のカードの並べ方

答え：6通り

●置換

　このクイズのように、**n個のものを順序を考えて並べる**ことを**置換**（substitution）とい

います。

3枚のカードA, B, Cの置換の総数は、次のようにすれば計算できます。

1枚目のカード（一番左に置くカード）は、A, B, Cの「3枚の中から1枚」を選べます。つまり、**1枚目の選び方は3通り**です。

2枚目のカードは、1枚目として選んだカード以外の「2枚の中から1枚」を選べます。つまり、**2枚目の選び方は、1枚目の選び方のそれぞれに対して2通り**ずつあることになります。

3枚目のカードは、1枚目・2枚目として選んだカード以外の「1枚の中から1枚」を選べます（選ぶといっても、1枚しか残っていないので強制的に「それを選ばされてしまう」わけですが）。つまり、3枚目の選び方は、**1枚目と2枚目の選び方のそれぞれに対して1通り**になります。

したがって、カード3枚のすべての並べ方（置換の総数）は、次のように計算することができます。

$$1枚目の選び方 \times 2枚目の選び方 \times 3枚目の選び方 = 3 \times 2 \times 1$$
$$= 6$$

一般化してみよう

今度は、カードを5枚に増やします。5枚のカード（A, B, C, D, E）の置換の総数はどうなるでしょうか。3枚のときと同じように考えます。

- ・1枚目の選び方は5通りあり、
- ・そのそれぞれに対して2枚目の選び方は4通りあり、
- ・そのそれぞれに対して3枚目の選び方は3通りあり、
- ・そのそれぞれに対して4枚目の選び方は2通りあり、
- ・そのそれぞれに対して5枚目の選び方は1通りある。

したがって、カード5枚の置換の総数は、次のように計算します。

$$5 \times 4 \times 3 \times 2 \times 1 = 120$$

答えは120通りです。

●階乗

上の式をよく見ると、5, 4, 3, 2, 1のように1ずつ減っていく整数の掛け算を行っています。このような掛け算は、場合の数を考えるときによく出てくるので、5! という特別の表記方法が用意されています。

$$5! = 5 \times 4 \times 3 \times 2 \times 1$$

5!を5の**階乗**(かいじょう)(factorial)といいます。階段のように下がっていく数を乗じているからでしょう。カード5枚の置換の総数は、5!になります。

階乗の値を実際に計算してみましょう。

$5! = 5 \times 4 \times 3 \times 2 \times 1 = 120$

$4! = 4 \times 3 \times 2 \times 1 = 24$

$3! = 3 \times 2 \times 1 = 6$

$2! = 2 \times 1 = 2$

$1! = 1 = 1$

$0! = 1$

0の階乗0!は0ではなく、1と定義されています。これは約束です。

一般に、n枚のカードを並べ替えた置換の総数は次のようになります。

$$n! = \underbrace{n \times (n-1) \times (n-2) \times \cdots \times 2 \times 1}_{n\,個}$$

生徒「どうして、0!は1なのですか?」
先生「それが定義です」
生徒「納得できません。何となく0!は0のような気がするんですが……」
先生「それだと、最初のドミノが倒れないんですよ」
生徒「ドミノ?」
先生「後ほど、階乗の再帰的定義(p.156)のところでお話ししましょう」

クイズ(トランプの並べ方)

◆クイズ……トランプの置換

トランプのカード52枚(ジョーカーを含めない)を一列に並べる並べ方は全部で何通りありますか。

◆クイズの答え

52枚のカードの置換ですから、

$52! = 52 \times 51 \times 50 \times \cdots \times 1$

$= 80658175170943878571660636856403766975289505440883277824000000000000$

になります。

　答え：8065817517094387857166063685640376697528950544088327782400000000000

　こんなに大きくなるとは驚きですね。1!〜52!までの階乗を表にしてみました（Table 5-1）。nを大きくしていくと、階乗$n!$は爆発的に大きくなりますね。

順列

　前節で学んだ置換では、n個のものをすべて並べました。今度は、n個のものからその一部だけを選び出して並べる「順列」について考えます。

順列

◆クイズ……5枚のカードから3枚選ぶ順列
　あなたはいま、5枚のカードA, B, C, D, Eを持っています。この5枚のカードから3枚を選び出し、順序を考えて並べることにします。並べ方は、全部で何通りありますか。

◆クイズの答え
　調べてみると、すべての並べ方はFig.5-11のようになります。

Fig.5-11　5枚のカードから3枚選ぶ順列

A B C	A C B	B A C	B C A	C A B	C B A
A B D	A D B	B A D	B D A	D A B	D B A
A B E	A E B	B A E	B E A	E A B	E B A
A C D	A D C	C A D	C D A	D A C	D C A
A C E	A E C	C A E	C E A	E A C	E C A
A D E	A E D	D A E	D E A	E A D	E D A
B C D	B D C	C B D	C D B	D B C	D C B
B C E	B E C	C B E	C E B	E B C	E C B
B D E	B E D	D B E	D E B	E B D	E D B
C D E	C E D	D C E	D E C	E C D	E D C

　答え：60通り

Table 5-1 1!～52!までの階乗

```
 1! =  1
 2! =  2
 3! =  6
 4! =  24
 5! =  120
 6! =  720
 7! =  5040
 8! =  40320
 9! =  362880
10! =  3628800
11! =  39916800
12! =  479001600
13! =  6227020800
14! =  87178291200
15! =  1307674368000
16! =  20922789888000
17! =  355687428096000
18! =  6402373705728000
19! =  121645100408832000
20! =  2432902008176640000
21! =  51090942171709440000
22! =  1124000727777607680000
23! =  25852016738884976640000
24! =  620448401733239439360000
25! =  15511210043330985984000000
26! =  403291461126605635584000000
27! =  10888869450418352160768000000
28! =  304888344611713860501504000000
29! =  8841761993739701954543616000000
30! =  265252859812191058636308480000000
31! =  8222838654177922817725562880000000
32! =  263130836933693530167218012160000000
33! =  8683317618811886495518194401280000000
34! =  295232799039604140847618609643520000000
35! =  10333147966386144929666651337523200000000
36! =  371993326789901217467999448150835200000000
37! =  13763753091226345046315979581580902400000000
38! =  523022617466601111760007224100074291200000000
39! =  20397882081197443358640281739902897356800000000
40! =  815915283247897734345611269596115894272000000000
41! =  33452526613163807108170062053440751665152000000000
42! =  1405006117752879898543142606244511569936384000000000
43! =  60415263063373835637355132068513997507264512000000000
44! =  2658271574788448768043625811014615890319638528000000000
45! =  119622220865480194561963161495657715064383733760000000000
46! =  5502622159812088949850305428800254892961651752960000000000
47! =  258623241511168180642964355153611979969197632389120000000000
48! =  12413915592536072670862289047373375038521486354677760000000000
49! =  608281864034267560872252163321295376887552831379210240000000000
50! =  30414093201713378043612608166064768844377641568960512000000000000
51! =  1551118753287382280224243016469303211063259720016986112000000000000
52! =  80658175170943878571660636856403766975289505440883277824000000000000
```

●順列

　上のクイズのような並べ方のことを、5枚から3枚を選ぶ**順列**(permutation)と呼びます。

　置換と同様に、順列では順番を考えて並べることに注意してください。たとえば、ABDとADBでは両方ともA, B, Dという同じ3枚のカードを選び出していますが、並べる順序が違いますので、違う並べ方として数えます。

　5枚から3枚を選ぶ順列の総数を求めるときには、1枚ずつ並べていって、必要な枚数まで達したらストップします。つまり、次のようにして求めます。

- ・1枚目の選び方は5通りある。
- ・そのそれぞれに対して2枚目の選び方は4通りあり、
- ・そのそれぞれに対して3枚目の選び方は3通りある。

　したがって、

$$5 \times 4 \times 3 = 60$$

となります。

一般化してみよう

　順列を一般化する方法はもうわかりますね。n枚のカードからk枚を選び出して並べるとしましょう。

- ・1枚目の選び方は、「n枚の中から1枚」選ぶのですから、n通りあります。
- ・2枚目の選び方は、そのそれぞれに対して$n-1$通りあります。
- ・3枚目の選び方は、そのそれぞれに対して$n-2$通りあります。
- ・……
- ・k枚目の選び方は、そのそれぞれに対して$n-k+1$通りあります。

　したがって、n枚からk枚を選び出して並べる順列の総数は、

$$n \times (n-1) \times (n-2) \times \cdots \times (n-k+1)$$

通りになります。

　この式は、とても大事なので読み飛ばさないでください。特に、最後の項が$(n-k+1)$になることを納得するまで考えてください。

　項をいくつ掛け算しているのかをはっきりさせるため、最初の項nを$(n-0)$と書き、最後の項$(n-k+1)$を$(n-(k-1))$と書いてみましょう。すると、次のようになります。

$$\underbrace{(n-0) \times (n-1) \times (n-2) \times \cdots \times (n-(k-1))}_{k個}$$

　つまり、$(n-0)$，$(n-1)$，$(n-2)$，…，$(n-(k-1))$をすべて掛け算しています。nから引いている数が「0から$k-1$まで」変化していますね。「0から$k-1$まで」ですから、全部で**k個の項を掛け算している**ことがわかります。ここで、本章の最初で紹介した「植木算」の考え方を使いましたね。

　以上のような、**n枚のカードからk枚のカードを順序を考えて並べる方法を順列**といいます。順列の総数を、

$$_n\mathrm{P}_k$$

と表記することにしますと、以下の式が成り立ちます。

$$_n\mathrm{P}_k = \underbrace{n \times (n-1) \times (n-2) \times \cdots \times (n-k+1)}_{k\,個}$$

　順列の総数は、nとkという2つの数が与えられれば定まるので、$_n\mathrm{P}_k$というように下に小さくnとkを書いています。Pはpermutationの略です。

　たとえば、5枚のカードから3枚を選び出して並べる順列の総数は、$n=5$, $k=3$と考えて、次のように計算できます。

$$5枚から3枚選ぶ順列の総数 = {}_5\mathrm{P}_3$$
$$= \underbrace{5 \times 4 \times 3}_{3\,個}$$

　いくつか例を示します。

$$_5\mathrm{P}_5 = \underbrace{5 \times 4 \times 3 \times 2 \times 1}_{5\,個} \qquad = 120$$

$$_5\mathrm{P}_4 = \underbrace{5 \times 4 \times 3 \times 2}_{4\,個} \qquad = 120$$

$$_5\mathrm{P}_3 = \underbrace{5 \times 4 \times 3}_{3\,個} \qquad = 60$$

$$_5\mathrm{P}_2 = \underbrace{5 \times 4}_{2\,個} \qquad = 20$$

$$_5\mathrm{P}_1 = \underbrace{5}_{1\,個} \qquad = 5$$

　「5枚から0枚選ぶ順列の総数」は$_5\mathrm{P}_0$で表されますが、これは0ではなく1であると定義されています。つまり、

$$_5\mathrm{P}_0 = 1$$

です。

　前節で述べた「置換」の総数も、この表記法を使って表現できます。n個の置換の総数は、$_n\mathrm{P}_n$として表現できます。

●階乗を使った表現

　順列は、階乗の表記方法を使って、以下のように記すこともよくあります。

$$_n\mathrm{P}_k = \frac{n!}{(n-k)!}$$

　何だかめんどうそうな表記ですが、分母の$(n-k)!$によって、分子の$n!$の**最後の$n-k$個を約分している**のですね。次の例を見れば、意味がわかるでしょう。

$$
\begin{aligned}
_5\mathrm{P}_3 &= \frac{5!}{(5-3)!} \\
&= \frac{5 \times 4 \times 3 \times \cancel{2} \times \cancel{1}}{\cancel{2} \times \cancel{1}} \\
&= 5 \times 4 \times 3
\end{aligned}
$$

　階乗を使った表記をすれば、数式の途中に…という省略が出てこなくなるので、数式の内容がより明確になります。

▌樹形図 —— 性質を見ぬけるか

　3枚のカードから3枚を選ぶ順列の場合、同じカードを2回選ぶことはできませんから、2枚目、3枚目に選べる枚数はだんだん少なくなっていきます。その様子を浮き彫りにするために、**樹形図**を描いてみましょう（Fig.5-12）。

Fig.5-12　3枚のカードから3枚を選ぶ順列の樹形図

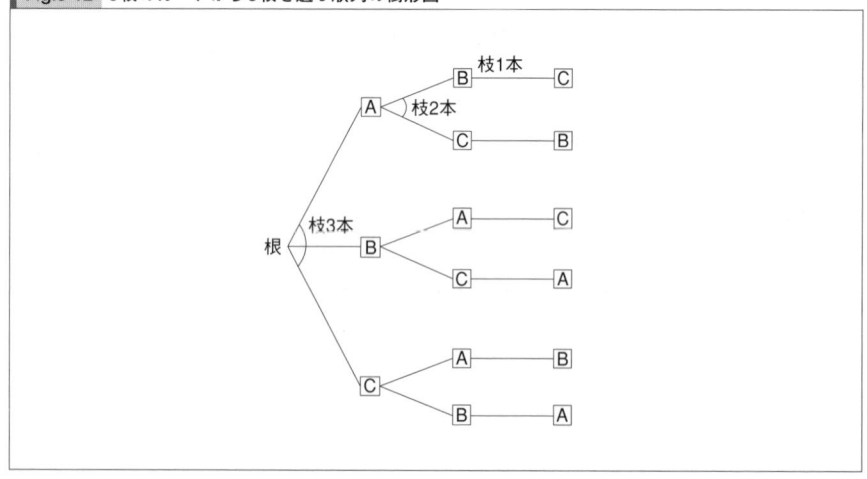

　Fig.5-12は、左端が「根」で右側に「枝」が伸びていく樹木であると考えてください。根からは3本の枝が出ています。これは1枚目のカードの置き方が3通りあることを表します。そのそれぞれの枝からは、枝が2本ずつ出ています。これは2枚目のカードの置き方が2通りあることを表します。最後の枝は1本です。この図から、枝分かれの数が3→2→1とだんだん減っていくことがよくわかります。

　Fig.5-12の樹形図を、「**3種類のカード**から、**重複を許して3枚を並べる場合**」の樹形図（Fig.5-13）と比較してみましょう。

Fig.5-13　3種類のカードから重複を許して3枚を選ぶ場合の樹形図

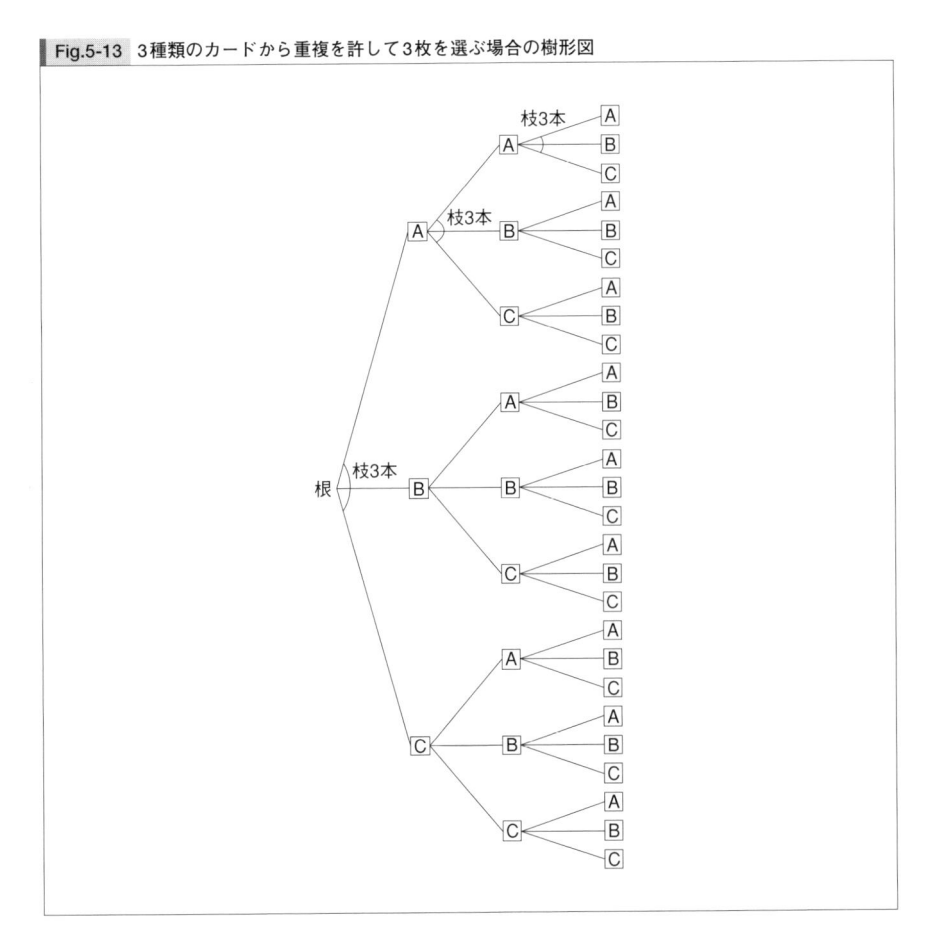

　今度は、枝が毎回3本ずつ出ていることがわかりますね。同じ「3枚を選ぶ」であっても、「3枚から3枚選ぶ」場合（Fig.5-12）と「3種類から重複を許して3枚選ぶ」場合（Fig.5-13）では、その性質の違いにより、樹形図の形が変わり、場合の数も変わるのです。

　樹形図は「数えるものの性質を見ぬく」助けとなる道具といえますね。

組み合わせ

置換と順列は「順序を考えて選び出す」という方法でした。今度は、「順序を考えずに選び出す」という方法——組み合わせ——を考えてみましょう。

組み合わせ

あなたはいま、5枚のカードA, B, C, D, Eを持っています。この5枚のカードから**順序を考えずに**3枚を選び出します。つまり、3枚を1つのグループとして選ぶということです。たとえば、ABEという選び方とBAEという選び方は同じものと見なします。このとき、3枚のカードの選び方は、次のように全部で10通りあります。

Fig.5-14 5枚から3枚のカードを選ぶ組み合わせ
A B C
A B D
A B E
A C D
A C E
A D E
B C D
B C E
B D E
C D E

このような選び方のことを**組み合わせ**（combination）といいます。「置換」や「順列」では順序を考えましたが、「組み合わせ」は順序を考えません。

5枚から3枚を選ぶ組み合わせの総数は、次のように考えるとよいでしょう。

・まず、順列と同様に「順序を考えて」数える。
・重複して数えてしまった分（重複度）で割り算する。

まず、順列のときと同じように「順序を考えて」数えます。でも、これでは「組み合わせ」としては正しくありません。たとえば、順列では、ABC, ACB, BAC, BCA, CAB,

CBAという6通りはすべて別のものとして扱いますが、組み合わせでは、この6通りは1つのグループとして扱います。つまり、順列のように順序を考えて選ぶと、6倍も重複して数えてしまうことになるのです。

ここで出てきた6という数（重複度）は、3枚のカードを順序を考えて並べた総数、すなわち3枚の置換の総数（$3 \times 2 \times 1$）です。順序を考えたために重複したのですから、順列の総数を重複度6で割ってやれば、組み合わせの総数が得られることになります。

5枚から3枚を選び出す組み合わせの総数を、$_5C_3$と書きます（Cはcombinationの頭文字です）。これを実際に計算すると、次のようになります。

$$
\begin{aligned}
5枚から3枚選ぶ組み合わせの総数 &= {}_5C_3 \\
&= \frac{5枚から3枚選ぶ順列の総数}{3枚の置換の総数} \quad \cdots\cdots 順序を考えた数 \\
&\qquad\qquad\qquad\qquad\qquad\quad \cdots\cdots 重複度 \\
&= \frac{{}_5P_3}{{}_3P_3} \\
&= \frac{5 \times 4 \times 3}{3 \times 2 \times 1} \\
&= 10
\end{aligned}
$$

ここで使った、**まず順序を考えて数え、後から重複度で割る**というのは、組み合わせの数を計算するときによく使う技法です。

┃一般化してみよう

カードの枚数を一般化して、n枚のカードからk枚をまとめて選び出す組み合わせの総数を求めましょう。

まず、n枚のカードから順序を考えてk枚選びます。でも、これではk枚の置換の総数だけ重複していることになりますので、その重複度で割ります。

$$
\begin{aligned}
{}_nC_k &= \frac{n枚からk枚選ぶ順列の総数}{k枚の置換の総数} \\
&= \frac{{}_nP_k}{{}_kP_k} \\
&= \frac{\dfrac{n!}{(n-k)!}}{k!} \\
&= \frac{n!}{(n-k)!} \cdot \frac{1}{k!} \\
&= \frac{n!}{(n-k)!\,k!}
\end{aligned}
$$

このように、n枚からk枚を選ぶ組み合わせの総数は

$$_nC_k = \frac{n!}{(n-k)!\,k!}$$

で表されます。しかし、具体的な値を求めたいときには、

$$_nC_k = \frac{_nP_k}{_kP_k} = \underbrace{\frac{\overbrace{(n-0)\times(n-1)\times(n-2)\times\cdots\times(n-(k-1))}^{k個}}{(k-0)\times(k-1)\times(k-2)\times\cdots\times(k-(k-1))}}_{k個}$$

という形のほうが楽に計算できます。

$$_5C_5 = \frac{5\times4\times3\times2\times1}{5\times4\times3\times2\times1} \qquad = 1$$

$$_5C_4 = \frac{5\times4\times3\times2}{4\times3\times2\times1} \qquad = 5$$

$$_5C_3 = \frac{5\times4\times3}{3\times2\times1} \qquad = 10$$

$$_5C_2 = \frac{5\times4}{2\times1} \qquad = 10$$

$$_5C_1 = \frac{5}{1} \qquad = 5$$

$$_5C_0 = \frac{1}{1} \qquad = 1$$

置換・順列・組み合わせの関係

置換・順列・組み合わせについて解説したところで、これらの関係を整理してみましょう。

3枚のカードA, B, Cの**置換**は、Fig.5-15のようになります。これは、順序を考えて3枚のカードを並べたものです。

Fig.5-15 3枚のカード（A, B, C）の置換

$$_3P_3 = 6$$

ABC ACB BAC BCA CAB CBA

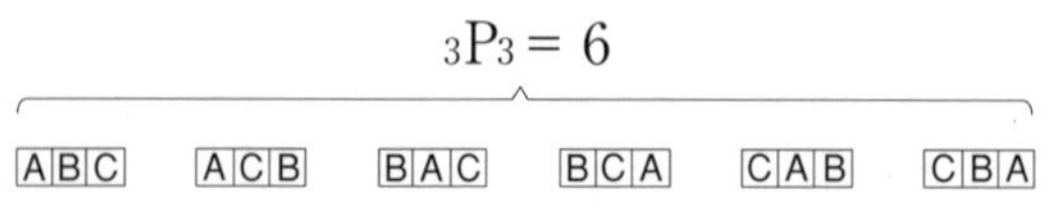

　一方、5枚のカードA, B, C, D, Eから3枚を選ぶ**組み合わせ**はFig.5-16のようになります。「組み合わせ」は順序を考えません。「順序は固定して考える」といってもよいでしょう。Fig.5-16に示した並べ方は、必ずA, B, C, D, Eの順序になっていることがわかりますね。

Fig.5-16 5枚のカード（A, B, C, D, E）から3枚を選ぶ組み合わせ

$$_5C_3 = 10 \begin{cases} \boxed{A\ B\ C} \\ \boxed{A\ B\ D} \\ \boxed{A\ B\ E} \\ \boxed{A\ C\ D} \\ \boxed{A\ C\ E} \\ \boxed{A\ D\ E} \\ \boxed{B\ C\ D} \\ \boxed{B\ C\ E} \\ \boxed{B\ D\ E} \\ \boxed{C\ D\ E} \end{cases}$$

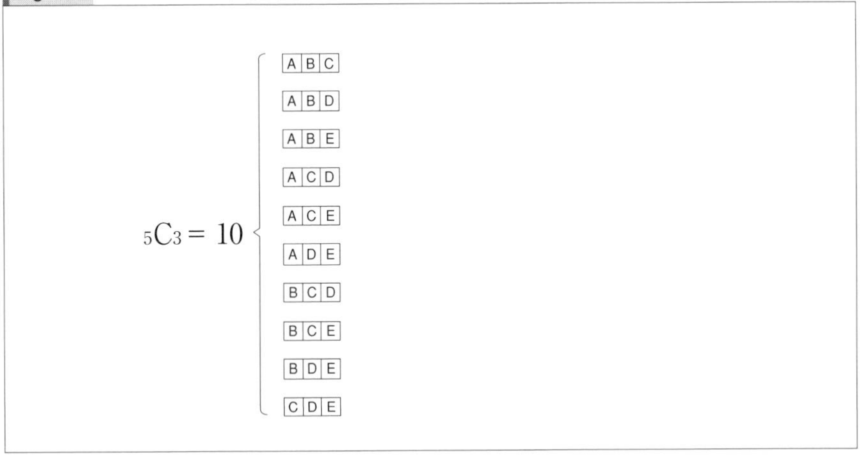

　それではここで、上に示した2つの図を合わせてみましょう。すると、5枚のカードA, B, C, D, Eから3枚を選ぶ**順列**が出てきます（Fig.5-17）。

Fig.5-17 5枚のカード（A, B, C, D, E）から3枚を選ぶ順列

$$_3P_3 \times {}_5C_3 = {}_5P_3$$

$$_3P_3 = 6$$

$_5C_3 = 10$					
A B C	A C B	B A C	B C A	C A B	C B A
A B D	A D B	B A D	B D A	D A B	D B A
A B E	A E B	B A E	B E A	E A B	E B A
A C D	A D C	C A D	C D A	D A C	D C A
A C E	A E C	C A E	C E A	E A C	E C A
A D E	A E D	D A E	D E A	E A D	E D A
B C D	B D C	C B D	C D B	D B C	D C B
B C E	B E C	C B E	C E B	E B C	E C B
B D E	B D E	D B E	D E B	E B D	E D B
C D E	C E D	D C E	D E C	E C D	E D C

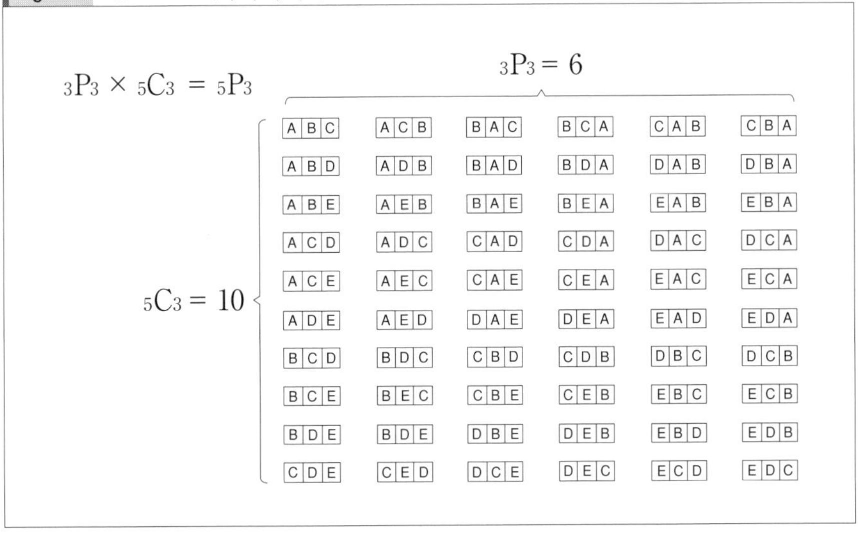

　置換と組み合わせから順列が出てくる理由がわかるでしょうか。置換は「3枚のカード
を並べ替える方法」を示します。組み合わせは「3枚のカードを選ぶ方法」を示します。
この両方の方法を合わせれば、「3枚のカードを選び、それを並べ替える方法」、つまり順
列を示すことになるのです。

　Fig.5-17を見ると、

$$[3枚の置換] \times [5枚から3枚を選ぶ組み合わせ] = [5枚から3枚を選ぶ順列]$$

という関係がはっきりします。つまり、

$$_3P_3 \times _5C_3 = _5P_3$$

ということですね。この関係は、p.135で$_5C_3$を求めたときに使った、$_5C_3 = \dfrac{_5P_3}{_3P_3}$ と同じ
ことです。

■ クイズで練習

　ここで、数え上げのクイズを解いてみましょう。どのクイズも、そう単純ではありませ
ん。法則を機械的に適用するのではなく、数えたいものの性質を見ぬくことが大切です。

■ 重複組み合わせ

◆クイズ……薬品の調合

　粒状になった薬品を調合して新薬を作ることにします。薬品には、A, B, Cの3種類が
あり、新薬調合のルールは次のようになっています。

- ・A, B, Cの3種類の中から、合わせて100粒を調合する。
- ・薬品は必ずA, B, Cをそれぞれ1粒以上調合しなければならない。
- ・薬品の調合の順序は考えない。
- ・同じ薬品の粒には区別がない。

　このとき、新薬の調合の組み合わせは何通りありますか。

◆ヒント1

　これは、**重複組み合わせ**と呼ばれる問題です。

　薬品は複数粒入れてもかまいません（重複してよい）。でも、同じ薬品粒同士は区別
せず、調合する順序も考えません（組み合わせ）。

　100粒調合すると決められているので、ある薬品粒を多く入れると、他の薬品粒はあまり多く入れられなくなります。3種類の数の関係をどのように表現し、どのように数えるかがポイントになります。

　薬品3種類の**順序は問わない**ので、順序を固定してしまうと楽になります。

◆ヒント2

　問題のスケールを小さくしてヒントを示します。

　薬品がA, B, Cの3種類で、調合するのが100粒ではなく5粒であるとします。

　Fig.5-18のように薬を置く皿を5枚用意し、皿の間に「仕切り」を2本置くことにします。そして、左端の皿から1本目の仕切りまでには薬品Aを置き、2本目の仕切りまでの皿には薬品Bを置き、残りの皿に薬品Cを置くという約束にします（ここでA, B, Cの順序が固定されています）。この約束は、ちょうど問題に示されたルールと一致し、仕切りの置き方と薬品の調合法は一対一に対応します。

　2本の仕切りが置けるのは、皿の間の4か所です。つまり、4か所の中から、2本の仕切りを置く場所を決める組み合わせを求めればよいことになります。よって、5粒を調合する重複組み合わせの総数は、$_4C_2$になります。

　さあ、100粒ならどうなるでしょうか。

Fig.5-18　3種類の薬品で5粒を調合する

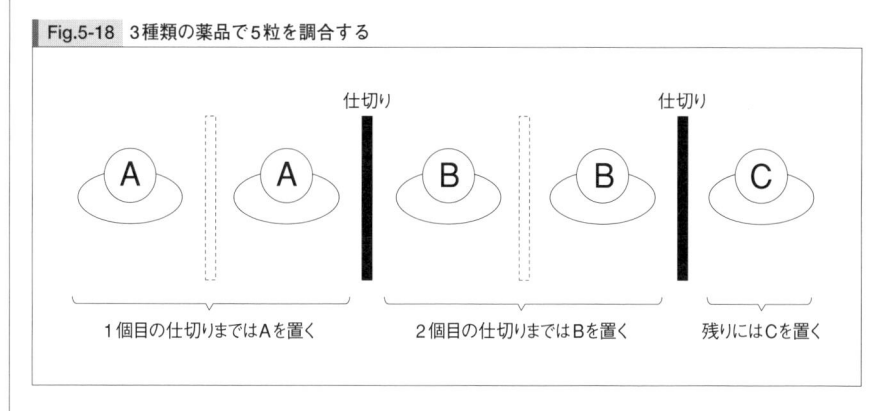

| 1個目の仕切りまではAを置く | 2個目の仕切りまではBを置く | 残りにはCを置く |

◆クイズの答え

　クイズを「n粒をk種類の薬品から選ぶ」と一般化し、ヒント2に示した考え方と同じように「仕切り」を使います。すると、皿の数はn枚、仕切りを置く場所は$n-1$箇所、仕切りの数は$k-1$本になりますから、求める調合法の総数は、$_{n-1}C_{k-1}$になります。

　したがって、100粒を3種類の薬品から選ぶ方法の総数は、$n=100$, $k=3$として、

$$n-1C_{k-1} = 100-1C_{3-1}$$
$$= 99C_2$$
$$= \frac{99 \times 98}{2 \times 1}$$
$$= 4851$$

となります。よって、求める調合法の総数は4851通りです。

答え：4851通り

論理も使おう

◆クイズ……少なくとも片方がジョーカー

トランプのカードが5枚あり、その内訳は、ジョーカーが2枚と、J, Q, Kがそれぞれ1枚ずつとします。この5枚のカードを横一列に並べたとき、左端か右端の**少なくとも片方がジョーカー**になる並べ方は何通りありますか。ただし、2枚のジョーカーは区別しないとします。

Fig.5-19 トランプのカードの内訳

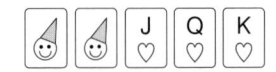

◆ヒント

「少なくとも片方がジョーカー」という条件と「ジョーカー2枚を区別しない」という条件をどう扱うかが勝負です。

「少なくとも片方がジョーカー」という条件には、両端がジョーカーの場合も含まれることを忘れないでください。また「ジョーカー2枚を区別しない」という条件は、nC_kを求めるときの「まず区別してから重複度で割る」という考え方を使いましょう。

◆クイズの答え

まずジョーカーを区別して数え、後からジョーカーの**重複度で割る**ことにします。

2枚のジョーカーをX_1, X_2で表すとします。X_1, X_2, J, Q, Kの5枚を並べ、左端と右端のうち少なくとも片方がジョーカーになる場合を数えます。

[1] 左端がジョーカーの場合

ジョーカーを左端に置くとすると、左端の選び方はX_1、X_2の2通りあります。そのそれぞれに対して、残りの4枚を自由に並べることができます。したがって、左端がジョーカーの場合の数は、積の法則を使って

$$左端のジョーカーの選び方 \times 残り4枚の置換 = 2 \times {}_4P_4$$
$$= 2 \times 4!$$
$$= 48$$

から、48通りになります。ただし、この場合の数には「両端がジョーカーの場合」も含まれています。

[2] 右端がジョーカーの場合

左右が逆転するだけなので、[1]と同じ48通りになります。

[3] 両端がジョーカーの場合

両端にジョーカーを置くとすると、両端の選び方は、2枚のジョーカーの置換なので、${}_2P_2$通りあります。そのそれぞれに対して残りの3枚を自由に並べることができます。すると、両端がジョーカーの場合の数は、

$$両端のジョーカーの選び方 \times 残り3枚の置換 = {}_2P_2 \times {}_3P_3$$
$$= 2! \times 3!$$
$$= 12$$

から、12通りになります。

さて、[1]+[2]−[3]を計算すれば「少なくとも片方がジョーカーになる**順列**」が求められます（包含と排除の原理）。これをジョーカーの重複度で割れば、「少なくとも片方がジョーカーになる**組み合わせ**」が求められます。

ジョーカーは2枚あるので、重複度は2です（${}_2P_2 = 2$）。したがって、計算は次のようになります。

$$\frac{[1]左端がジョーカー \ + \ [2]右端がジョーカー \ - \ [3]両端がジョーカー}{ジョーカーの重複度} = \frac{48 + 48 - 12}{2} = 42$$

答え：42通り

◆論理を使った別解

ところで、論理を使うと、もっと簡単に計算できます。

「少なくとも片方がジョーカーになる」というのは、「両端ともジョーカーではない」ことの否定です。ということは、「すべての並べ方の数」から「両端ともジョーカーではない並べ方の数」を引けば、求める答えが得られます。これは、**ベン図**を描いてみるとよくわかります。

Fig.5-20 ベン図を描いて答えを導く(1)

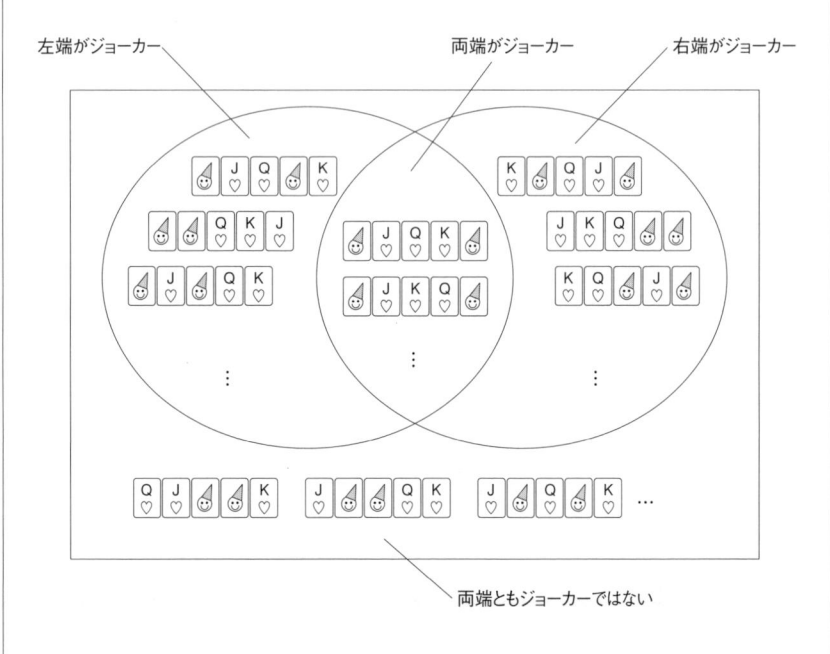

Fig.5-21 ベン図を描いて答えを導く(2)

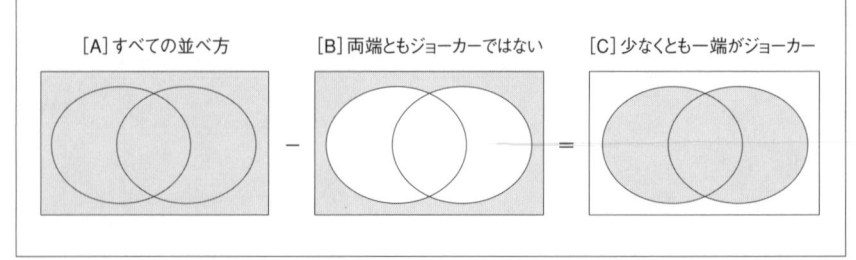

[A] すべての並べ方

いったん5枚をすべて区別して置換を求め、ジョーカーの重複度2で割れば、すべての並べ方が得られます。

$$\frac{_5\mathrm{P}_5}{2} = \frac{5!}{2} = 5 \times 4 \times 3 = 60$$

[B] 両端ともジョーカーではない並べ方

両端の選び方は、J, Q, Kの3枚から2枚を選ぶ順列 $_3\mathrm{P}_2$ です。そのそれぞれに対して、残りの3枚は $_3\mathrm{P}_3$ 通りの並べ方があります。そして、最後にジョーカーの重複度2で割ります。

$$\frac{_3\mathrm{P}_2 \times _3\mathrm{P}_3}{2} = \frac{(3 \times 2) \times (3 \times 2 \times 1)}{2} = 18$$

したがって、少なくとも片方がジョーカーになる並べ方の数は、次の式で求められます。

[A]すべての並べ方 − [B]両端ともジョーカーではない並べ方 ＝ 60 − 18

＝ 42

答え：42通り

この章で学んだこと

この章では、以下のような数え上げの法則を学びました。

- ・植木算
- ・和の法則
- ・積の法則
- ・置換
- ・順列
- ・組み合わせ

　これらは基本的な法則ですが、丸暗記するのはあまり意味がありません。大切なのは、これらの法則の意味を自分の頭で理解することです。「もれ」や「だぶり」をなくすためには、単に「注意深く数える」だけではなく「数えたいものの性質を見ぬく」ことが大切です。

　どんなに注意深く数えようとしても、数が多くなってくると、人間はどうしても間違えてしまいます。間違えずに数えるためには、数え上げの法則をうまく使う必要があります。いうなれば「数え上げの法則」は、**「数えないですますための法則」**なのです。

　次の章では、見ぬいた性質をどのように表現するかに注目し、「自分を使って自分自身を表現する」という不思議な「再帰」のお話をします。

●終わりの会話

生徒「nやkなどが出てくると、難しいって思っちゃうんですが」

先生「まずは5や3などの、小さな数で練習するのがよいですよ」

生徒「それだと、数が大きくなったときに、正しい結果になるのか不安で……」

先生「だからnやkを使って一般化するんですよ」

第 **6** 章

再帰
自分で自分を定義する

●はじめの会話

生徒「GNUは何の略ですか？」

先生「"GNU is Not UNIX" の略ですね」

生徒「え？　じゃあ、そのはじめのGNUは何の略？」

先生「それも "GNU is Not UNIX" の略です。
　　　つまり ""GNU is Not UNIX" is Not UNIX" ということ」

生徒「だから、その最初のGNUは何の略なのかと……」

先生「それもまた "GNU is Not UNIX" の略なんです。
　　　"""GNU is Not UNIX" is Not UNIX" is Not UNIX"」

生徒「いつまでたっても終わりませんが……」

先生「GNUにすべてが折りたたまれているんです」

この章で学ぶこと

　この章では、再帰について考えます。再帰は「自分自身を使って自分を定義する」という不思議な考え方です。数学でもプログラミングでも、再帰は頻繁に登場します。

　まず、ハノイの塔というパズルを通して再帰のイメージをつかみましょう。それから、階乗、フィボナッチ数列、パスカルの3角形を例として再帰と漸化式を学びます。最後に、再帰的な図形を再帰的に描くフラクタル図形を紹介します。

　この章で、複雑なものの中から再帰的な構造を見つけ出す練習をしましょう。

ハノイの塔

　「ハノイの塔」は、1883年に**リュカ**（Edouard Lucas, 1842 – 1891）が作ったパズルです。たいへん有名なパズルですから、あなたも聞いたことがあるかもしれません。

クイズ（ハノイの塔）

　3本の細い柱（A, B, C）が立っています。柱Aには、穴の開いた円盤が6枚積み重なっています。6枚の円盤は大きさがすべて異なり、下から上にだんだん小さくなっています（Fig.6-1）。

Fig.6-1 ハノイの塔

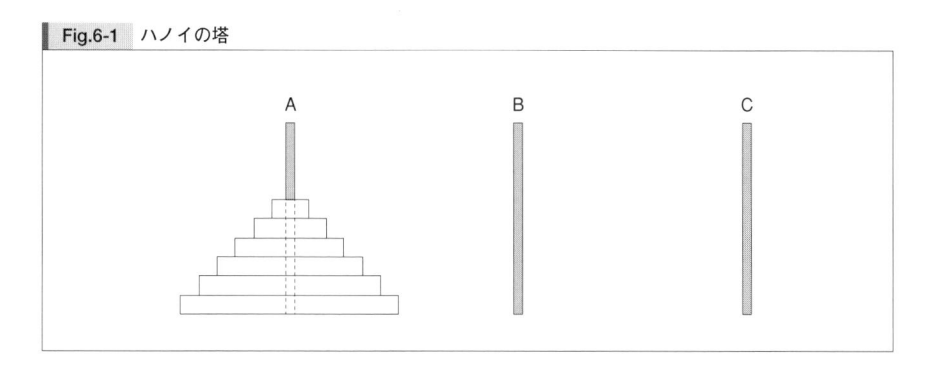

　いまから、柱Aに積み重なっている6枚の円盤をすべて柱Bに移します。ただし、円盤を移すときには次の制約を守らなければなりません。

- ・一度に動かせる円盤は、柱の一番上に積んである1枚だけである。
- ・ある円盤の上に、より大きな円盤を積んではいけない。

　1枚の円盤をある柱から別の柱に移すことを「1手」と数えるとすると、6枚の円盤すべてをAからBに移すためには最低何手が必要になりますか。

┃ ヒント：小さいハノイを解きながら考えよう

　はじめから6枚の円盤で考えると頭が混乱しますので、まず問題のスケールを小さくして、3枚の円盤で考えましょう。つまり、6枚の円盤を移動する「6ハノイ」の代わりに「3ハノイ」を考えるのです（Fig.6-2）。

Fig.6-2 3ハノイ（円盤が3つのハノイの塔）

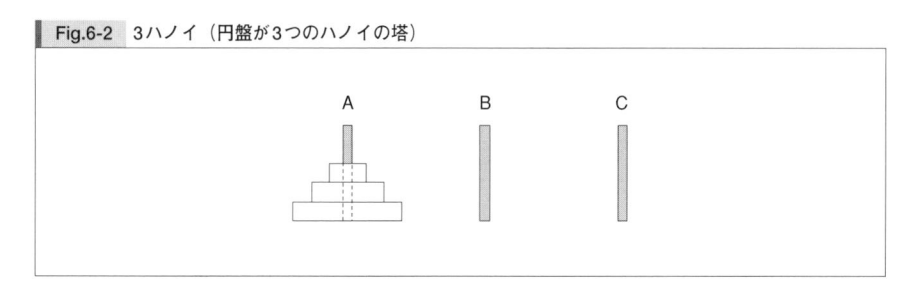

　実際にいろいろと試してみると、Fig.6-3のような手順で解けることがわかります。この手順には7手かかっています。

Fig.6-3　3ハノイの解き方（7手）

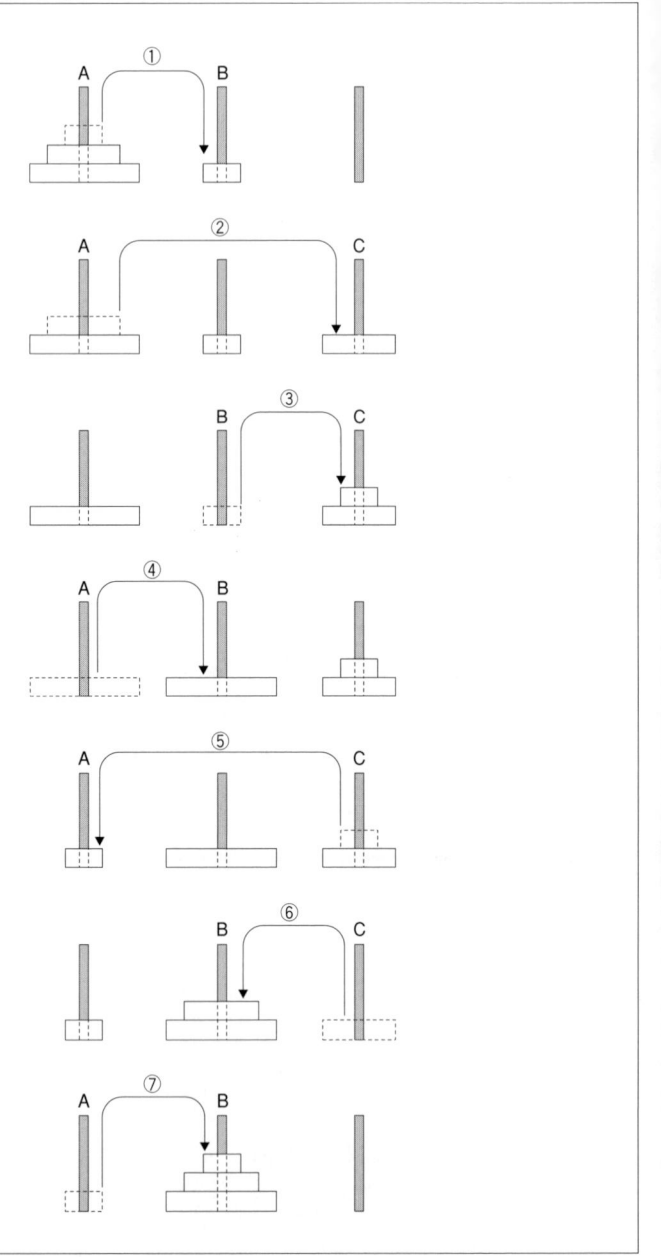

　「3ハノイ」の解き方をじっと見て、「6ハノイ」の解き方がわかるでしょうか。もしもわからなければ、「4ハノイ」や「5ハノイ」を考えてみてください。

　円盤をあちこち移動して試してみると、あなたはきっと「似たようなことを繰り返しているな」と感じるはずです。これは、私たちが持っている「パターンを見つけ出す能力」による、とても大切な感覚です。

　たとえば、Fig.6-4の①②③と⑤⑥⑦を比較してみてください（Fig.6-4）。

- ・①②③では、3手かけて2枚の円盤を柱Aから柱Cに移しました。
- ・⑤⑥⑦では、3手かけて2枚の円盤を柱Cから柱Bに移しました。

Fig.6-4　2枚の円盤を移すというパターンの発見

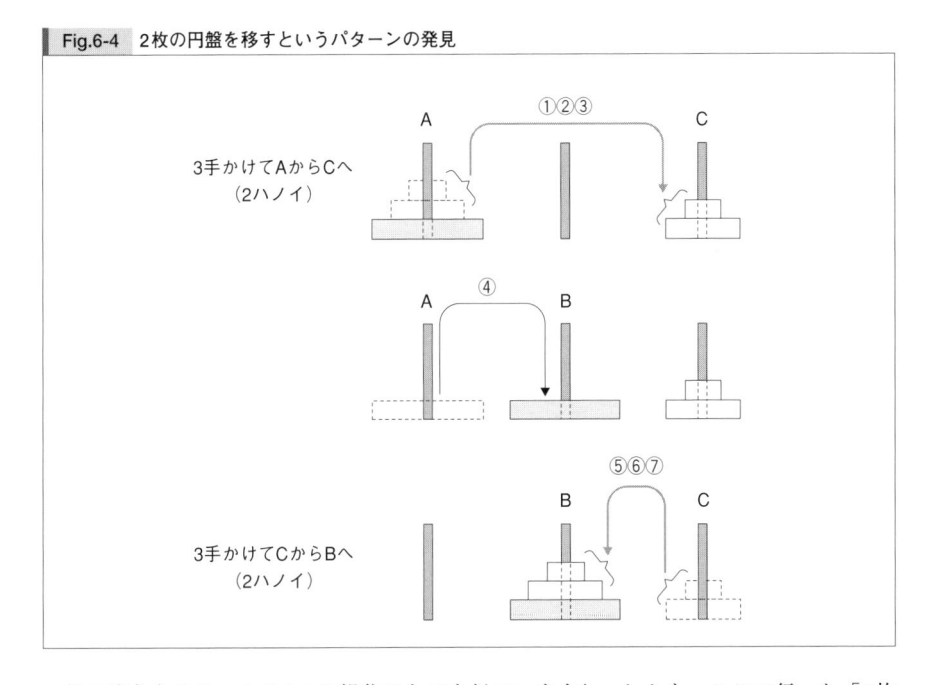

　柱は違うものの、この2つの操作はとても似ていますね。しかも、ここで行った「2枚の円盤を移す」というのは「2ハノイ」になっていますね。ここまでがヒントです。「6ハノイ」の手数を求められますか。

クイズの答え

　「6ハノイ」は、次の手順で解くことができます。

（1）まず、5枚の円盤を柱Aから柱Cに移す（5ハノイを解く）

（2）次に、（6枚の中で）最も大きな円盤を柱Aから柱Bに移す

（3）最後に、5枚の円盤を柱Cから柱Bに移す（5ハノイを解く）

Fig.6-5　ハノイの塔の解き方

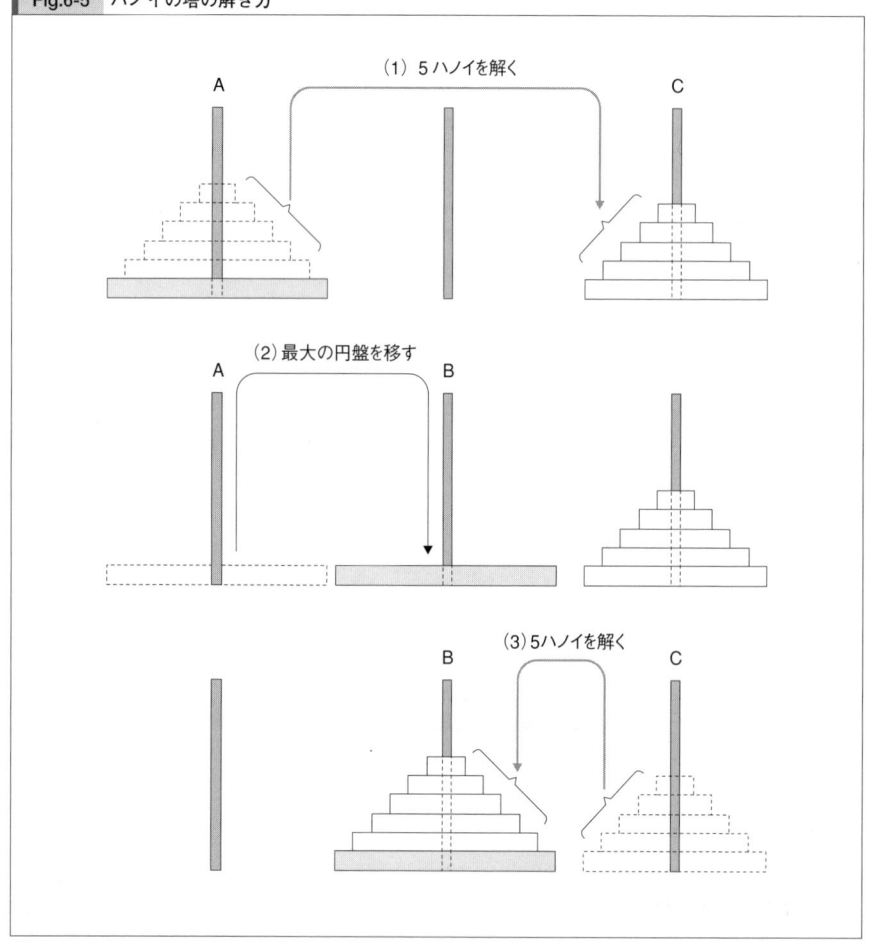

　（1）と（3）でやっているのは、「5ハノイ」を解いていることにほかなりません。「6ハノイ」を解くために「5ハノイ」を利用しましたので、「5ハノイ」が解けるなら「6ハノイ」が解けることがわかります。また、この手順が最短手でもあります。なぜなら、最も大きな円盤を柱AからBに移すためには、上の5枚の円盤はいったんすべて柱Cに移動しなけれ

ばならないからです。

「5ハノイ」も同じような考え方で解けます。たとえば、5枚の円盤を柱Aから柱Bに移すには、次の手順になります。

　　（1）まず、4枚の円盤を柱Aから柱Cに移す（4ハノイを解く）
　　（2）次に、（5枚の中で）最も大きな円盤を柱Aから柱Bに移す
　　（3）最後に、4枚の円盤を柱Cから柱Bに移す（4ハノイを解く）

「4ハノイ」「3ハノイ」……も同様に解けます。「1ハノイ」は円盤を移すだけでOKです。

ここまで考えたところで、一般化した「nハノイ」を解く方法を示しましょう。

以下では、柱をA, B, Cではなく、x, y, zという仮の名前で考えます。x, y, zのそれぞれが具体的にA, B, Cのどれに相当するかは、場合によって変化するからです。xが出発点の柱、yが目的地の柱、そしてzが経由地点となる柱です。

「nハノイを解く」手順、すなわち「n枚の円盤を柱xから柱yへ柱zを利用して移す」手順は、次のように表現できます。

　n枚の円盤を、柱xから柱yへ柱zを利用して移す（nハノイを解く）には：
　　　$n = 0$の場合、
　　　　　何もしなくてよい。
　　　$n > 0$の場合、
　　　　　・まず、$n - 1$枚の円盤を、柱xから柱zへ柱yを利用して移す（$n - 1$ハノイを解く）。
　　　　　・次に、1枚の円盤を、柱xから柱yへ移す。
　　　　　・最後に、$n - 1$枚の円盤を、柱zから柱yへ柱xを利用して移す（$n - 1$ハノイを解く）。

上の手順では、nハノイを解くために、「$n - 1$ハノイ」を利用していることがわかります。

さて、以下では「nハノイ」を解くために必要な最低の手数を

　　$H(n)$

で表すことにします。たとえば、0枚の円盤を移す手数は0なので、

　　$H(0) = 0$

になります。また、1枚の円盤を移す手数は1なので、

　　$H(1) = 1$

です。nハノイを解く手順を元にして、手数$H(n)$に関する次のような式を立てることができます。

$$H(n) = \begin{cases} 0 & (n=0\text{の場合}) \\ H(n-1) + 1 + H(n-1) & (n=1,2,3,\ldots\text{の場合}) \end{cases}$$

$n=1,2,3,\ldots$ の場合の式は、次のように考えればわかりやすいでしょう。

$$\underbrace{H(n)}_{n\text{ハノイを解く手数}} = \underbrace{H(n-1)}_{n-1\text{ハノイを解く手数}} + \underbrace{1}_{\text{最大の円盤を動かす手数}} + \underbrace{H(n-1)}_{n-1\text{ハノイを解く手数}}$$

このような、$H(n)$ と $H(n-1)$ の関係式を**漸化式**（recursion relation, recurrence）といいます。

$H(0)$ はわかっていますし、$H(n-1)$ から $H(n)$ を作る方法もわかりましたので、順番に計算をしていけば、「6ハノイに必要な手数」すなわち $H(6)$ を求めることができます。

$$
\begin{aligned}
H(0) &= 0 && = 0 \\
H(1) &= H(0) + 1 + H(0) = 0 + 1 + 0 && = 1 \\
H(2) &= H(1) + 1 + H(1) = 1 + 1 + 1 && = 3 \\
H(3) &= H(2) + 1 + H(2) = 3 + 1 + 3 && = 7 \\
H(4) &= H(3) + 1 + H(3) = 7 + 1 + 7 && = 15 \\
H(5) &= H(4) + 1 + H(4) = 15 + 1 + 15 && = 31 \\
H(6) &= H(5) + 1 + H(5) = 31 + 1 + 31 && = 63
\end{aligned}
$$

答え：63手

閉じた式を求める

ところで、上の $H(0), H(1), \ldots, H(6)$ の結果から、一般化した $H(n)$ を予想することができるでしょうか。すなわち、n だけを使って $H(n)$ を書き表すことができるでしょうか。

要するに、

$$0, 1, 3, 7, 15, 31, 63, \ldots$$

という数列のパターンを生成する式を見つけ出すということですね。

勘のいい人なら、この数列が、次のような形をしていることを見ぬくことができるでしょう。

$$0 = 1 - 1,$$
$$1 = 2 - 1,$$
$$3 = 4 - 1,$$
$$7 = 8 - 1,$$
$$15 = 16 - 1,$$
$$31 = 32 - 1,$$
$$63 = 64 - 1,$$

この予想は、

$$H(n) = 2^n - 1$$

という1つの式で表現できます。このような、$H(n)$をnだけで表現した式のことを$H(n)$の**閉じた式**といいます。この閉じた式が正しいことは、数学的帰納法を使って証明することができます。

ハノイの塔を解くプログラム

p.151で示した「nハノイを解く」手順は、ほとんどプログラムのような形になっています。ここまで整理されていれば、ハノイの塔を解く手順をC言語でプログラミングすることも簡単です。

List 6-1 ハノイの塔を解く手順を表示するプログラム

```c
#include <stdio.h>
#include <stdlib.h>

void hanoi(int n, char x, char y, char z);

void hanoi(int n, char x, char y, char z)
{
    if (n == 0) {
        /* 何もしない */
    } else {
        hanoi(n - 1, x, z, y);
        printf("%c->%c, ", x, y);
        hanoi(n - 1, z, y, x);
    }
}
```

```
int main(void)
{
    hanoi(6, 'A', 'B', 'C');
    return EXIT_SUCCESS;
}
```

このプログラムは、「6ハノイ」を解くための手順を次のように表示します。

```
A->C,  A->B,  C->B,  A->C,  B->A,  B->C,  A->C,  A->B,
C->B,  C->A,  B->A,  C->B,  A->C,  A->B,  C->B,  A->C,
B->A,  B->C,  A->C,  B->A,  C->B,  C->A,  B->A,  B->C,
A->C,  A->B,  C->B,  A->C,  B->A,  B->C,  A->C,  A->B,
C->B,  C->A,  B->A,  C->B,  A->C,  A->B,  C->B,  C->A,
B->A,  B->C,  A->C,  B->A,  C->B,  C->A,  B->A,  C->B,
A->C,  A->B,  C->B,  A->C,  B->A,  B->C,  A->C,  A->B,
C->B,  C->A,  B->A,  C->B,  A->C,  A->B,  C->B,
```

数えてみると、たしかに63手になっています。

再帰的な構造を見つけ出そう

ここで、ハノイの塔に関して私たちがこれまで考えてきた道筋を振り返ってみましょう。

私たちは「6ハノイ」を解くとき、まず、円盤の数が3枚の場合という小さなスケールで実験して、「3ハノイ」を解きました。そして、より一般的な解決法を見つけ出すために、次のような技法を使いました。

　　【再帰を使った表現】「nハノイ」を、「$n-1$ハノイ」を使って解く手順を見つけ出す。
　　【漸化式】「nハノイ」の手数を、「$n-1$ハノイ」の手数を使って表す。

要するに、私たちは

　　nハノイを、$n-1$ハノイを使って表現する

という視点に立って考えたのです。

さあ、ここは大事なところですので、しっかり読んでください。

難しい問題にぶつかったとしましょう。小さな規模なら解くことができるけれど、大きな規模になるともう解くことができない、ということはよくありますね。そんなときには、ハノイの塔を思い出して、こんな風に考えてみましょう。

「大きい問題を、一回り小さい問題を使って表現できないだろうか」

これこそ、**再帰**の考え方です。

ハノイの塔でいえば、nハノイを、$n-1$ハノイを使って表現する、ということです。つまり、問題の中から**再帰的な構造を見つけ出そう**というのです。与えられた問題はまだ解けていないが、一回り小さな問題を見つけ、それを「すでに解けたもの」として使うのです。

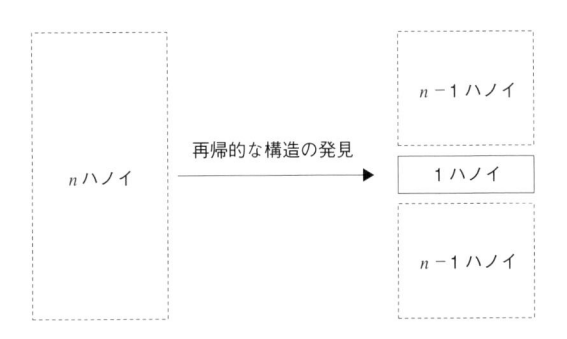

もしも、そのような再帰的な構造が見つかったら、今度は、再帰的な構造を元にして**漸化式を立ててみましょう**。

再帰的な構造を見つけ出し、さらに漸化式を作り出すことができたなら、それは大きな一歩になります。閉じた式が得られれば便利ですが、漸化式が作れるだけでも大きな収穫です。具体的な数について答えを得る手がかりになり、また問題の性質を深く把握することにもつながるからです。

ハノイの塔についてはこのくらいにして、「再帰的な構造を見つけ出す」ということを念頭に置きながら、次の話題に進んでいきましょう。

階乗、ふたたび

第5章で場合の数を学んだときに、階乗(かいじょう)についてお話ししました。ここでは、階乗の再帰的定義について考えてみましょう。

階乗の再帰的定義

p.127では、nの階乗$n!$を次のような式で表しました。

$$n! = n \times (n-1) \times (n-2) \times \cdots \times 2 \times 1$$

でも、上のような表現では「0の階乗」の意味がはっきりしません。そこで別途、$0! = 1$と定義しました。

この章では、次のように階乗を**再帰的に定義**します。これは階乗の漸化式と呼んでもよいでしょう。このように定義すれば、$0!$の値もはっきりしますし、上の式の途中に出てくる… という省略部分をなくすことができます。

$$n! = \begin{cases} 1 & (n = 0\text{の場合}) \\ n \times (n-1)! & (n = 1, 2, 3, \ldots \text{の場合}) \end{cases}$$

これを再帰的な定義と呼ぶ理由は、「階乗$n!$を、階乗$(n-1)!$を使って定義している」からです。定義の中に現れている次のような再帰的な構造が見えますか。

$$\boxed{n!} \xrightarrow{\text{再帰的な構造の発見}} \boxed{n} \times \boxed{(n-1)!}$$

階乗自身を使って定義しているといっても、堂々めぐりに陥っているわけではありませんね。0以上のどんな整数nに対しても、$n!$ が定義されることは明らかです。なぜなら、$n!$を定義するのに、1レベル低い$(n-1)!$を用いているからです。

たとえば、階乗の再帰的定義を使って3!を考えてみましょう。定義から、

$$3! = 3 \times 2!$$

であることがわかります。右辺の2!を再帰的定義に従って展開すると、

$$2! = 2 \times 1!$$

になります。さらに1!を再帰的定義で展開すると、

$$1! = 1 \times 0!$$

になります。そして最後に「$n = 0$の場合」により、

$$0! = 1$$

となります。以上の結果をすべて合わせると、次のようになります。

$$3! = 3 \times 2 \times 1 \times \underbrace{\underbrace{\underbrace{1}_{\text{0!の展開結果}}}_{\text{1!の展開結果}}}_{\text{2!の展開結果}}$$

　ここまで考えてくると、0! ＝ 1という定義が妥当であることがわかります。なぜなら、0!が1でないなら、上記のような再帰的定義がうまくできなくなるからです。

　ところで、階乗の再帰的定義は、第4章で学んだ数学的帰納法と似ていると思いませんか。$n = 0$の場合が数学的帰納法のステップ1（基底）に相当し、$n \geqq 1$の場合がステップ2（帰納）に相当します。ドミノ倒しでいえば、「0!をきちんと定義すること」は「最初のドミノを倒すこと」に相当するのですね。

クイズ（和の定義）

◆クイズ
　nを0以上の整数としたとき、0からnまでの整数の和を再帰的に定義してください。

◆クイズの答え
　0からnまでの整数の和を$S(n)$と書くとすると、$S(n)$は次のように再帰的に定義できます。

$$S(n) = \begin{cases} 0 & (n = 0 \text{の場合}) \\ n + S(n-1) & (n = 1, 2, 3, \ldots \text{の場合}) \end{cases}$$

●閉じた式
　$S(n)$の閉じた式はすでに、ガウス少年のアイディアとともにp.95で紹介しました。

$$S(n) = \frac{n \times (n + 1)}{2}$$

再帰と帰納[*]

　前節で、階乗の再帰的定義が数学的帰納法と似ていると述べました。実は、再帰
（recursion）と帰納（induction）は、どちらも「**大きな問題を、同じ形をした小さな問題
に帰着させる**」という点では本質的に同じです。たとえば、p.105で数学的帰納法の証明
をCのプログラム（List 4-1）で表現しましたが、関数proveを再帰的に使ってList 6-2の
ように表現することもできます。

List 6-2	関数 prove を再帰的に使った数学的帰納法の証明

```
void prove(int n)
{
    if (n == 0) {
        printf("ステップ1により、P(%d)が成り立ちます。\n", n);
    } else {
        prove(n - 1);
        printf("ステップ2により、「P(%d)が成り立つならばP(%d)も成り立つ」といえます。\n", n - 1,
        printf("したがって、「P(%d)が成り立つ」といえます。\n", n);
    }
}
```

　再帰と帰納は、方向だけが違います。「大きなものからだんだん小さいものへ」という
方向に進むのが再帰的（recursive）な考え方です。一方、「小さなものからだんだん大き
なものへ」という方向に進むのが帰納的（inductive）な考え方です。

フィボナッチ数列

　階乗の再帰的定義では、n!を(n - 1)!を使って定義しました。ハノイの塔のクイズでは、
「nハノイ」を「n - 1ハノイ」を使って解きました。「再帰」のイメージがだいぶつかめて
きたでしょうか。今度は、もう少し複雑な再帰を考えてみましょう。

---

[*] この節の表現は、Paul Hudakによる“The Haskell School of Expression”（11.1 Induction and Recursion）
　を参考にしました。

クイズ（増えていく生物）

◆クイズ

生まれて2日経つと子を1匹生めるようになり、それ以降は毎日子を1匹生むという生物がいます。1日目に、生まれたての生物を1匹もらったとします（この生物が初めて子を生むのは3日目です）。

11日目には、全部で何匹になっていますか。

◆ヒント

順番に考えて、規則性を見つけ出しましょう。

【1日目】もらってきた生物だけがいます。合計1匹です。

【2日目】生物は1匹いますが、まだ子は生めません。合計1匹です。

【3日目】1日目にもらってきた生物が、子を生みます。合計2匹になりました。

【4日目】1日目にもらってきた生物は、また子を生みます。3日目に生まれた生物は、まだ子を生めません。合計3匹です。

【5日目】1日目の生物と、3日目に生まれた生物は、子を生みます。4日目に生まれた生物は、まだ子を生めません。合計5匹になりました。

ここまで調べた結果を、図にまとめてみましょう（Fig.6-6）。

Fig.6-6　1日目〜5日目の生物の数

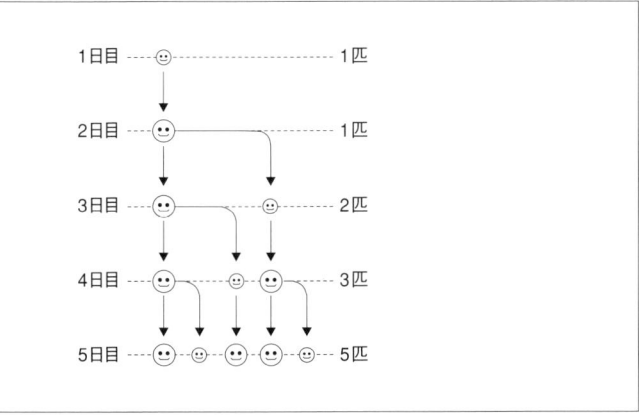

一般化しようとするとき、「n日目に何匹いるか」を一度に考えるのではなく、次のようにしましょう。

・$n-1$日目までに生まれていた生物は、n日目にも生き残っている。
・それに加えて、$n-2$日目までに生まれていた生物は、n日目に新たに子を1匹ずつ生む。

こう考えると、漸化式を作ることができそうです。

◆クイズの答え

n日目には「昨日、すなわち$n-1$日目までに生まれていた生物」はみんな生き残っています。さらに「一昨日、すなわち$n-2$日目までに生まれていた生物」が1匹ずつ子を生みます。したがって、n日目にいる生き物の数を$F(n)$匹とすると、

$$F(n) = F(n-1) + F(n-2)$$

と表すことができます（ただし、nは$3, 4, \ldots$です）。

$$\underbrace{F(n)}_{n\text{日目の生物}} = \underbrace{F(n-1)}_{n-1\text{日目までの生物}} + \underbrace{F(n-2)}_{n-2\text{日目までの生物が生んだ子}}$$

ここで$F(2) = F(1) + F(0)$になるように（つまり$n=2$でも上の漸化式が成り立つように）、$F(0) = 0$と定義します。

また、1日目に生まれたての生物を1匹もらったことを$F(1) = 1$と表します。以上をまとめると、次のような漸化式が作れます。

$$F(n) = \begin{cases} 0 & (n=0\text{の場合}) \\ 1 & (n=1\text{の場合}) \\ F(n-1) + F(n-2) & (n=2, 3, 4, \ldots\text{の場合}) \end{cases}$$

漸化式ができたので、$F(n)$の値を$n=0$から順番に計算していきます。

$$
\begin{aligned}
F(0) & & &= 0 \\
F(1) & & &= 1 \\
F(2) &= F(1) + F(0) = 1 + 0 & &= 1 \\
F(3) &= F(2) + F(1) = 1 + 1 & &= 2 \\
F(4) &= F(3) + F(2) = 2 + 1 & &= 3 \\
F(5) &= F(4) + F(3) = 3 + 2 & &= 5 \\
F(6) &= F(5) + F(4) = 5 + 3 & &= 8 \\
F(7) &= F(6) + F(5) = 8 + 5 & &= 13 \\
F(8) &= F(7) + F(6) = 13 + 8 & &= 21 \\
F(9) &= F(8) + F(7) = 21 + 13 & &= 34 \\
F(10) &= F(9) + F(8) = 34 + 21 & &= 55 \\
F(11) &= F(10) + F(9) = 55 + 34 & &= 89
\end{aligned}
$$

答え：89匹

　生物を●（子は小さな•）で表すと、11日目までの増加の様子はFig.6-7のようになります。この図には不思議な美しさがありますね。また、生物の数が爆発的に増えていくこともわかります。

Fig.6-7　11日目までの生物の状態

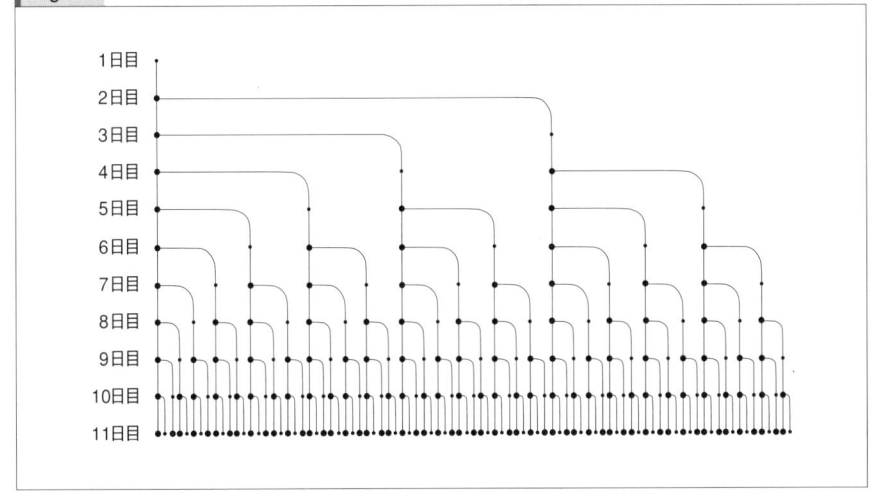

　Fig.6-7の中にある「再帰的な構造」を見つけることができますか。以下の図のように、自分自身の中に小さな自分がちゃんと含まれています。ただし、ハノイの塔のときとは異なり、レベル$n-1$とレベル$n-2$のふたつが含まれていることに注意しましょう。

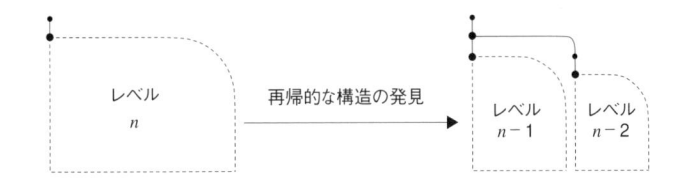

フィボナッチ数列

このクイズで出てきた数列

　0, 1, 1, 2, 3, 5, 8, 13, 21, 34, 55, 89, ...

は、数学者**フィボナッチ**（Leonardo Fibonacci, 1170 – 1250）によって13世紀に発見されたもので、**フィボナッチ数列**と呼ばれています[*]。

---

[*]　1, 1, 2, 3, 5, ...のように1から始める場合もよくあります。

フィボナッチ数列はさまざまな問題に現れます。いくつか例を示します。

●レンガを並べる

1×2の大きさのレンガをぴったり並べて長方形を作ります。ただし、長方形の縦の長さは2でなければならないとします。長方形の横の長さをnとすると、レンガの並べ方はフィボナッチ数列を使って$F(n+1)$通りになります。

Fig.6-8 縦が2、横がnの隙間に、1×2の大きさのレンガを並べる

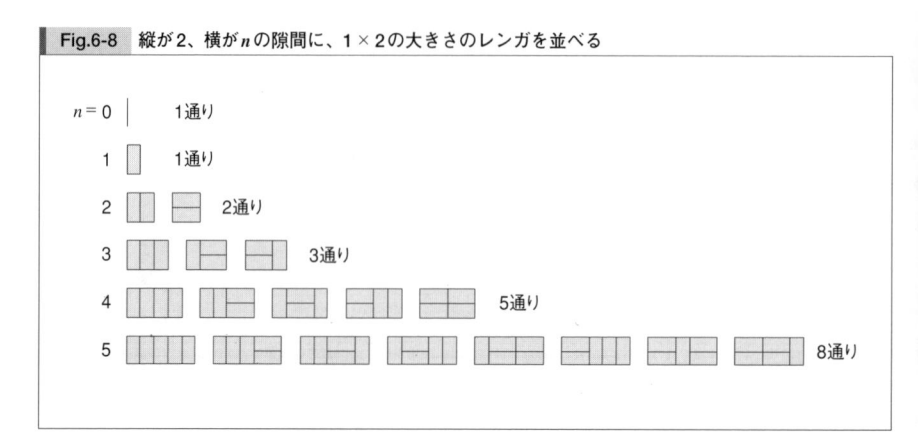

Fig.6-9 レンガの並べ方の規則性を見つける

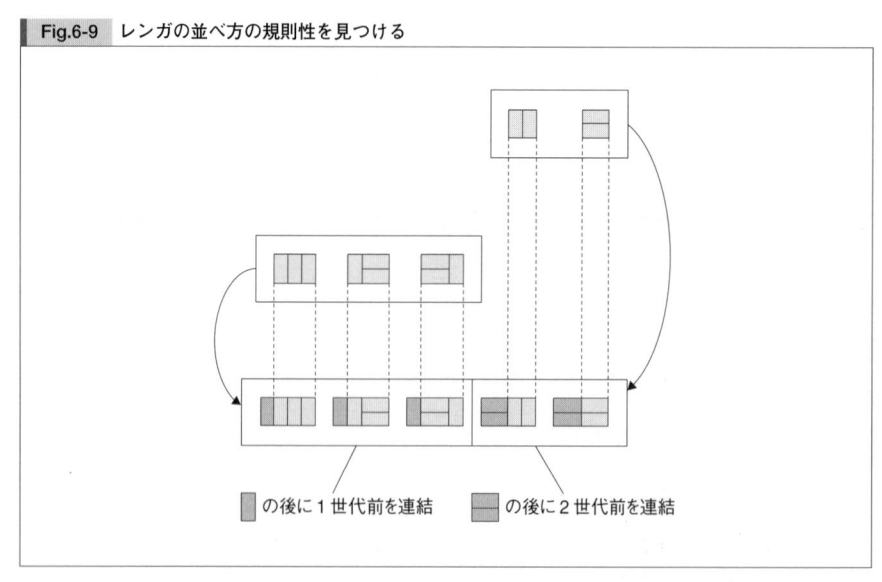

　理由は簡単です。Fig.6-9に示すように、横がnの隙間を埋める場合の数というのは、$n-1$の隙間の左に1個レンガを縦にして置く場合と、$n-2$の隙間の左に2個レンガを横にして積む場合の数の和になるからです。この足し算の仕方は、ちょうどフィボナッチ数列の漸化式になっています。

　漸化式がうまく成り立つように、レンガを1個も置かないという並べ方（$n=0$）を「1通り」と数えていることにも注意してください。

●リズムを刻む

　4分音符と2分音符を組み合わせて拍を打ち、リズムを刻むとします。4分音符が2拍打つ時間で、2分音符は1拍しか打てません。4分音符が拍をn回打つ時間を、4分音符と2分音符で埋めるとき、リズムのパターンは$F(n+1)$通りあります。

　理由は、先ほどのレンガ積みと同じです。nのパターン数は、以下の2つの場合の数を加えたものになるからです（Fig.6-10）。

- ・まず4分音符を打ってから残りを$n-1$のパターンで埋める場合の数
- ・まず2分音符を打ってから残りを$n-2$のパターンで埋める場合の数

　このほかにも、オウム貝の内側にある隔壁の間隔、ひまわりの種の並び方、植物の枝のつき方、それに「一段飛ばしを混ぜてn段の階段を昇る場合の数」などにもフィボナッチ数列が見られます。

Fig.6-10 4分音符♩と2分音符♩を組み合わせてリズムを刻む

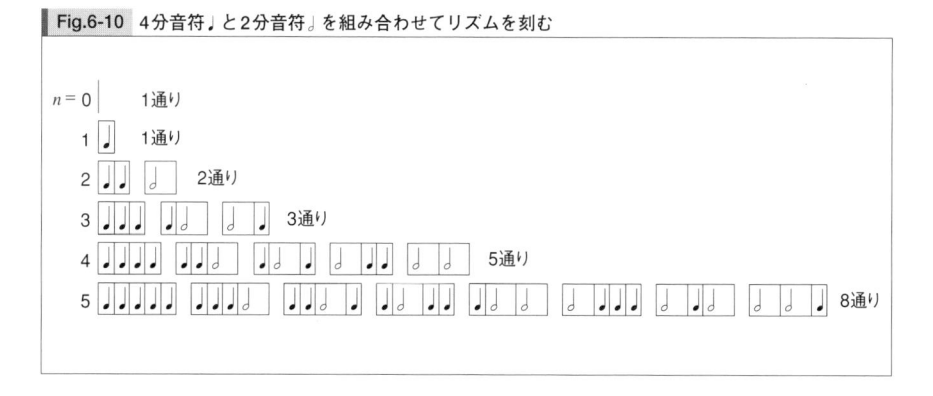

パスカルの3角形

パスカルの3角形とは

Fig.6-11を見てください。この図形を**パスカルの3角形**といいます。

Fig.6-11 パスカルの3角形

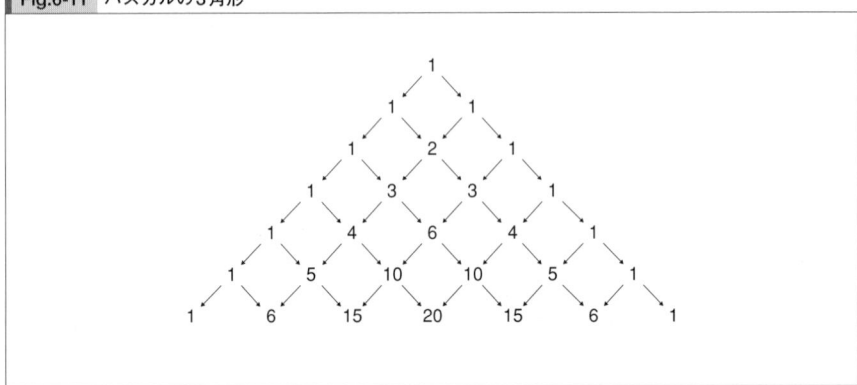

パスカルの3角形は、「隣り合った2つの数を加え、その結果を下の行に書く」という手順を繰り返して作ります。Fig.6-12では、数を加える方向を矢印で表現しています。

Fig.6-12 パスカルの3角形（数を加える方向を矢印で表す）

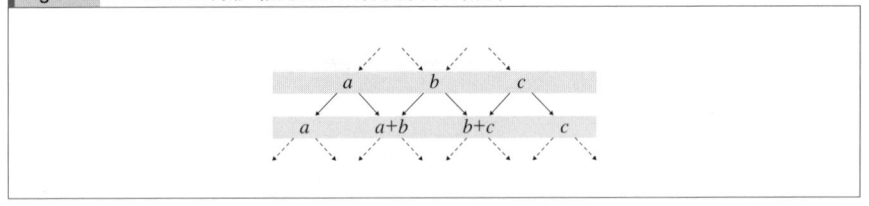

あなたもぜひ、パスカルの3角形を書いてみてください。自分の手を動かして書いてみると、「隣り合った2つの数を加える」という意味はすぐにわかるでしょう。3角形の両端では、加える数は1つだけです（ですから、3角形の左右の辺にはすべて1が並びます）。

パスカルの3角形は、単なる足し算の練習のように見えるかもしれませんが、実は、ここに登場する数はすべて、第5章で解説した「組み合わせの数」になっているのです。Fig.6-13を見てください。これは、パスカルの3角形を $_nC_k$（n 個のものから順序を考えず

にk個を選ぶ組み合わせの総数）で表したものです。

Fig.6-13 パスカルの3角形を組み合わせの総数$_nC_k$で表す

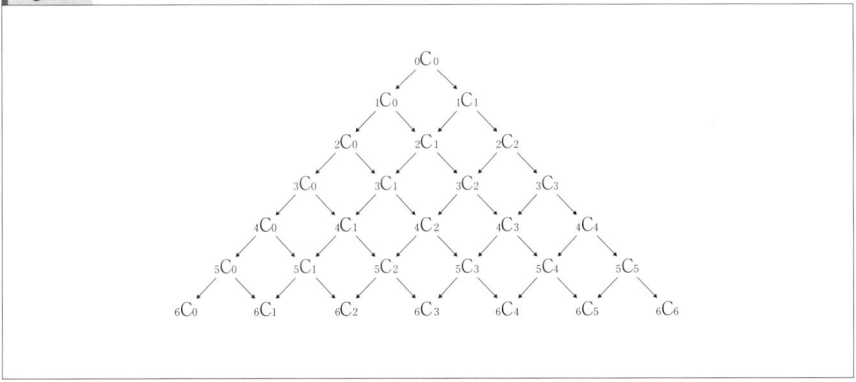

$_nC_k$を式で書くと、$\dfrac{n!}{(n-k)!\,k!}$ のようにたくさんの階乗が出てくるのに、「隣り合った2つの数を加える」という計算を繰り返すだけで求められるというのは驚きですね。

●パスカルの3角形に組み合わせの数が登場する理由

では、パスカルの3角形に組み合わせの数が登場する理由を考えてみましょう。

まず、パスカルの3角形をいったん忘れて、次のような格子状の道を考え、スタートからゴールまでたどる道順が何通りあるかを数えます。

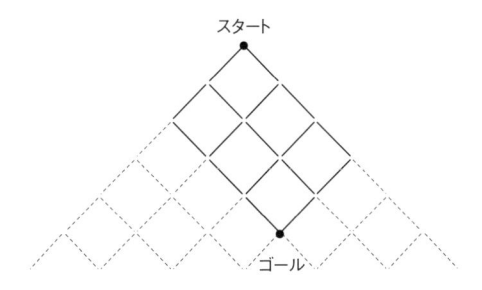

スタートからの各分岐点に、「スタートから現在の分岐点まで来る道順」が何通りあるかをメモしていきましょう。

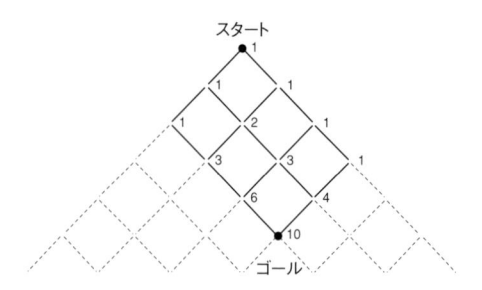

　このときの計算は、パスカルの3角形を作ったときの「上の2つの数を加える」という計算と同じです。なぜなら、ある分岐点に来る場合の数というのは、その上の2つの分岐点に来る場合の数の和になるからです（これは和の法則になります）。

　さて今度は、次の図を見てください。

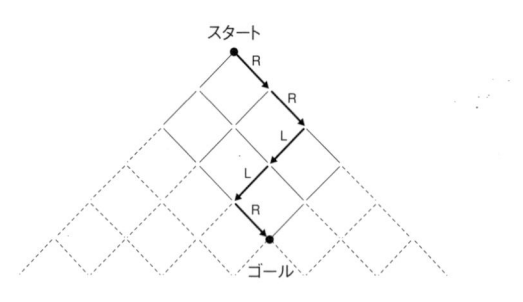

　スタートからゴールまで、左か右に下っていく道順の選び方は何通りあるでしょうか。ゴールにたどりつくまでには、右（R）に行くか、左（L）に行くかの判断を5回行いますが、5回の判断のうち、右を選ぶのがちょうど3回でなければゴールには行けません。つまり、道順の選び方は、5個から3個のものを選ぶ組み合わせに等しくなります。

$$_5\mathrm{C}_3 = \frac{5!}{(5-3)!\,3!} = 10$$

　以上、スタートからゴールに行くまでの道順が何通りあるかを、2つの方法で数えました。1つは、パスカルの3角形の作り方と同じ「隣り合った2つの数を加える」という方法で、もう1つは、「n個からk個のものを選ぶ組み合わせの数」という方法です。同じものを2つの方法で数えたのですから、結果は同じになるはずです。このことから、隣り合った2つの数を加えて作ったパスカルの3角形が、組み合わせの数として表現できることがわかります。

組み合わせの数の再帰的定義

さて、次の式を見てください。これは何でしょうか。

$$_nC_k = {}_{n-1}C_{k-1} + {}_{n-1}C_k$$

これは、パスカルの3角形（Fig.6-13）の作り方を $_nC_k$ という表記で示したものです。次のように図式化すればよくわかるでしょう。隣り合った2つの数を加えて、次の行の数を作ったのです。

この式は、n と k という2つの変数が出てきてややこしく見えます。でも、この章の主題である「再帰」の視点に立って、もう一度よくこの式を読んでみてください。気がつくことはありませんか。

左辺に出てくる変数は n, k ですが、右辺ではこの変数が $n-1$, $k-1$ のように1減じています。ハノイの塔や階乗に出てきたような再帰的定義のパターンととても似ていますね。あとは、基底に相当する定義を補ってやれば「組み合わせの数の再帰的定義」が作れそうですね。作ってみましょう！

n と k は整数で、さらに $0 \leqq k \leqq n$ であるとします。そして、$_nC_k$ を次のように定義します。これは**組み合わせの数の再帰的定義**になります。

$$_nC_k = \begin{cases} 1 & (n=0 \text{ または } n=k \text{ の場合}) \\ {}_{n-1}C_{k-1} + {}_{n-1}C_k & (0<k<n \text{ の場合}) \end{cases}$$

組み合わせ論的解釈

ここで、さらに視点を変えてみましょう。

もう一度、次の式をじっと見てください。

$$_nC_k = {}_{n-1}C_{k-1} + {}_{n-1}C_k$$

これから、この式の「意味」を考えます。

$_nC_k$ は、n 個から k 個を選ぶ組み合わせの総数です。ですから、上の式は、日本語を使って次のように表現できます。

「n 個から k 個を選ぶ組み合わせの数」は、「$n-1$ 個から $k-1$ 個を選ぶ組み合わせ」に「$n-1$ 個から k 個を選ぶ組み合わせ」を加えた数に等しい。

　こう言われても、「ふうん、それで？」と感じるだけでしょう。全然「なるほど！」と
は思えません。では、$n = 5,\ k = 3$という具体的な数で書いてみましょう。

　　「5個から3個を選ぶ組み合わせの数」は、「4個から2個を選ぶ組み合わせ」に
　　「4個から3個を選ぶ組み合わせ」を加えた数に等しい。

　まだピンときませんね。では、これならどうでしょう。

　　「A, B, C, D, Eの5枚のカードから3枚のカードを選ぶ組み合わせの数」は、
　　「Aを含む組み合わせ」に「Aを含まない組み合わせ」を加えた数に等しい。

　これは、納得がいきますね。5枚のカードから3枚を選んだとき、選んだ3枚は「Aを含
む3枚」か「Aを含まない3枚」かのどちらかです。Aを含むかどうかによって、「網羅的
で排他的な分割」になっており、だぶりがないので和の法則が使えます。

　「Aを含む組み合わせ」の数はどうすれば求められるでしょう。Aはすでに確定済みな
のですから、あとは、Aを除いた4枚から、残りの2枚を選べばよいですね。つまり、4枚
から2枚を選ぶ組み合わせの総数になります。

　「Aを含まない組み合わせ」の数はどうでしょう。Aを除いた4枚から、3枚を選ばなけ
ればなりません。つまり、4枚から3枚を選ぶ組み合わせの総数です。

　さあ、以上で、

$$nC_k = {}_{n-1}C_{k-1} + {}_{n-1}C_k$$

という式を解読する準備は整いました。この式では、n枚からk枚を選ぶときに「ある特
定のカードを含むか含まないかで**場合分け**をしている」のです。

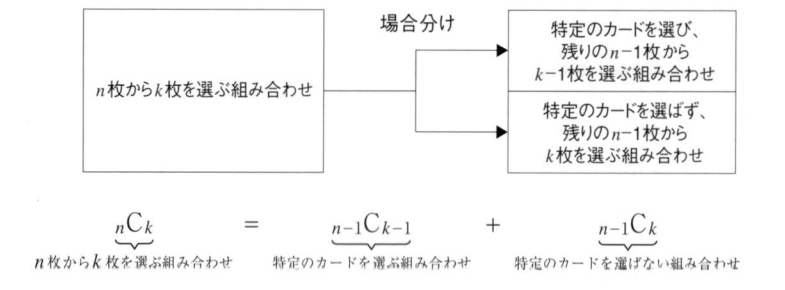

　以上のように、組み合わせに関する式を、単なる数式として扱うのではなく、そこに組
み合わせ論的な意味を見い出すことを、**組み合わせ論的解釈**と呼びます。

　ここで長々と書いてきたのは、話をややこしくするためではありません。いま示したの
は、大きな問題を、より小さな問題を使って再帰的に解く技法の一つです。大きな問題に
含まれている再帰的な構造を見つけるには、一般に次のようにします。

- 問題の一部を取り除く（特定のカードに着目することに相当）
- 残りの部分が、問題全体と同じ形かどうかを調べる

ここはとても大切なので、表現を変えてもう一度書きますね。問題の中から再帰的な構造を見つけたいとしましょう。そのときには、次のようにします。

- レベルnの問題の一部分を取り除く
- 残りの部分が、レベル$n-1$の問題かどうかを調べる

これが、再帰的な構造を見つけ出すコツです。

数学的帰納法も、ハノイの塔も、階乗も、組み合わせの数も、本章で示した問題はすべて再帰的な構造を持っており、特定の一部分に着目すると、残りが自分自身と同じ構造をしていることがわかります。再帰的な構造を見つけ出す感覚をぜひ身につけてください。

再帰的な図形

再帰的に木を描く

今度は「再帰的な図形」について考えてみましょう。再帰的な構造を持った図形は、再帰的な手続きで描くのが自然です。Fig.6-14を見てください。さあ、あなたは、この図の再帰的な構造を見つけ出すことができるでしょうか。

Fig.6-14　再帰的に描かれた木

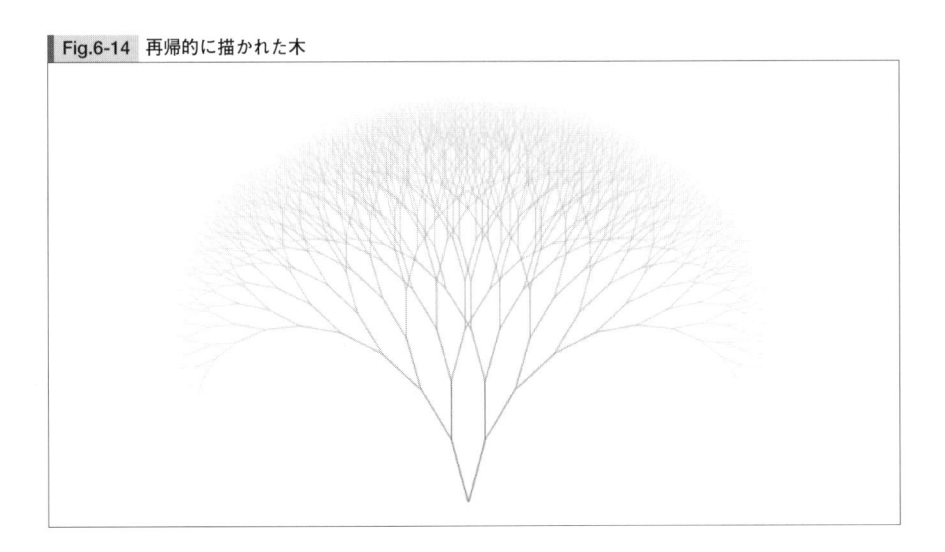

　根から見ていくと、どんどん枝分かれしていく様子がわかります。再帰を発見するために、木の中に埋まっている「一回り小さい自分自身」を探してみましょう。

　見つかりましたか。この木は枝分かれをしていますが、左右の枝の先に、一回り小さなこの木自身がつながっています。着目した枝を取り除くと、残りは一回り小さな木になっています。ここに再帰的な構造があります。

　「一回り小さな木」という代わりに、nという変数（パラメータ）を用意し、このnの大小で大きさを表すことにします。そうすると、「レベルnの木」は「左と右にレベルnの枝が伸び、その先にレベル$n-1$の木が付いている」と表現できます。再帰的な構造をスケッチすると、次のようになります。

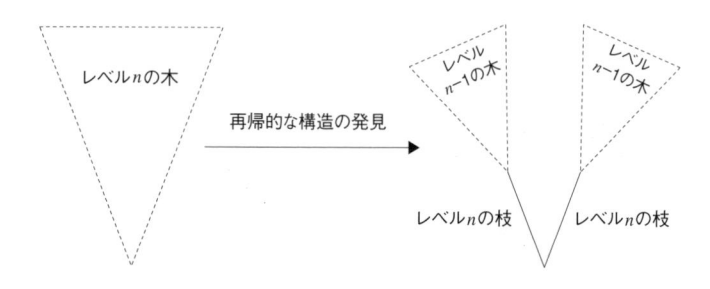

　レベル0の木は「何も描かない」ことにします。

実際に描いてみよう

　せっかくですから、先ほどのスケッチを元に、タートルグラフィックスを使って実際に描いてみましょう。タートルグラフィックスというのは、平面上にタートル（亀）を置き、タートルをコントロールすることで図を描く方法のことです。ここでは、Fig.6-15のように、4つの手続きが用意されているものとします。

- forward(n)　　線を描きながら前にn歩進む（レベルnの枝を描く）
- back(n)　　　線を描かずに後ろにn歩戻る
- left()　　　　一定角度左を向く
- right()　　　　一定角度右を向く

Fig.6-15　タートルグラフィックスの4つの手続き

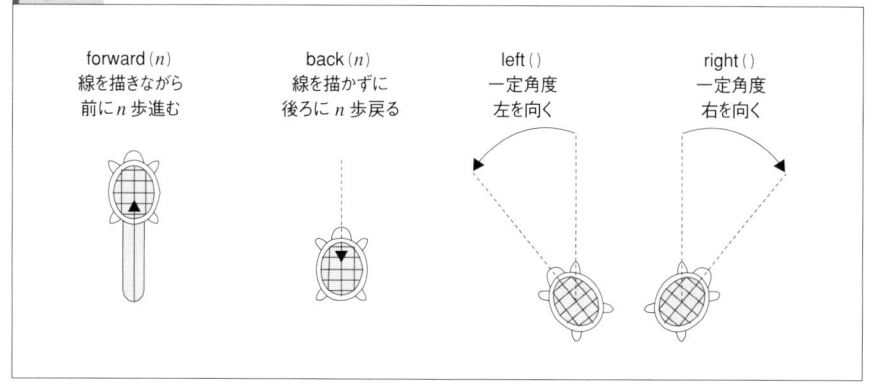

forward (*n*)
線を描きながら
前に *n* 歩進む

back (*n*)
線を描かずに
後ろに *n* 歩戻る

left ()
一定角度
左を向く

right ()
一定角度
右を向く

レベル*n*の木を描く手続きdrawtreeをList 6-3に示します。

List 6-3　レベル *n* の木を描く手続き drawtree

```
void drawtree(int n)
{
    if (n == 0) {
        /* 何も描かない */
    } else {
        left();          /* 左を向く */
        forward(n);      /* レベルnの枝を描く */
        drawtree(n-1);   /* レベルn-1の木を描く */
        back(n);         /* 戻る */
        right();         /* 右を向く */

        right();         /* 右を向く */
        forward(n);      /* レベルnの枝を描く */
        drawtree(n-1);   /* レベルn-1の木を描く */
        back(n);         /* 戻る */
        left();          /* 左を向く */
    }
}
```

シェルピンスキーのギャスケット

再帰的な図形のもう一つの例として、シェルピンスキーのギャスケット（Sierpinski gasket, Sierpinski triangle）を紹介します。

シェルピンスキーのギャスケット

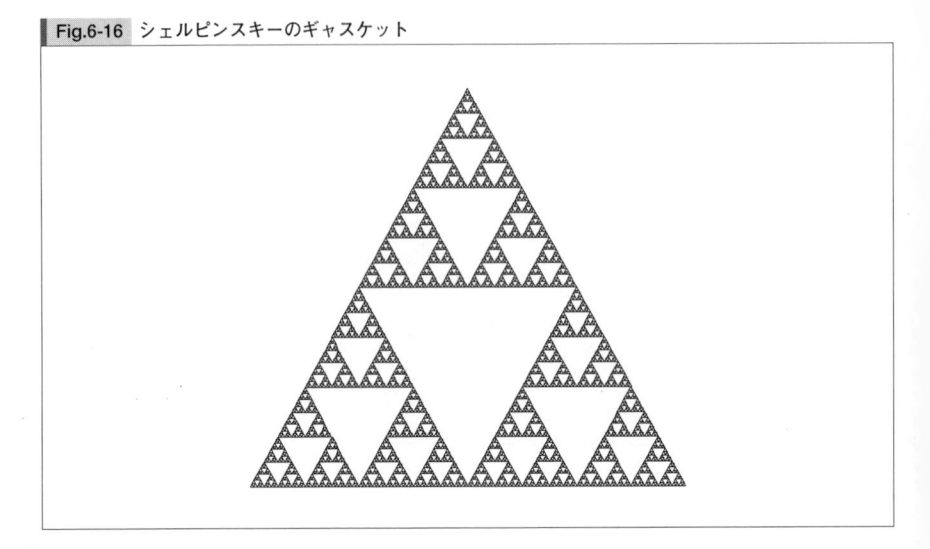

この図形の再帰的な構造を調べてみると、次のようになっていることがわかります。

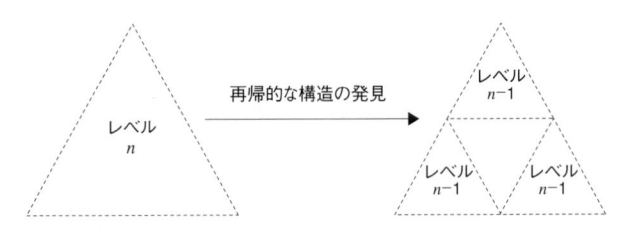

パスカルの3角形の数字を、奇数と偶数で色分けすると、シェルピンスキーのギャスケットが浮かび上がります。面白いですね。

このような再帰的な構造を含む図形は、**フラクタル図形**と呼ばれています。

Fig.6-17 パスカルの3角形を、奇数と偶数で色分けする

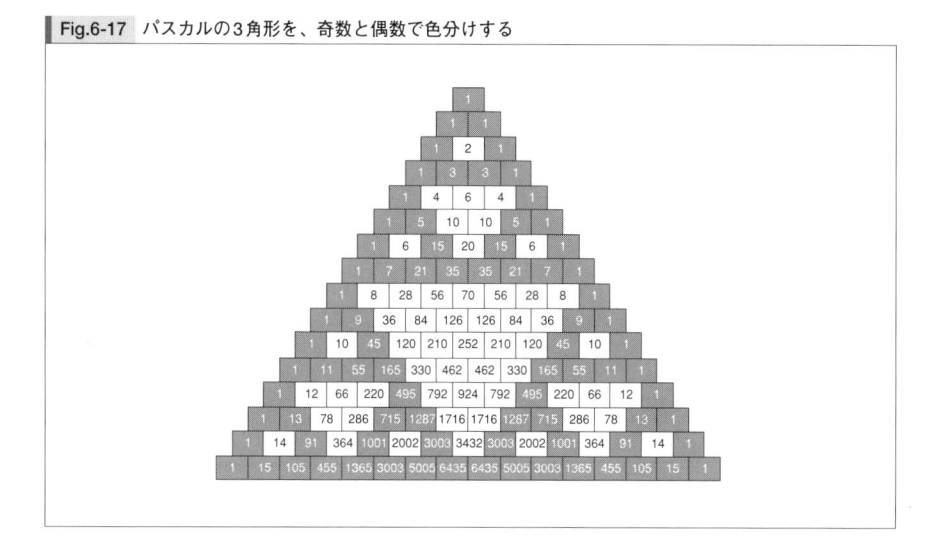

この章で学んだこと

　この章では、「再帰」という視点から問題をとらえる方法について学びました。問題の中に潜む「再帰的な構造」を見つけ出し、そこから再帰的な定義や漸化式を導きました。再帰的な構造を持っているものを再帰的に記述することは自然ですし、少ない記述量で、複雑な構造を表現することができます。

　プログラミングでも、再帰的な構造はあちらこちらに見つかります。たとえば、プログラムの字下げや、木構造などのデータ構造、HTMLの文法、クイックソートのアルゴリズムなどに、再帰的な構造が見られます。

　フィボナッチ数列の増え方や、再帰的な木の広がりからも想像がつくように、再帰的な構造は、非常に大きく膨れ上がることがあります。次の章では、それを実感してみましょう。

●おわりの会話

生徒「構造を見ぬく、というのは大切なことなんですか」

先生「そうですね。とても大切です」

生徒「どうしてでしょう」

先生「構造を見ぬくことは、大きなかたまりを『分解』する手がかりになるからです」

第  章

指数的な爆発

困難な問題との戦い

●はじめの会話

先生「厚さが1mmの、非常に柔軟な紙があるとします。2つ折りを何回繰り返したら月まで
　　　届く厚みになるでしょうか？」

生徒「100万回くらいですか？」

先生「いいえ」

生徒「もっとかな？」

この章で学ぶこと

　この章では、「指数的な爆発」を学びましょう。爆発といっても、何かが本当に爆発するのではありません。指数的な爆発とは、まるで爆発を起こしたかのように急激に数が増加することです。自分が立ち向かっている問題の中に指数的な爆発が含まれているときは要注意です。さもないと、その問題は解決できないほど大きな規模に膨れ上がってしまう危険があるからです。しかし逆に、そのような「指数的な爆発」を自分の味方にできれば、難しい問題に立ち向かう強力な武器になるでしょう。

　以下では、指数的な爆発のイメージをつかんだあと、検索への応用、爆発を把握する対数、そして指数的な爆発で秘密を守る暗号などの話をしていきます。

指数的な爆発とは何か

　まずは指数的な爆発の大きさを実感することから始めましょう。

クイズ（月へ届く折り紙）

◆クイズ

　厚さ1mmの紙があります。この紙は何度でも2つ折りにできる柔軟性を持ち、2つ折りをするたびに厚さが2倍になるとします。

　月までの距離を約39万kmとして、2つ折りを何回繰り返したら月までの距離を越す厚みになりますか。

◆ヒント

　紙を折りたたんで月に届くというのはちょっと変な話です。要するに1mmから始め

て、厚みを2倍にする「倍倍ゲーム」を繰り返して約39万kmを越すためには、何回繰り返す必要があるかということです。

　厚さ1mmの紙を1回折ると、厚さは2mmになります。2回折ると、厚さは4mmになります。

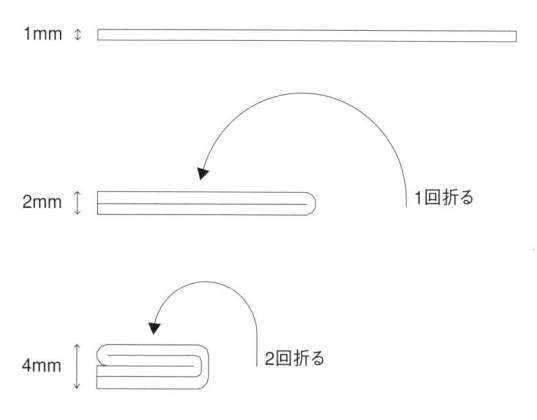

1mm ↕

2mm ↕ ── 1回折る

4mm ↕ ── 2回折る

　実際に計算する前に、何回折れば月まで届くかを直感で当ててみましょう。100万回では多すぎますか。1万回くらいでしょうか。あなたは何回折ったらよいと思いますか。

◆クイズの答え

以下、折った回数と厚みを以下のように列挙します。

```
 1  →  2 mm
 2  →  4 mm
 3  →  8 mm
 4  →  16 mm
 5  →  32 mm
 6  →  64 mm
 7  →  128 mm
 8  →  256 mm
 9  →  512 mm
10  →  1024 mm
```

　10回折り曲げたら、厚さは1024mm、つまり、やっと1.024mになりました。以下、単位をメートルに切り替えます。

```
11  →  2.048 m
12  →  4.096 m
13  →  8.192m
```

14　→　16.384m
15　→　32.768m
16　→　65.536m
17　→　131.072m
18　→　262.144m
19　→　524.288m
20　→　1048.576m

　おや、20回折り曲げたら、1048.576mつまり1kmを越しましたね。これはこれは……。以下、単位をキロメートルに切り替えます。

21　→　2.097152km
22　→　4.194304km
23　→　8.388608km
24　→　16.777216km
25　→　33.554432km
26　→　67.108864km
27　→　134.217728km
28　→　268.435456km
29　→　536.870912km
30　→　1073.741824km

　これはすごい。30回折り曲げたら、1000kmを越してしまいました。ちなみに、東京−福岡間は直線距離で約900kmです。

31　→　2147.483648km
32　→　4294.967296km
33　→　8589.934592km
34　→　17179.869184km
35　→　34359.738368km
36　→　68719.476736km
37　→　137438.953472km
38　→　274877.906944km
39　→　549755.813888km

　39回目で549755.813888kmとなり、これで月までの距離（約39万km）を越したことになります。
　答え：39回

指数的な爆発

たった39回ぱたぱたと折るだけで、1mmの紙が月まで届く厚さになるというのは驚きですね。これは、ほんとうに驚くべきことです。何しろ「紙を折る」という操作、つまり、**数を2倍にするという操作**を繰り返すだけで、とんでもない大きさの数まで、すぐにたどりつくのですから。このような急激な数の増加のことを「**指数的な爆発**」と呼びます。指数的な爆発と呼ぶ理由は、紙を折ったときの厚み（2^n）の指数nが、折った回数になっているからです[*]。文脈によっては、「指数的な増加」「指数関数的な増大」「組み合わせ論的爆発」と呼ぶこともあります。

指数的な爆発を感覚的に理解するため、グラフを描いてみましょう。横軸は折る回数、縦軸は厚さを表します。

Fig.7-1 折り返し回数と厚さの関係をグラフで表す

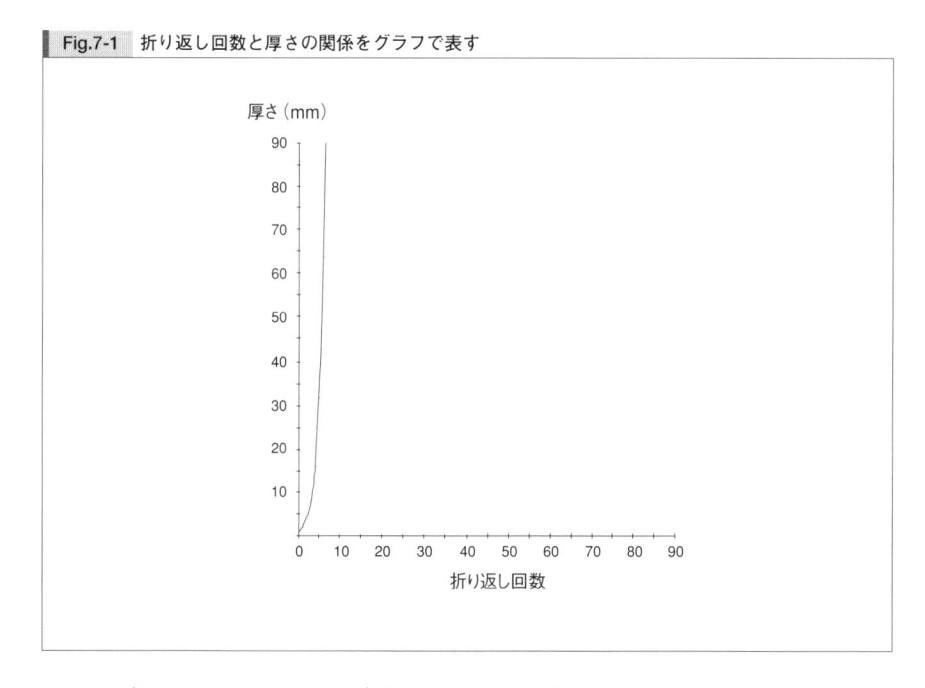

このように、グラフはあっという間に跳ね上がってしまいます。ほとんど垂直といってもよいほどです。第6章で紹介したハノイの塔も、円盤の数が増えていくと手数は指数的に増加します。またフィボナッチ数列も、指数的に増加します。

---

[*] 2^nは指数的な爆発を起こしますが、n^2は指数的な爆発を起こしません。

倍倍ゲーム —— 指数的な爆発が生み出す困難

先ほどのクイズは、紙を何回折り曲げたら月まで達するかという問題でした。たった39回折るだけで月に届く厚みになってしまうというのは、直感に反する答えでしたね。このことをよく覚えておきましょう。

あなたが解こうとしている問題に倍倍ゲーム——指数的な爆発——が含まれていないか、十分に注意する必要があります。なぜなら、指数的な増加が含まれている問題は、一見やさしそうに見えたとしても、スケールがちょっと大きくなっただけで、あっという間に解決が困難になってしまうからです。数歩先にゴールがあると思って歩いていたら、実はゴールは月の向こう側だった、というのはいやですよね。

それでは、そのような「指数的な爆発」が隠れているような問題を考えてみましょう。さあ、どこに爆発源があるでしょうか。

プログラムの設定オプション

プログラムには、振る舞いを制御するための「設定オプション」が用意されていることがあります。Fig.7-2のような画面を見たことがあるでしょう。

Fig.7-2 設定オプション

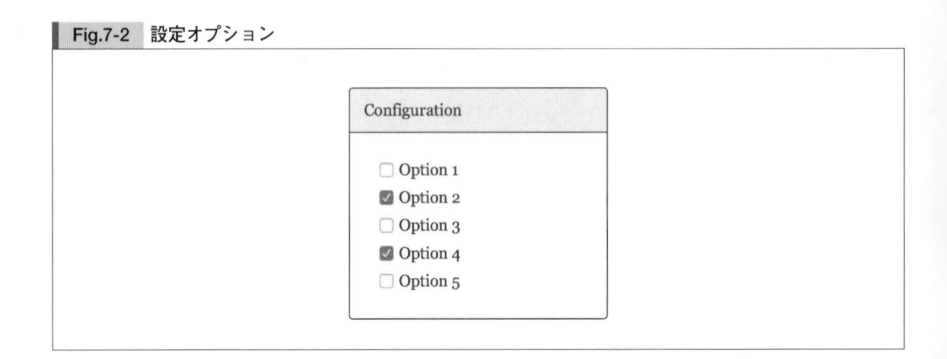

ここでは、Option 1からOption 5までの5個のチェックボックスがあり、それぞれ別々にオン／オフを切り替えることができます。どのチェックボックスをオンにするかで、プログラムの振る舞いが少しずつ変化します。

さて、プログラマは開発したプログラムが正しく動作するかを**テスト**しなければなりません。ちゃんとテストしておかないと、プログラムが異常終了（クラッシュ）したり、動作停止（フリーズ）したり、ひどいときにはせっかく作ったファイルを壊したりする危険

性があります。

　ところで、プログラムの設定オプションを変えれば、プログラムの振る舞いも変わります。ですから、たとえば「Option 1がオンでOption 2がオフならばプログラムは正しく動作するが、Option 1とOption 2を両方ともオンにするとプログラムはクラッシュする」ということが起こりえます。ということは、設定オプションをいろいろと変えて何度もテストを繰り返さなければならないはずです。

　以上の話を踏まえて、次のクイズを解いてみてください。

◆クイズ

　設定オプションとして、5個のチェックボックスがあり、それぞれがオン／オフの2つの状態を取りうるものとします。すべての設定オプションの可能性をテストするためには、テストは何回必要になるでしょうか。また、もしも設定オプションとして30個のチェックボックスがあった場合にはどうでしょうか。

◆クイズの答え

　チェックボックス1個は2つの状態を取ることができますから、チェックボックスがn個あるとき、テスト回数は、

$$\underbrace{2 \times 2 \times \cdots \times 2}_{n個} = 2^n$$

となり、2^n回必要になります。これはp.122の積の法則を使っています。

　チェックボックスが5個あるときには、

$$\underbrace{2 \times 2 \times 2 \times 2 \times 2}_{5個} = 2^5 = 32$$

となり、32回のテストが必要になります。

　チェックボックスが30個あるときには、

$$\underbrace{2 \times 2 \times \cdots \times 2}_{30個} = 2^{30} = 1073741824$$

となり、10億7374万1824回のテストが必要になります。

　答え：チェックボックスが5個の場合は32回のテストが必要。
　　　　30個の場合は10億7374万1824回のテストが必要。

●振り返ってみよう

　30個の設定オプションというのは、たいして多くはありません。それは、ちょっと大きなアプリケーションプログラムの「オプション」というメニューを開いてみれば、納得できると思います。それにもかかわらず、30個の設定オプションのすべての可能性を試すだけで、10億7374万1824回ものテストが必要になるのです。

　仮に、1回のテストが1分で終わるとしましょう。1日で実行できるテストは $60 \times 24 = 1440$ 回しかありません。1年を多めに見積もって366日とすると、1年で実行できるテストは $60 \times 24 \times 366 = 527040$ 回です。10億7374万1824回のテストを行うためには、$1073741824 \div 527040 = 2037.3\cdots$ と、2037年以上かかってしまうのです。

　要するに、**設定オプションのすべての可能性を「しらみつぶし」でテストするのは現実的ではない**ということがわかりますね。

　このため、通常のソフトウェア開発では、このような「しらみつぶし」のテストは行いません。機能に影響すると思われる設定オプションだけを注意深く選び出した上で、テストを行います。設定オプションの絞り込みは重要です。絞り込みすぎるとテストの意味がありませんし、多くしすぎると指数的な爆発をすぐに起こしてしまうからです。

▌「有限だから」は通じない

　倍倍ゲームがあるところには、指数的な爆発があります。指数的な爆発が起こると、「このくらいの手間で解けるだろう」という予測が大きく裏切られることになります。ですから、問題を解こうとする前に、そこに倍倍ゲームが隠れていないかをよく調べる必要があるのです。

　もしかすると、読者の中には「指数的な爆発といってもたかだか有限だよね。コンピュータをフルに稼動させれば、いつかは解決してしまうんだから気にしなくていいさ」と思う人がいるかもしれません。でも、それは正しくありません。

　もちろん、問題が有限で、しかもしらみつぶしが可能なら、コンピュータを動かしておけばいつかは解けるでしょう。しかし、解決に何千年もかかってしまうようなら、そのような「解決」は人類にとって意味はありません。通常の問題は「有限の時間」で解くだけではなく、人間が期待する程度の「短い時間」で解くことが重要なのです。

　ですから、**問題の中に指数的な爆発が含まれていたら、安易にしらみつぶしの方法をとってはいけません。**

バイナリサーチ ── 指数的な爆発を利用する検索

指数的な爆発の大きさを実感したところで、今度は指数的な爆発のパワーを利用することを考えましょう。

犯人探しクイズ

15人の容疑者が一列に並んでおり、この中に1人だけ「犯人」がいます。あなたは、この人たちに「犯人はどこですか？」と質問して、犯人探しをしなければなりません。

Fig.7-3 15人の中から犯人を探す

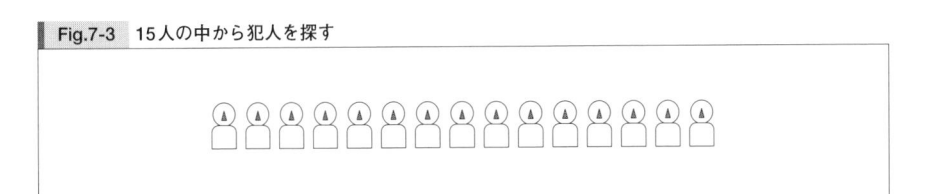

ある人を一人選んで「犯人はどこですか？」と質問したとき、以下の3通りの答えのうち、どれか1つが正しく返ってくるとします。

（1）「犯人はわたしです」（質問した相手が犯人だった場合）
（2）「犯人はわたしよりも左にいます」
（3）「犯人はわたしよりも右にいます」

Fig.7-4 質問したときの答えは3通り

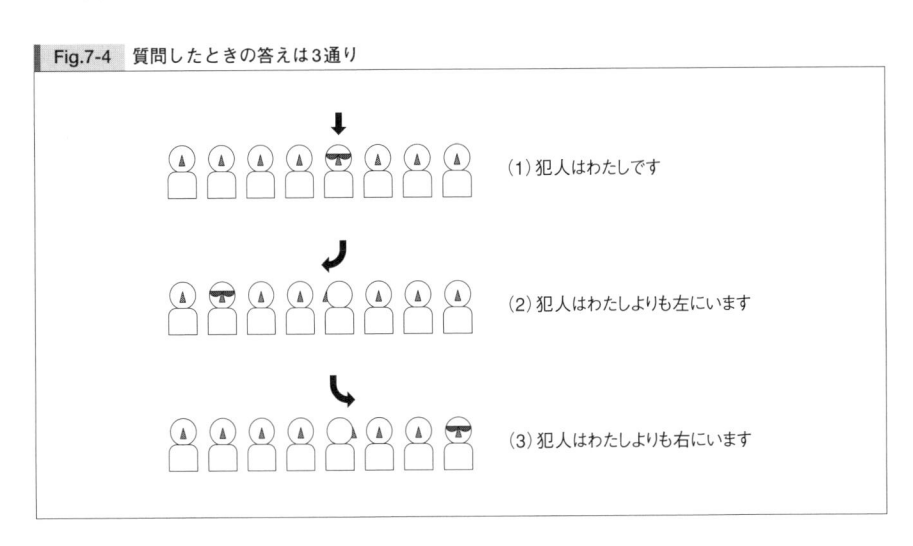

　このとき、**3回の質問**を行うだけで15人の中から**確実に**犯人を探すことができます。どのように質問すればよいでしょうか。

┃ ヒント：少ない人数で考えてみよう

　15人の中に犯人がいるのですから、端から順番に15回質問すれば犯人は必ず見つかります。たった3回で犯人を確実に見つけることはできるのでしょうか。

　15人では多すぎるので、問題のスケールを小さくして考えます。たとえば3人の中に犯人がいるとして考えてみましょう。

Fig.7-5　3人の中に犯人がいるとしたら

　3人の場合には、真ん中の1人に質問すれば、犯人が誰であるかを確定できます。このとき、真ん中の人が犯人である必要はありません。犯人に直接質問しなくても、真ん中の人の答えによって犯人が確定できるからです。

（1）「犯人はわたしです」→当人が犯人確定
（2）「犯人はわたしよりも左にいます」→左の人が犯人確定
（3）「犯人はわたしよりも右にいます」→右の人が犯人確定

Fig.7-6　3人なら、1回の質問で犯人が確定する

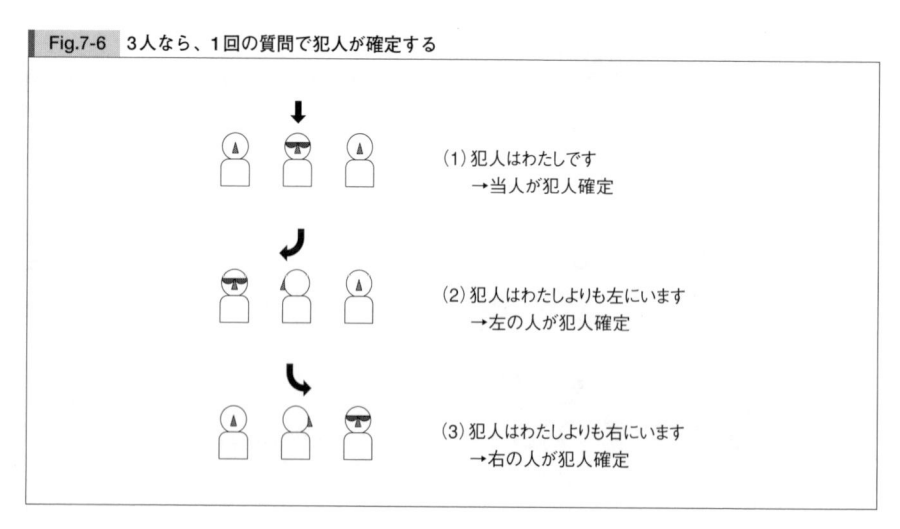

（1）犯人はわたしです
　　→当人が犯人確定

（2）犯人はわたしよりも左にいます
　　→左の人が犯人確定

（3）犯人はわたしよりも右にいます
　　→右の人が犯人確定

　これをヒントにして、人数が15人の場合には、どのような質問の手順が適切かを考えましょう。

クイズの答え

　次のように「犯人が含まれている範囲で、真ん中の人を質問する」を繰り返せば、3回の質問で犯人を確実に見つけることができます。

【1回目の質問】まず、15人のうち真ん中の人に質問します。
　このとき、左の7人・本人・右の7人の3グループのどこに犯人がいるかがわかります。本人が犯人なら質問は終わりです。

【2回目の質問】次に、絞り込んだ7人のうち真ん中の人に質問します。
　このとき、左の3人・本人・右の3人の3グループのどこに犯人がいるかがわかります。本人が犯人なら質問は終わりです。

【3回目の質問】最後に、絞り込んだ3人のうち真ん中の人に質問します。
　このとき、左の人・本人・右の人の3人の誰が犯人なのかがわかります。これで犯人が確定します。

Fig.7-7　真ん中の人に質問していくと、3回で犯人は確定する

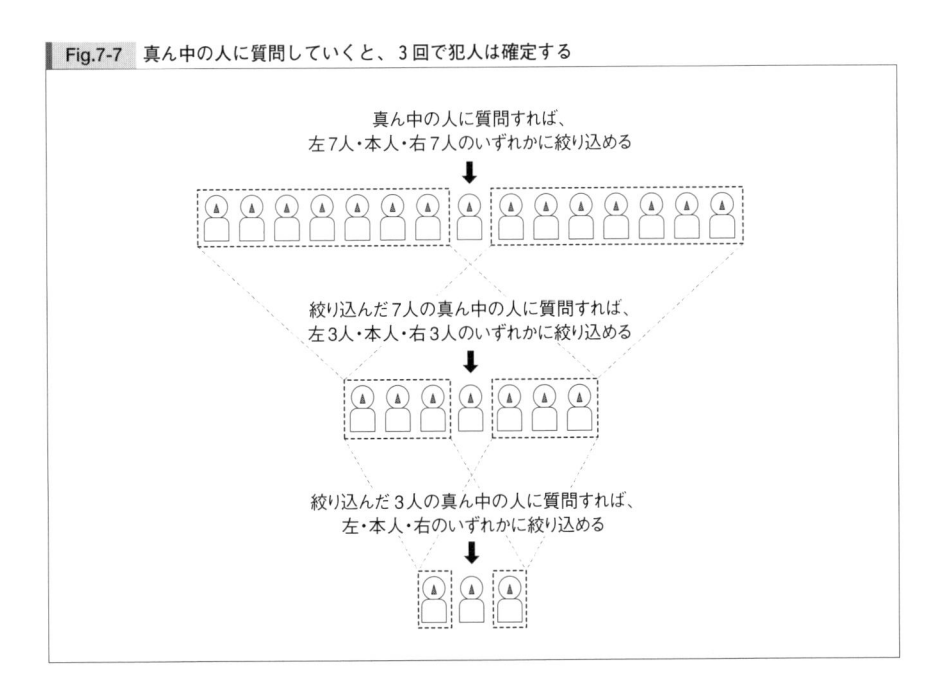

再帰的な構造の発見と漸化式

　たとえば、右から5人目が犯人の場合を考えると、手順はFig.7-8のようになります。犯人のいる範囲が、15人→7人→3人→1人と絞り込まれていく様子がよくわかると思います。

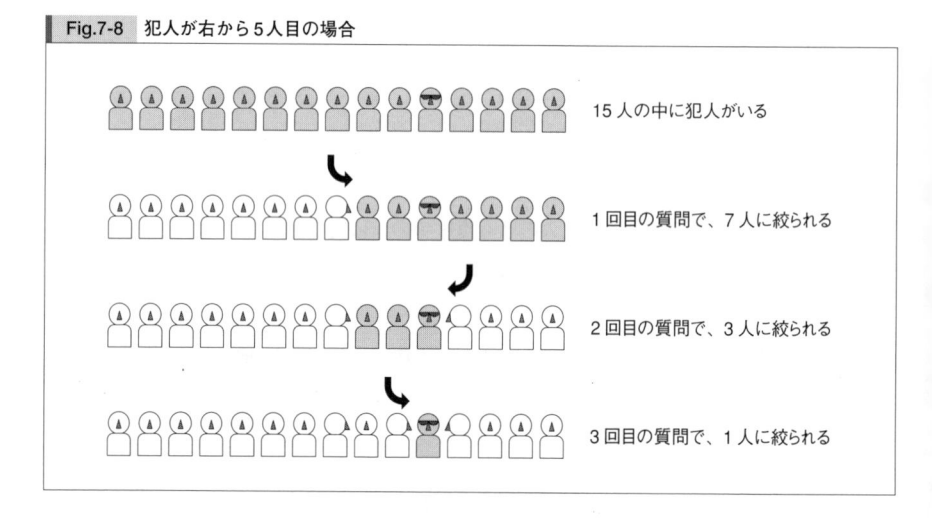

Fig.7-8　犯人が右から5人目の場合

15人の中に犯人がいる

1回目の質問で、7人に絞られる

2回目の質問で、3人に絞られる

3回目の質問で、1人に絞られる

　真ん中の人に1回質問すれば、人数が**約半分になる**のがポイントです。実はここに、レベルnの問題を、レベル$n-1$の問題を使って表現するという**再帰的な構造**を見つけ出すことができます。

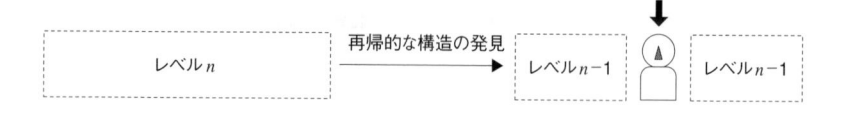

レベルn　　再帰的な構造の発見　　レベル$n-1$　　レベル$n-1$

　ここでいう「レベルn」のnは、「質問の残り回数」のことです。
　いま、「n回質問を行って犯人を確定できる最大の人数」を$P(n)$と書くことにします。
　nが0のときを考えてみましょう。0回の質問（質問なし）で犯人を確定するためには、並んでいる容疑者は最初から1人でなければなりません。また、2人以上になったら、質問せずに犯人を確定することはできません。ですから、$P(0)$は1になります。

$$P(0) = 1$$

　nが1のときを考えてみましょう。3人ならば、1回の質問で犯人を確定できますが、4人以上いたら、1回の質問で犯人を確定することはできません。ですから、$P(1)$は3になります。

$$P(1) = 3$$

　再帰的な構造から、次のような**漸化式**を立てることができます。

$$P(n) = \begin{cases} 1 & (n = 0 \text{の場合}) \\ P(n-1) + 1 + P(n-1) & (n = 1, 2, 3, \ldots \text{の場合}) \end{cases}$$

　次のように考えればわかりやすいでしょう。

$$\underset{\substack{n\text{回の質問で確定できる} \\ \text{最大人数}}}{P(n)} = \underset{\substack{\text{「左にいる」という答えの後、} \\ n-1\text{回の質問で確定できる最大人数}}}{P(n-1)} + \underset{\text{今回質問する人の分}}{1} + \underset{\substack{\text{「右にいる」という答えの後、} \\ n-1\text{回の質問で確定できる最大人数}}}{P(n-1)}$$

　ちなみにこの漸化式は、p.152でお話しした「ハノイの塔」の漸化式と同じ形をしています。ただし、$n = 0$のときの値がずれており、$P(n)$の閉じた式は次のようになります。

$$P(n) = 2^{n+1} - 1$$

つまり、n回の質問で、$2^{n+1}-1$人の中から犯人を確定できることになります。

┃バイナリサーチと指数的な爆発

　上の「犯人探し」のクイズで使用した方法は、コンピュータでデータを検索するときによく使われる「バイナリサーチ」と同じ方法です。

　バイナリサーチ（binary search）は、順序よく並んでいるデータから目的のデータを探し出す際に「目的のデータが含まれている範囲の真ん中を常に調べる」という方法です。「二分法」や「二分探索」と呼ばれることもあります。

　以下の図のように15個の数が並んでいて、この中に特定の数（たとえば67）がどこにあるかを探したいとしましょう。ただし、ここに並んでいる数は必ず小さい数から大きい数の順番で並んでおり、また、探したい数は必ずこの中に含まれているものとします。

16	17	23	29	31	42	45	58	62	66	67	71	78	83	88

　犯人探しと同じように、「真ん中の数を調べる」という方法を繰り返します。1回調べるたびに、

・調べた数は67に等しい（見つかった）
・調べた数は67より大きい（67はもっと左にある）
・調べた数は67より小さい（67はもっと右にある）

のいずれかがわかります（この3つは、排他的で網羅的な分割です）。犯人探しとまった
く同様に、3回調べるだけで67がどこにあるかがわかります。

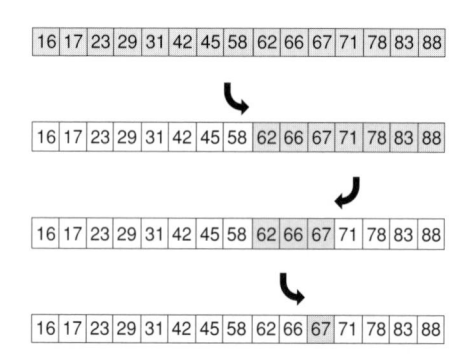

　15個という少ない数なら、端から調べても大した手間ではありません。しかし、**バイナ
リサーチは指数的な爆発を利用している**ということを思い出してください。バイナリサー
チは、大量の数の中から目的の数を探し出すときに、ものすごい威力を発揮するのです。
たとえば、たった10回調べるだけで2047個の中から目的の数を探すことができますし、
20回調べたら209万7151個、30回調べたら21億4748万3647個の中から目的の数を探すこ
とができるのです*。

　バイナリサーチで大切なのは、**1回調べるたびに検索対象を約半分に絞り込んでいる**点
です。そのためには、検索対象の数は「順序よく」並んでいる必要があります。そうでな
いと、1回調べたときに目的の数が「左右のどちらにあるのか」を判断することができな
いからです。前節で解説した「犯人探し」でも、一列に並んでいる人たちはみな、ほんと
うの犯人が自分の左右いずれにいるかを知っていたわけですね。

　バイナリサーチでは、1回調べるごとに対象を約半分に絞り込みます。言い換えれば、
1回多く調べれば約2倍の検索対象から探し出せるということです。バイナリサーチが、
指数的な爆発をうまく利用していることがわかるでしょう。

＊「犯人探し」と同じように考えて、n回調べれば、$2^{n+1} - 1$個の数から目的の数を探せます。

対数 —— 指数的な爆発を把握する道具

指数的な爆発が起きると、とてつもなく大きな数を扱わなければならなくなります。ここでは、大きな数を扱うための道具として「対数」の使い方を学びましょう。

対数とは

100000という数からゼロの個数(5)を求めることを、100000の**対数**を求めるといいます。対数を取る、対数を得る、対数を計算する、と呼んでも同じです。100000の対数は5です。100の対数は2、1000の対数は3です。また、10000000000000000の対数は16です（ゼロの個数を数えてみてください）。

非常に大きな数でも、対数を取ると小さな数になります。大きな数を、そのゼロの個数で表すわけですから、当然といえば当然ですね。たとえば、宇宙全体の素粒子の数は、100000000000000000000000000000000000000000000000000000000000000000000000000000000ほどと考えられていますが、この数の対数はたったの80です。巨大な数は桁数が大きくて取り扱いにくいものですが、対数を取ると扱いやすくなります。

「1000の対数は3である」という表現は、より正確には「**10を底として、1000の対数は3である**」と書きます。ここでいう底とは、「何を3乗したら1000になるか」の「何」に相当する数です。底を**基数**と呼ぶこともあります。

対数と累乗の関係

対数は、累乗と逆の関係にあります。次の2つの文は、同じことをいっています。

- 10を5乗すると、100000になる。
- 10を底として100000の対数を取ると、5になる。

累乗は、「指定した回数だけ、掛け算を繰り返す」という計算です。逆に対数は、「掛け算を何回繰り返してその数が作られたのかを調べる」という計算です。たしかに、累乗と対数は逆の関係にありますね。

私たちは、「10の5乗」を、

$$10^5$$

と表記しました。もちろん、具体的な値は、

$$10^5 = 100000$$

です。

これと同じように、「100000の対数」のことを、

$$\log_{10} 100000$$

と表記します（「ログ 10万」と読みます）。言葉でいちいち「100000の対数」と書かなくても、$\log_{10} 100000$と書くだけですみます。

具体的には、

$$\log_{10} 100000 = 5$$

になります。$\log_{10} 100000$というのは「10を何乗したら100000になるか」を表しており、$10^5 = 100000$だからです。logは、対数を意味するlogarithm（ロガリズム）の略です。

数式が登場して、内容が急に難しくなったように思われるかもしれませんが、「対数が累乗の逆」であることをしっかり理解していれば、それほど難しいことではありません。

それでは、logのことを理解したかどうか、クイズを解いてみましょう。

◆クイズ

$\log_{10} 1000$の値は何でしょうか。

◆クイズの答え

$\log_{10} 1000 = 3$です。$10^3 = 1000$だからといってもよいですし、単純に「1000のゼロの個数」と考えてもよいでしょう。

◆クイズ

$\log_{10} 10^3$の値は何でしょうか。

◆クイズの答え

$10^3 = 1000$ですから、$\log_{10} 10^3 = 3$です。

$\log_{10} N$というのは「10を何乗したらNになるか」を表していますから、$\log_{10} 10^a$の値は、いつもaになります。10をa乗したら10^aになるからです。

◆クイズ

$10^{\log_{10}1000}$の値は何でしょうか。

◆クイズの答え

$10^{\log_{10}1000} = 1000$です。$\log_{10}1000$は3ですから、$10^{\log_{10}1000} = 10^3$となり、1000になります。

$\log_{10}N$というのは「10を何乗したらNになるか」を表していますから、$10^{\log_{10}N}$の値はいつもNになります。

2を底とする対数

ここまで、主に10を底とする対数について説明してきました。まったく同じようにして、2を底とする対数を考えることもできます。

つまり、

$$10^3 = 1000 \xleftrightarrow{\text{同じこと}} \log_{10}1000 = 3$$

と同じようにして、

$$2^3 = 8 \xleftrightarrow{\text{同じこと}} \log_2 8 = 3$$

とするのです。$\log_{10}1000$は、「底10を何乗したら1000になるか」を表す数ですが、$\log_2 8$は、「底2を何乗したら8になるか」を表す数なのです。

2を底とする対数の練習

2を底とする対数に慣れるため、ちょっと練習してみましょう。

◆クイズ

$\log_2 2$の値は何でしょうか。

◆クイズの答え

$\log_2 2 = 1$です。2を1乗したら2になるからです。

◆クイズ

$\log_2 256$ の値は何でしょうか。

◆クイズの答え

256は2を8乗した数ですから、$\log_2 256 = 8$です。

対数グラフ

さて、取り扱いにくい大きな数でも、対数を取るとずっと扱いやすい小さな数になります。それは、以下の式を見るとわかるでしょう。

$$\log_{10} 1 = 0$$
$$\log_{10} 10 = 1$$
$$\log_{10} 100 = 2$$
$$\log_{10} 1000 = 3$$
$$\log_{10} 10000 = 4$$
$$\log_{10} 100000 = 5$$
$$\log_{10} 1000000 = 6$$
$$\cdots$$

$$\log_{10} 100000000000000000000000000000000000000000000000000 = 50$$

グラフの縦軸に対数を使うと、指数的な爆発を行うものでも見やすいグラフにすることができます。これを**対数グラフ**といいます。

p.179で見たように、紙を折りたたんだときの厚さを普通のグラフで表すと、線が跳ね上がってしまってうまく表現できません（Fig.7-9(左)に再掲）。でも、Fig.7-9(右)のような対数グラフで書くと、指数的な爆発もうまく表現することができます。

対数グラフの、縦軸の目盛りにふってある数をよく見てください。$2^0, 2^{10}, 2^{20}, \ldots$、すなわち1, 1024, 1048576, ... と指数的に増加しています。このように、指数的に増加する数が等間隔の目盛りにふられていることが対数グラフの特徴です。

対数グラフは、指数的な爆発を利用して大きな数の増加を把握しているのです。

Fig.7-9 折り返し回数と厚さの関係を対数グラフで表す

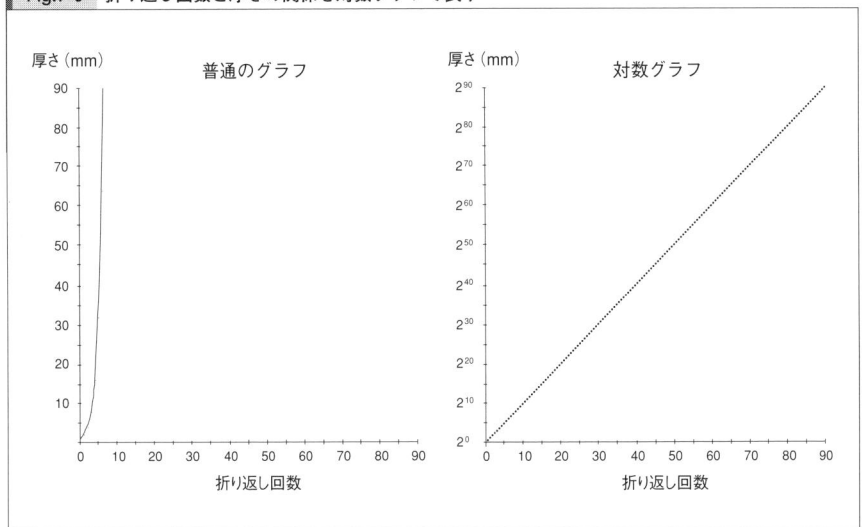

指数法則と対数

さらに考えを進めてみましょう。

以下の指数法則の式をじっと見てください、

$$10^a \times 10^b = 10^{a+b}$$

いま、100と1000の「掛け算」を行うとしましょう。100は10^2であり、1000は10^3ですから、指数法則によって、次の式が成り立ちます。

$$10^2 \times 10^3 = 10^{2+3}$$

10^2と10^3の「掛け算」を行うのに、指数2と指数3の「足し算」を行って、求める答え10^{2+3}すなわち100000を得ることができました。

いま行ったことは、Fig.7-10のように表現できます。

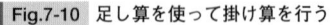

Fig.7-10 足し算を使って掛け算を行う

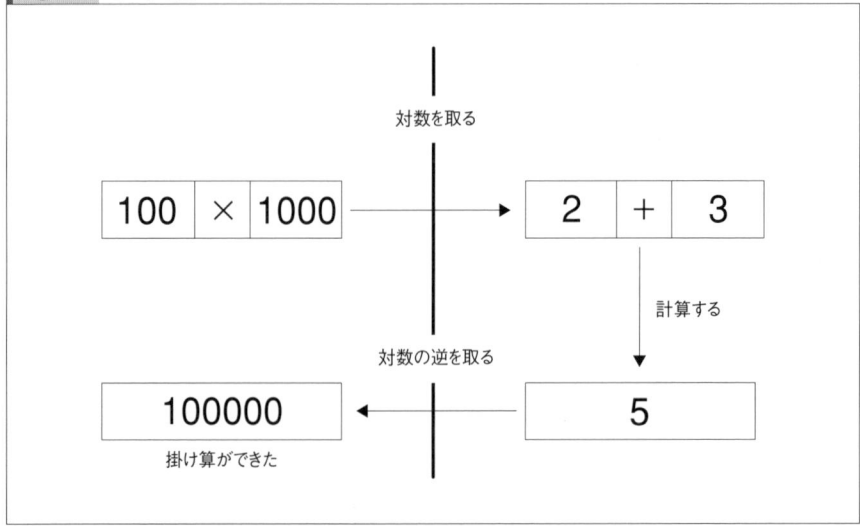

10^2 から2、10^3 から3のように指数を得るのは、元の数の対数を求めることに相当します。ですから、2個の数を掛け算したいとき、それぞれの数の対数を求めてから足し算をし、その結果で累乗すれば、掛け算ができることになるのです。つまり、**足し算を使って掛け算が実現できる**ことになります。

指数法則を、対数を使って（つまりlogを使って）表記すると、次のようになります（$A>0,\ B>0$ とします）。

$$\log_{10}(A \times B) = \log_{10} A + \log_{10} B$$

掛け算は足し算よりも難しい計算です。しかし、対数を使えば、掛け算を足し算で実現できることになります。すなわち、「難しい計算を易しい計算に変換している」ことになるのです。

整理しましょう。いま、2つの正の数 A と B を掛け算したいとします。直接 A と B を掛ける代わりに、次の3ステップを踏みます。

(1)「A の対数」と「B の対数」をそれぞれ求める（対数を取る）
(2)「A の対数」と「B の対数」を足し算する（計算する）
(3) 足し算の結果で累乗する（対数の逆を取る）

この3ステップで、$A \times B$ が計算できるのです。

Fig.7-11 足し算を使って掛け算を行う（一般化）

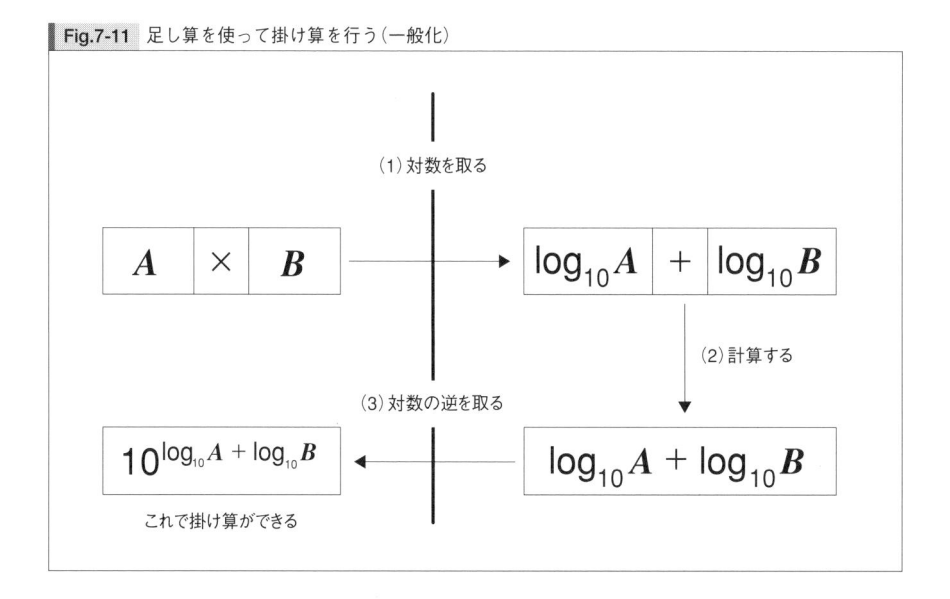

生徒「掛け算より足し算が易しいのはいいんですが、対数の計算は掛け算よりも難しいと思います」

先生「たしかにそうですが、対数は前もって表を作っておくことができますね。

　　次の項でお話しする計算尺は、前もって計算した対数を目盛りに刻んだ道具です」

対数と計算尺

　ここで歴史をちょっと振り返ってみましょう。

　対数は、1614年に**ネイピア**（John Napier, 1550 – 1617）によって発見されました。ネイピアは、乗算や除算を行うときに対数が有効に使えることを示しました。

　そのころの天文学は、現在のようなコンピュータがない状態で巨大な数を取り扱い、たくさんの乗算を行わなければなりませんでした。このため、ネイピアの対数を用いた対数表や計算尺が使われるようになったのです。

　前項でも述べたように、乗算で対数が有効なのは、「対数を使うと、掛け算を足し算に変換できる」からです。

　計算尺は、対数を用いて掛け算を行う道具です。以下では、単純化した計算尺を用いてその原理を解説します。

　Fig.7-12を見てください。この図は、数直線を用いて3 + 4 = 7を計算している様子を示

しています。等間隔に並んだ2つの数直線をこのようにずらして並べ、目盛りを読むと、足し算を行うことができるのです。

Fig.7-12 計算尺で足し算を行う

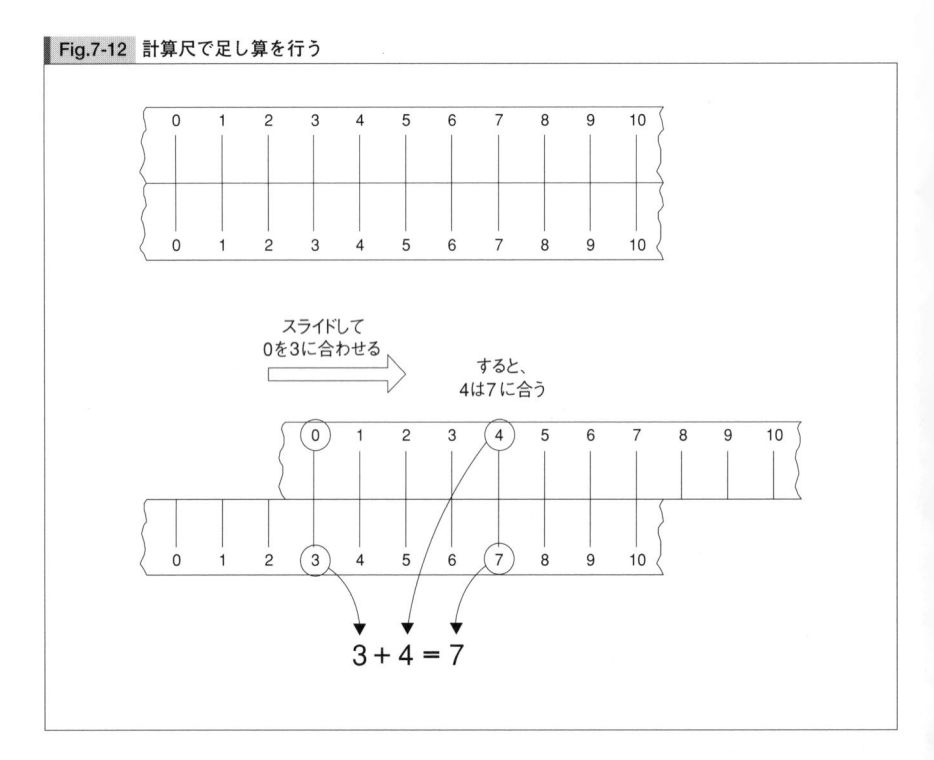

数直線の目盛りは等間隔のまま、各目盛りに割り当てた数を累乗の形にすると、上で行った足し算を掛け算として扱うことができます。Fig.7-13では、数直線を用いて $10^3 \times 10^4 = 10^{3+4}$ を計算しています。

この数直線では、一目盛り右に行くと数が10倍になっています。このような指数的に増加する目盛りの付け方が対数目盛りの特徴です。

Fig.7-14の数直線も対数目盛りです。この数直線は、Fig.7-13とは違い、一目盛り右に行ったときには1しか増えません。その代わり、目盛りの間隔がだんだん短くなっています。数字の付け方が異なるだけで、これでも対数目盛りになります。この図では、$3 \times 4 = 12$ を計算しています。

Fig.7-13　指数の足し算は掛け算になる

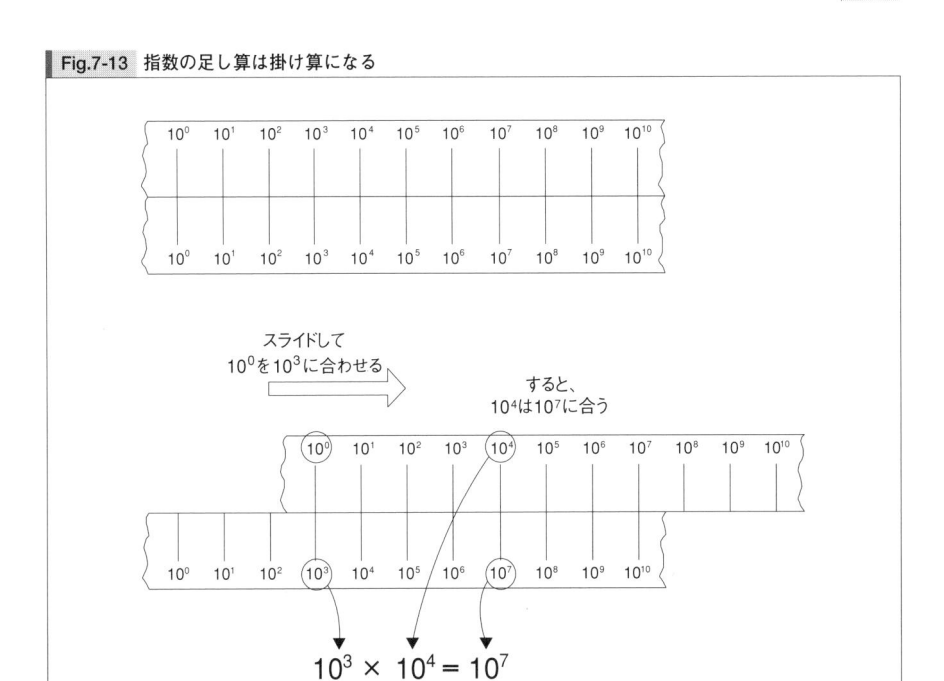

Fig.7-14　対数を使って掛け算を行う

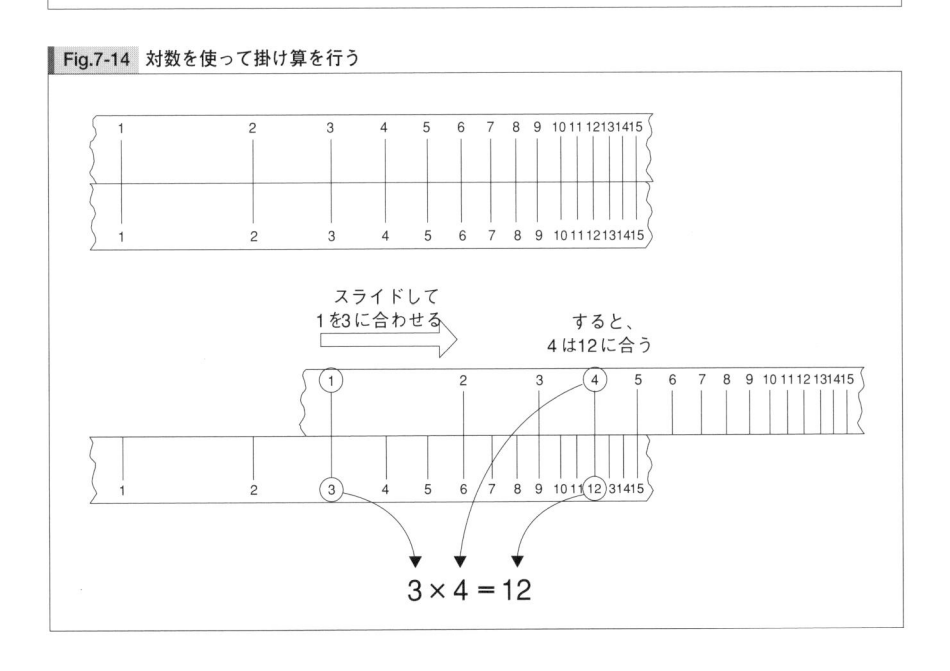

暗号 —— 指数的な爆発で秘密を守る

ここでは、指数的な爆発が私たちの秘密を守ってくれるというお話をします。

ブルート・フォース・アタック

現在使われている暗号は、「鍵」と呼ばれるランダムなビット列を使ってメッセージを暗号化します。そして、この「鍵」を知っている人だけが暗号文を元のメッセージに復元する（復号する）ことができます。

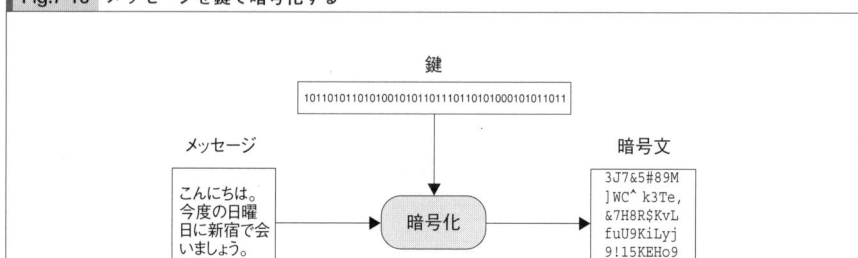

誰かが、鍵を知らないまま暗号文を解読したいと考えたとしましょう。もしも暗号化のためのアルゴリズムに弱点がないなら、「しらみつぶし」で鍵を当てるしか方法がありません。つまり、鍵と同じ長さのビット列を順番に作り出して、暗号文を復号しようと試みるのです。鍵のかかったドアを開けるのに、鍵をとっかえひっかえして開くかどうかを試すのに似ています。

このような、しらみつぶしの暗号解読方法を**ブルート・フォース・アタック**（brute-force attack）といいます。

ビット長と安全性の関係

鍵として使われるビット列の長さ（**鍵のビット長**）が長ければ長いほど、ブルート・フォース・アタックには時間がかかります。

もし、鍵のビット長が極端に短い3ビットなら、

```
000, 001, 010, 011, 100, 101, 110, 111
```

の8通りの中に、正しい鍵が存在することになります。すなわち、3ビットの鍵では、最悪でも8回試すだけで暗号文が確実に解読できることになります。

それでは、4ビットの鍵ならどうなるでしょう。鍵は、

```
0000, 0001, 0010, 0011, 0100, 0101, 0110, 0111,
1000, 1001, 1010, 1011, 1100, 1101, 1110, 1111
```

という16通りがありえます。すなわち、4ビットの鍵では、最悪16回試せば暗号文が解読できることになります。

5ビットの鍵なら32回、6ビットの鍵なら64回の試行で暗号文が解読できます。このような短いビット長の例を見ていると、こんなもので重要な秘密が守れるとはとても思えませんね。実際、数ビット長の鍵が暗号に使われることはなく、現在では256ビット以上の鍵が使われることが多いようです。

しかしここで、ビット長と試行回数の関係をよく見てください。ビット長がnだとすると、有効な鍵の可能性（試行回数）は2^nになります。1ビット増えると試行回数が2倍になるということは、指数的な爆発が起こっていることになります。

たとえば、512ビットの鍵を考えてみましょう。

$$512ビットの鍵の総数 = 2^{512}$$
$$= 1340780792994259709957402499820584612747936582059239337772356144372176403007354697680187429816690342769003185818648605085375388281194656994643364900608 4096$$

これは、ブルート・フォース・アタックで破ることが困難なほどの鍵の数です。

鍵のビット長は、1ビット長くなっただけでも試行回数は倍増します。普通の感覚で512というのは、それほど大きな量ではありません。しかし、指数的な爆発が起きているところでは、512はすさまじい量を生み出します。

仮に、全宇宙を構成している素粒子の一つ一つが、すべて現代のスーパーコンピュータだと仮定します。そのように膨大な台数のスーパーコンピュータが、宇宙が生まれてから現在までの長い間、鍵をずっと試し続けたとしましょう。それでも、512ビットの鍵のすべてを試すことはできません。

暗号のことをよく知らない人は「256ビットだろうが512ビットだろうが、鍵は有限個しかない。だから、しらみつぶしで試せばいつかは解読できる」と考えがちです。これは、真実ですが現実的ではありません。指数的な爆発を起こしているときには、小さな数が人間の時間や能力をはるかに超える量を生み出してしまうことがあるのです。

可能・不可能だけ考えるなら、ほとんどすべての暗号は、ブルート・フォース・アタックで解読可能です。しかし「解読可能である」と「現実的な時間内で解読可能である」と

は違います。十分なビット数の鍵を使えば、現実的な時間内で暗号を解読することはできません＊。

指数的な爆発に対処するには

問題空間の広さを理解する

あなたが「難しい」と感じる問題にぶつかったなら、まずその問題が描いている「空間」を理解しましょう。その問題の空間が広ければ広いほど、解答を見つけるのは難しくなります。それは、ちょうど散らかった部屋で本を探すのに似ています。

まず、本はたしかにその部屋の中にあるのでしょうか。——見つけたい解答がそもそも存在しているかどうかを調べるのは重要です。

「部屋Aか部屋Bのどちらかにある」ということが確実で、部屋Aを探しても見つからなかったら、本は必ず部屋Bにあることになりますね。これは、論理を使って考えていることになります。

それから、部屋の中でも、特に「本棚の中にある」ということがわかれば、探すのが少し楽になります。——これは、探索すべき問題空間を狭くしていることになります。部屋をいきなり隅から隅まで探そうとするのではなく、まず範囲を限定するのです。

また、本棚の中の本がきちんと一列に並んでいるなら、はじから順番に調べていけば見つかります。「はじから順番に調べていく」ことは難しくありませんが、「はじから順番に調べていけばよい」という状態まで持っていくのはなかなか大変ですね。でもそこまでいけば、あとはロボットやコンピュータに任せることができるでしょう。

どんな問題でも「解けたかどうかの判定方法」と「順番に試すための手順」があれば、ブルート・フォース・アタックが可能になります。人工知能学者のミンスキー（Marvin Minsky）はこのことを『パズル原理』と呼んでいます。

しかし、あとは順番に調べればよい、とわかっていて、しかもすべての場合の数が有限であったとしても、解決が困難な場合があります。それが、この章で述べてきた「指数的な爆発」を含む問題です。

＊ 暗号解読には暗号アルゴリズムに応じた解読の技法が存在しますが、ここではブルート・フォース・アタックだけを議論しています。暗号技術の基本を学びたい方は、拙著『暗号技術入門』を参照してください。

4つの対処法

指数的な爆発を含む問題に対して、大きく分けて4つの対処法があります。

●力ずくで解く

まず考えられるのは、「方法はわかっているのだから、あとは力ずくで解く」という方法です。つまり、コンピュータのパワーをとにかく増加させて解こうとする方法です。スーパーコンピュータを使ったり、並列コンピュータや新しい素子を使ったコンピュータを使ったりすることが、これにあたります。

力ずくで解くのは重要な方法ですが、問題の規模がちょっと大きくなったらすぐに手に負えなくなり、問題の規模とコンピュータのパワーのいたちごっこになってしまいます。そのことを意識しておかなければなりません。

●変換して解く

2つめは、「容易な問題になんとか変換して解く」という方法です。その問題に対するよりよい解法や、よいアルゴリズムを探そうというものです。うまくいけば、第3章のケーニヒスベルクの橋渡りや畳の敷き詰めパズルのように、しらみつぶしをせずにすむ解法が見つかるかもしれません。

でも残念ながら、指数的な爆発が含まれている問題に対して、「しらみつぶし」よりもよい方法が常に見つかるとは限りません。一般には非常に困難な仕事です。

さらに悲しいことには、いくらコンピュータが進化しても、絶対に解くことができない問題というものも存在します。これについては、次の章でお話しします。

●近似的に解く

3つめは、「完全に解くのではなく、近い解を探す」という方法です。これは概算で結果を求めたり、シミュレーションなどを使って数値的に求める方法です。数学的に厳密な結果がわからなくても、実用的に役立つ解を見つけ出すことができるかもしれません。

●確率的に解く

もう1つは、「確率的に解く」という方法です。これは、解を求めるときに乱数を利用する方法で、いうなればサイコロを投げてその結果を使うようなものです。この方法をうまく利用すれば、難しい問題であっても短い時間で解くことができる場合があります。しかし、解が見つかるまでにかかる時間は確率的にしかわからず、運が悪ければずっと解が見つからないかもしれません。「確率的に解く」というと、いいかげんに聞こえますが、これは応用上とても重要な方法で、乱択アルゴリズムと呼ばれさかんに研究されています。

この章で学んだこと

この章では、指数的な爆発のお話をしました。

倍倍ゲームは、ほんのちょっと繰り返しただけで、大きな数に膨れ上がります。私たちは、自分が解こうとしている問題が指数的な爆発を含んでいないか、いつも注意する必要があります。さもないと、せっかくプログラムを書いても、その実行に何千年もかかってしまう可能性があるからです。

一方、指数的な爆発を逆手にとれば、問題解決の強力な武器にもなります。バイナリサーチは、指数的な爆発を利用して大量の情報に対して高速に検索を行うアルゴリズムです。また、対数を利用すると、乗算を加算に変換することができますが、これも指数的な爆発を利用しているといえるでしょう。指数的な爆発は、現代の暗号を支えるためにも一役買っています。

指数的な爆発を起こす問題は、解くのが極めて困難であり、現代のコンピュータ技術では現実的な時間で解くことができないことも多くあります。しかし、自分が解きたい問題のスケールよりも高速なコンピュータがいつも用意できるのなら、指数的な爆発を起こす問題であっても解決できるでしょう。

それでは、科学が進歩してコンピュータが高速になったら、どんな問題でもいつかは解けてしまうのでしょうか。残念ながら、答えは「ノー」です。たとえコンピュータがどれだけ進化しても、絶対に解けない問題というものが存在します。次の章では、そのような、解決が不可能な問題についてお話ししましょう。

●おわりの会話

先生「世界の人口を仮に100億人として、何ビットあれば全員に番号をふることができるでしょうか」

生徒「10ビットで1024人だから……うーん、300ビットくらいですか？」

先生「いいえ。34ビットあれば十分です」

生徒「それだけでいいんですか？」

先生「宇宙全体の原子に番号をふるとしても、300ビットも要りませんよ」

第 **8** 章

計算不可能な問題

数えられない数、プログラムできないプログラム

●はじめの会話

先生「まず、片足を前に出せるとしましょう。それから、どんなときにも、反対の足を前に出
　　　せるとします」
生徒「先生、数学的帰納法で無限のかなたまで行けるという話は、第4章でもう終わりました」
先生「でも、これで行けるのはカウンタブルな無限でしかありません」
生徒「無限に種類があるんですか」
先生「はい」

この章で学ぶこと

　この章では、「計算不可能な問題」について考えます。

　私たちは本書の中で、大規模な問題をどのように解決するかを考えてきました。コンピュータの進化はとてもめざましく、コンピュータを使えば、どんな難しい問題でも解けてしまうように思えます。でも、残念ながらそうではありません。「計算不可能な問題」というものが存在するからです。

　この章では、まず準備として「背理法」という証明法と「カウンタブル」という概念を解説します。準備ができたところで、「計算不可能な問題」が存在することを示します。そして、具体的な計算不可能な問題として「停止判定問題」を紹介します。

　この章はややこしい話がたくさん出てきますので、「先生と生徒の会話」を息継ぎとしてはさんでいます。

背理法

　まず、「背理法」という証明法について解説しましょう。背理法は、この章で頻繁に登場しますので、ここは読み飛ばさずに慎重にお読みください。

背理法とは

　背理法というのは、次のような証明法です。

　1. まず、「証明したい命題の否定」が成り立つと仮定します。
　2. その仮定を元にして論証を進め、矛盾を導きます*。

----

* **矛盾**とは、「ある命題Pと、その否定¬Pの両方が真になってしまうこと」です。

一言でいえば、背理法とは「**証明したいことの否定を仮定すると矛盾が起きる**」ことを示す証明法です。誤りに帰着させるという意味で、**帰謬法**と呼ぶ場合もあります。

背理法は、証明したい命題を直接証明するわけではないので、ちょっとわかりにくいですね。まずは、背理法のとても簡単な例を示しましょう。

◆クイズ

「最大の整数」というものは存在しません。なぜですか。

◆クイズの答え

背理法で、最大の整数が存在しないことを証明します。

「最大の整数」が存在すると仮定し、その数を M とします。

すると、$M+1$ は M よりも大きな整数になります。これは、M が最大の整数であるという仮定と矛盾します。

したがって、「最大の整数」というものは存在しません。

●振り返って

「最大の整数」というものが存在しないことはすぐにわかりますが、ここでは背理法の例として考えてみました。

ここで証明したいことは、

最大の整数は存在しない

という命題ですから、背理法ではこの否定、すなわち、

最大の整数は存在する

を仮定します。そして、この仮定から矛盾した結果を導くのです。

上の例では、「最大の整数 M」を使って、「M よりも大きな整数 $M+1$」を具体的に作りました。M よりも大きな整数が作れたということは、「M は最大の整数ではない」ということです。

「M は最大の整数である」と「M は最大の整数ではない」の両方が成り立つことになりました。これは矛盾です。

矛盾が起きたのは、はじめの「最大の整数が存在する」という仮定が誤っているからです。最大の整数は存在するか、存在しないかのどちらかですから、「最大の整数は存在しない」ことが証明されたことになります。

「証明したいことの否定を仮定すると矛盾が起きる」という背理法の流れを確認してください。

素数クイズ

背理法に慣れるために、もう1つ有名なクイズを考えてみましょう。「素数は無数にある」という命題を証明します。

クイズの前にまず、素数について説明します。

素数というのは、「1と自分自身だけで割り切れる2以上の整数」のことです。

1は素数ではありません。素数は2以上でなければならないからです。2は素数です。2を割り切る数は、1と2だけだからです。3も素数です。3を割り切る数は、1と3だけだからです。でも、4は素数ではありません。4を割り切る数は、1と4以外にも2があるからです。

小さいほうから素数を並べてみると、

　　2, 3, 5, 7, 11, 13, 17, 19, 23, …

となります。

2以外の素数は、どれも奇数です。偶数は2で割り切れてしまい、素数にならないからです。

3以外の素数は、どれも3の倍数ではありません。3の倍数は3で割り切れてしまい、素数にならないからです。

一般に、n より小さい整数の中に、n を割り切る素数が存在するなら、n は素数ではありません。また、**n より小さいどんな素数で n を割っても、割り切れない（余りが必ず出る）なら、n は素数**です。

それでは問題です。

◆クイズ

素数は無数にあることを証明してください。

◆クイズの答え

背理法で、素数が無数にあることを証明します。

［まず、証明したいことの否定を仮定します］

「素数は無数にない」、すなわち「素数は有限個である」と仮定します。

［この仮定を元にして、矛盾を引き出すのが目標です］

素数が有限個だと仮定したので、すべての素数は、

　　$2, 3, 5, 7, …, P$

と列挙できます。

［これから、素数全体の集合に含まれていない素数を新たに作れてしまうことを示しましょう］

いま、すべての素数（$2, 3, 5, 7, \ldots, P$）を掛け合わせ、それに1を加えた数をQとします。つまり、

$$Q = \underbrace{2 \times 3 \times 5 \times 7 \times \cdots \times P}_{\text{すべての素数の積}} + 1$$

ということです。素数は有限個と仮定しましたから、このQは有限の大きさです。

Qは、すべての素数を掛け合わせた数よりも1大きいのですから、Qは、素数（$2, 3, 5, 7, \ldots, P$）のどれよりも大きくなります。「Qはどんな素数よりも大きい」ということは、結局「Qは素数ではない」ことになります。

ところで、いま作ったQは、$2, 3, 5, 7, \ldots, P$のどれで割っても余りが1になります（割り切れません）。ということは、Qを割り切る数は1とQ自身だけになりますから、素数の定義より「Qは素数である」といえます。

「Qは素数ではない」と「Qは素数である」の両方が示されました。これは矛盾です。

［矛盾が生じたのは、最初の仮定「素数は無数にない」が誤っていたからです］

したがって、背理法により「素数は無数にある」ことが証明できました*。

背理法の注意点

背理法は「証明したい命題の否定」から出発します。つまり、間違った仮定からスタートしなければなりません。でも、矛盾を引き出すまでの論証そのものは、正しくなければなりません。なぜなら、途中の論証が間違っていると、「矛盾が生じたのは最初の仮定が誤っていたからだ」という結論に持ち込めなくなってしまうからです。

間違った仮定からスタートしておきながら、「この仮定をいつかひっくり返すのだ」という気持ちをずっと心に抱きつつ正しい論証を進めるのは、なかなか難しいことかもしれませんね。

---

* 素数が無数にあることの証明は、**ユークリッド**（Euclid, 365 – 275 BC）によるものです。

カウンタブル

さて今度は、集合の要素の「個数」を調べる話に移ります。

カウンタブルとは

「集合の要素が有限個であるか、または集合のすべての要素を1以上の整数と一対一に対応付けられる」とき、その集合はカウンタブル（countable）であると定義します*。

簡単にいえば、要素を1番, 2番, 3番, 4番, ... と順番に数えていける集合は、カウンタブルです。カウンタブルという言葉は、「カウントできる」すなわち「数えられる」という意味です。

集合の要素が有限個なら、要素をすべて数え尽くすことができますから、カウンタブルという用語の意味は感覚的によくわかります。でも、無限個の要素はどうやって「数える」のでしょうか。

もちろん、要素が無限個あったら、実際にすべてを数え尽くすことはできません。ここでいうカウンタブルとは、**要素を「もれ」なく「だぶり」なく数えるルールを定められる**という意味です。そのことを、「1以上の整数と一対一に対応付けられる」と表現しているのです。

1以上の整数は一列に並べることができますから、カウンタブルとは「要素を一列に並べられること」と理解してもよいでしょう。

カウンタブルな集合の例

カウンタブルな集合を理解するために、いくつか例を示しましょう。

●有限集合はカウンタブル

要素の個数が有限個である集合、すなわち有限集合はすべてカウンタブルです。これはカウンタブルという用語の定義から明らかです。

●0以上の偶数全体の集合はカウンタブル

0以上の偶数全体の集合はカウンタブルです。なぜなら、0以上の偶数全体は以下のように番号を付けることができるからです。

---

* countableはenumerableと呼ぶ場合もあります。日本語では、可算あるいは可付番といいます。

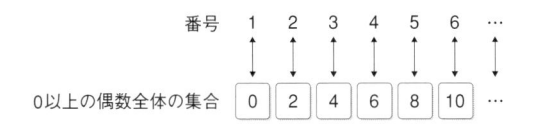

ここでは、偶数$2 \times (k-1)$にk番という番号を付けています。

同様に、奇数$2 \times k - 1$にk番と番号を付ければ、「1以上の奇数全体の集合」もカウンタブルであることがわかります。

生徒「ちょっと待ってください。『0以上の偶数』や『1以上の奇数』は、『1以上の整数』の
　　　一部分です」
先生「そうですね」
生徒「全体と一部分との間に一対一の対応なんて作れるんですか」
先生「はい、作れます。それこそが無限集合の特徴です」

●整数全体の集合はカウンタブル

整数全体の集合（…, −3, −2, −1, 0, +1, +2, +3, …）もカウンタブルです。なぜなら、以下のように番号を付けることができるからです。

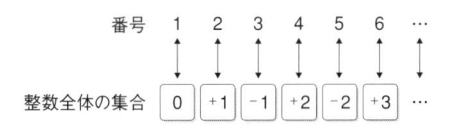

プラスとマイナスを交互に番号付けしているのがポイントです。プラスの整数にすべて番号を付け終えてからマイナスの整数に番号を付け始めるという方法ではうまくいきません。なぜなら、プラスの整数は無数にあるので「番号を付け終える」ことがないからです。

●有理数全体の集合はカウンタブル

$\frac{+1}{2}$ や $\frac{-3}{7}$ のように、

$$\frac{整数}{1以上の整数}$$

の形をした分数で表せる数を**有理数**（ゆうりすう）といいます。

有理数全体の集合はカウンタブルです。Fig.8-1のように順番を付けることができるからです。

Fig.8-1 有理数全体に順番を付ける

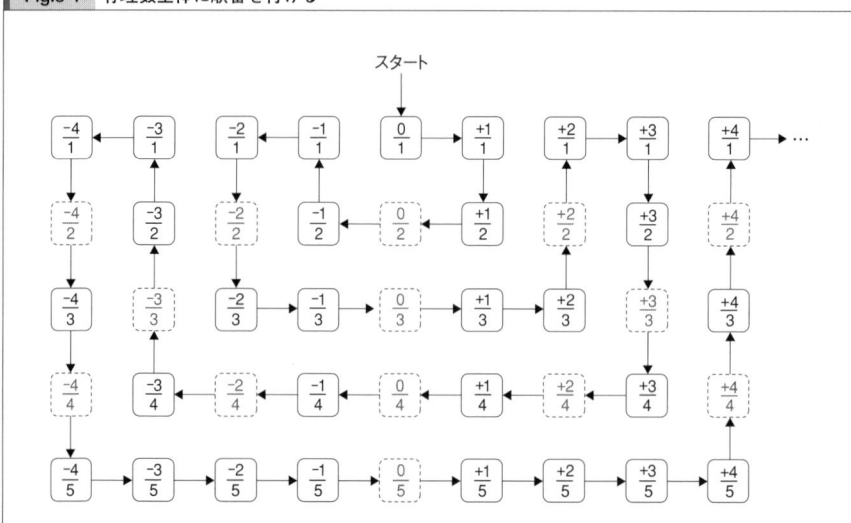

　このようにすると、有理数に「もれ」なく「だぶり」なく順番を付けることができます。

　あとは、順番に応じて1, 2, 3, 4, ... と番号を付けていけば、1以上の整数と有理数を一対一に対応付けることができます。ただし、すでに出てきた数に等しくなるものはスキップします。Fig.8-1では、スキップすべき数は点線の枠にしています。

　以上の対応付けから、有理数全体の集合はカウンタブルになります。

●プログラムの集合はカウンタブル

　プログラムの集合はカウンタブルです。いま、プログラムを「プログラミング言語の文法に合うように、有限個の文字を並べたもの」だと考えます。プログラムは無数にありますが、プログラムの集合はカウンタブルになります。なぜなら、以下のようにすれば、すべてのプログラムに番号付けをすることができるからです。

　プログラムを書くのに使える文字は、たとえば、次のような有限種類の文字です。

```
a b c d e f g h i j k l m n o p q r s t u v w x y z
A B C D E F G H I J K L M N O P Q R S T U V W X Y Z
0 1 2 3 4 5 6 7 8 9
! " # ％ & ' ( ) * + , - . / : ; < = > ? [ ¥ ] ^ _ ` { | } ~
```

　このほかにも、改行文字や空白なども使えます。全部でN種類の文字が使えるとして、N種類の文字を並べた文字列を考えましょう。

- 1文字からなる文字列の総数は、N個です。
- 2文字からなる文字列の総数は、N^2個です。
- ……
- k文字からなる文字列の総数は、N^k個です。
- ……

このようにすると、N種類の文字を組み合わせて作ることができる文字列は、短いものから順番に並べていくことができます。文字数が同じ文字列同士では、アルファベットの順番（文字コードの順番）で並べることができます。実際にはプログラムにはならない無意味な文字列がたくさん出てきますが、それらは文法エラーとして取り除くことにします。残ったプログラムに$1, 2, 3, \ldots$と番号を付けていけば、結局すべてのプログラムに番号を付けられることになります。したがって、プログラムの集合はカウンタブルです*。

カウンタブルではない集合は存在するのか

カウンタブルな集合の例を見ていると、「どんな集合でもカウンタブルなのではないか」と思えてきます。うまいルールを考えれば、どんな集合であっても、すべての要素を1以上の整数と一対一に対応付けできそうです。たとえ自分にはルールが見つからなくても、数学の天才が考えれば、うまいルールを見つけられるかもしれないし……。

でも、そうではありません。カウンタブルではない集合はたしかに存在します。

カウンタブルではない集合とは、要素が1以上の整数（$1, 2, 3, \ldots$）と一対一に対応付けできない集合のことです。どんな対応付けのルールを作ったとしても、不思議なことに必ず「もれ」が生じてしまうのです。

どんな集合がカウンタブルではないのか、ちょっと想像してみてください。

対角線論法

ここでは、カウンタブルではない集合の例を紹介し、背理法を使ってその集合がカウンタブルではないことを示しましょう。

整数列全体はカウンタブルではない

いま、「整数を無限に並べた列」を「整数列」と呼ぶことにします。たとえば、「0以上の整数の列」は整数列の一種です。

---

* プログラムを0と1のビット列だと考え、それを2進数と見なしても、プログラムの集合がカウンタブルであることがわかるでしょう。

0以上の整数の列 | 0 | 1 | 2 | 3 | 4 | 5 | …

「0以上の偶数列」も整数列です。

0以上の偶数列 | 0 | 2 | 4 | 6 | 8 | 10 | …

「1以上の奇数列」も整数列です。

1以上の奇数列 | 1 | 3 | 5 | 7 | 9 | 11 | …

第6章で学んだ「フィボナッチ数列」も整数列です。

フィボナッチ数列 | 0 | 1 | 1 | 2 | 3 | 5 | …

　整数列は大きくなっていくとは限りません。たとえば、以下のように同じ整数が続くものも整数列です。

すべての0の数列 | 0 | 0 | 0 | 0 | 0 | 0 | …

　また、次のように円周率の各桁を取り出して並べたものも整数列です。

円周率の各桁の列 | 3 | 1 | 4 | 1 | 5 | 9 | …

　ここでは整数列を6個しか示しませんでしたが、整数列というものは、無数に存在します。つまり、「整数列全体の集合」は無限集合です。ところで、この「整数列全体の集合」は、はたしてカウンタブルでしょうか。

　実は、「整数列全体の集合」はカウンタブルではありません。

　いま、すべての整数列に対して、番号を付けていくとしましょう。たとえば「0以上の整数の列」に1番、「0以上の偶数列」に2番、「1以上の奇数列」に3番、「フィボナッチ数列」に4番、……のように番号を付けます。整数列は無数にありますから、整数列すべてに番号を付けたものを実際に見ることはできませんが、「すべての整数列に番号を付けるためのルール」を考えるのです。

　ところが、整数列にもれなく番号を付けるルールをいくら考えても、そのルールからもれてしまう整数列が必ず存在します。これが、「整数列全体の集合はカウンタブルではな

い」ことの意味です。

◆クイズ

「整数列全体の集合」がカウンタブルではないことを示してください。

◆ヒント

さあ、p.204で説明した「背理法」を使うときです。

背理法は、「証明したいことの否定を仮定すると矛盾が起きる」ことを示す証明法でした。いま証明したいのは、

　　整数列全体の集合はカウンタブル<u>ではない</u>

という命題ですから、この否定である

　　整数列全体の集合はカウンタブル<u>である</u>

を仮定することになります。

「整数列全体がカウンタブルである」と仮定するなら、「すべての整数列に番号付けができる」ことになります。「すべての整数列に番号付けができる」ということは、「すべての整数列は順番に並べられる」ということを意味します。整数列を順番に並べるのですから、無限に広がる2次元の表ができることになります。この表は「すべての整数列の表」であるといえます。

背理法による証明は、「すべての整数列の表」に含まれない整数列を作り出すことが目標です。

◆クイズの答え

背理法で「整数列全体の集合はカウンタブル<u>ではない</u>」ことを証明します。

まず、「整数列全体の集合はカウンタブル<u>である</u>」と仮定します。整数列全体の集合がカウンタブルなら、どんな整数列にも番号を付けることができます。すると、Fig.8-2のように「すべての整数列の表」を考えることができます。k番という番号が付いた整数列は、表のk行目に置きます。

- ・1番目の整数列を1行目に置く。
- ・2番目の整数列を2行目に置く。
- ・3番目の整数列を3行目に置く。
- ・……
- ・k番目の整数列をk行目に置く。
- ・……

これは無限に大きな表ですから、実際にすべてを書き尽くすことはできませんが、どんなに大きな1以上の整数kが与えられたとしても、k行目までの表を作ることは可能です。

[それが可能、というのが「整数列全体の集合はカウンタブルである」という仮定の意味です]

Fig.8-2　対角線論法で「整数列全体の集合はカウンタブルではない」ことを証明する

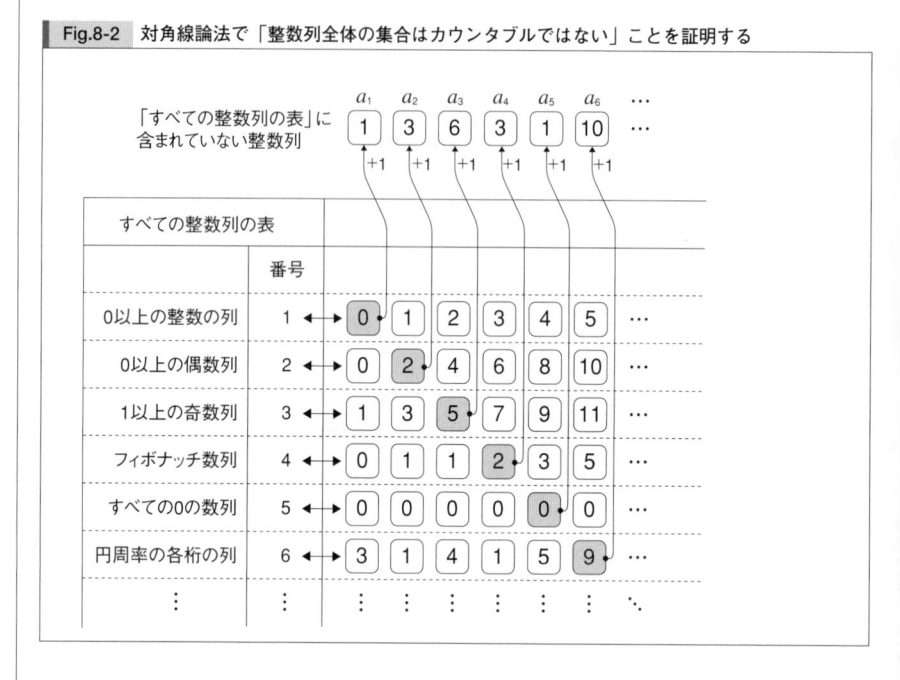

[「すべての整数列の表」に含まれていない整数列を作って矛盾を導くのが目標です]

いまから、次のようなルールで整数列を新たに作ることにしましょう。

- 1番の整数列の1個目の数に1を足した数をa_1とする。[Fig.8-2では1]
- 2番の整数列の2個目の数に1を足した数をa_2とする。[Fig.8-2では3]
- 3番の整数列の3個目の数に1を足した数をa_3とする。[Fig.8-2では6]
- ……
- k番の整数列のk個目の数に1を足した数をa_kとする。
- ……

このようにして、

$$a_1, a_2, a_3, \ldots, a_k, \ldots$$

を構成します［Fig.8-2では、1, 3, 6, 3, 1, 10, . . . になっています］。

$a_1, a_2, a_3, . . .$ は整数列ですが、「すべての整数列の表」には含まれていません。なぜなら、$a_1, a_2, a_3, . . .$ の作り方から考えて、「すべての整数列の表」のどの整数列と比較しても、少なくとも1か所は異なっているからです。

「すべての整数列の表」は、すべての整数列を含んでいるはずなのに、整数列 $a_1, a_2, a_3, . . .$ を含んでいません。これは矛盾です。

したがって、背理法により、整数列全体の集合はカウンタブルではないことが証明できました。

●考えてみよう

実は、「整数列全体の集合」よりも制限を厳しくしても、カウンタブルではない集合を作れます。たとえば、0から9までの数だけを使った整数列全体の集合もカウンタブルではありません。それどころか、0と1だけを使った整数列でもカウンタブルにはなりません。なぜなら、上に示した証明と同じように表を作り、表の対角線を通るようにして選んだ数とは異なる数を選んでいけば、表に含まれない整数列を作り出すことができるからです。

上の証明では、表に含まれない数を作るために、表の対角線を通るようにして数を選んでいきました。そのため、ここで使った論法を**対角線論法**といいます。対角線論法は**カントール**（Georg Cantor, 1845 – 1918）が考え出したものです。

生徒「うーん、たしかに $a_1, a_2, a_3, . . .$ は、『すべての整数列の表』に含まれませんね」

先生「はい」

生徒「$a_1, a_2, a_3, . . .$ を表に追加して、『すべての整数列の表』の改訂版を作ればいいのでは？」

先生「だめです。その改訂版の表に対してまた対角線論法を使えばどうなりますか」

生徒「あ、また表に含まれない整数列が新たに作れちゃう……」

先生「そう。必ず『もれ』があるんです」

生徒「『すべての整数列の表』が作れるなんていうから、まずいんですよ」

先生「だから『そんな表は作れない』というのが『カウンタブルではない』という意味なのです」

実数全体の集合はカウンタブルではない

　実数全体の集合もカウンタブルではありません。すなわち実数は、どうやっても数えもれが出てしまう「数えられない数」です。

　実数全体どころか、0以上1以下の範囲の実数に絞ったとしてもカウンタブルではありません。なぜなら、「0.」で始まる数字列を表にして並べ、対角線上にある数字を違うものに変えてやれば、この表にない実数を作ることができるからです。Fig.8-3では、対角線上にある数字が0だったら1、0以外だったら0にしています（数字を変える方法は、必ずしもこのやり方に従う必要はありません）。

Fig.8-3 対角線論法で「実数全体の集合はカウンタブルではない」ことを証明する

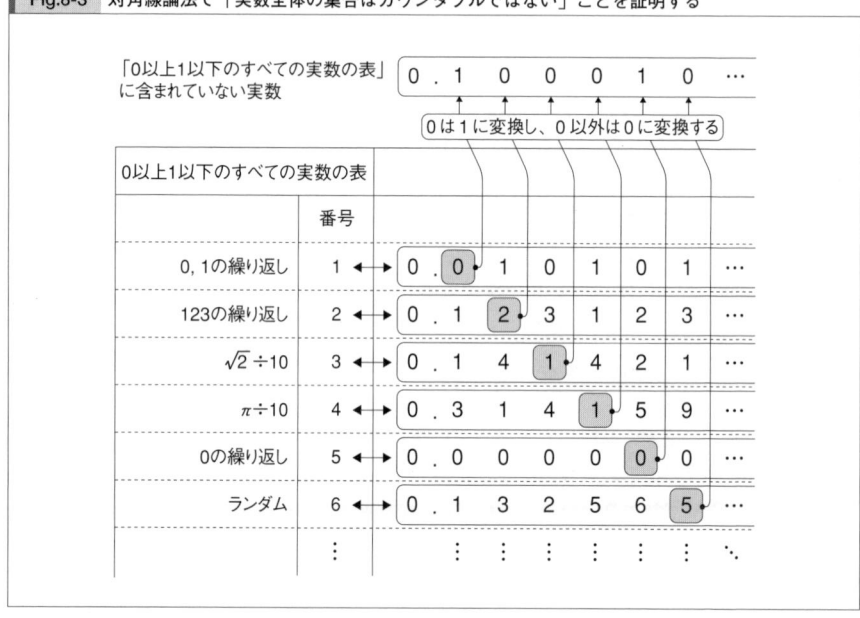

生徒「疑問が出てきました」

先生「何でしょう」

生徒「有理数も小数を使って表せますよね」

先生「はい」

生徒「それなら、対角線論法を使えば《有理数全体もカウンタブルではない》ことが証明できませんか」

先生「いいえ」

生徒「だって、同じように対角線をとって数字をいじれば、表に含まれない有理数が新たに作れますよ」

先生「たしかに『小数』は作れます。でも、その小数が『有理数』になるという保証はありません」

生徒「えっ？」

先生「有理数を小数で表すと、同じパターンを繰り返す循環小数になります」

生徒「0.50000... や 0.111111... や 0.142857142857... などですね」

先生「でも、いま新たに作った小数は循環するとは限りません」

関数の集合もカウンタブルではない

関数全体の集合もカウンタブルではありません。関数全体どころか、「1以上の整数を入力すると整数を出力する関数」というシンプルなものに絞ってもカウンタブルではありません。この関数の集合は、先ほどカウンタブルではないことを示した「整数列全体の集合」と一対一の対応がつくからです。

たとえば、「与えた整数に1を加える関数」は、2, 3, 4, 5, ... という整数列に対応します。

また、「与えた整数を2乗する関数」は、1, 4, 9, 16, 25, ... という整数列に対応します。

さらに、「与えた整数が素数ならば1、素数でないなら0になる関数」は、0, 1, 1, 0, 1, 0, 1, 0, 0, ... という整数列に対応します。

一般的にいえば、

- 1を入力するとa_1を出力する
- 2を入力するとa_2を出力する
- 3を入力するとa_3を出力する
- 4を入力するとa_4を出力する
- ……
- kを入力するとa_kを出力する
- ……

という関数は、

$$a_1, a_2, a_3, a_4, \ldots$$

という整数列と一対一に対応させることができます。

生徒「カウンタブルの話はいちおうわかりましたが、もう疲れてしまいました」

先生「おやおや」

生徒「私たちは何をやろうとしているんでしたっけ」

先生「無限集合の要素の《個数》を扱おうとしています」

生徒「無限集合の要素の《個数》…ですか」

先生「《個数》を考えるとき、普段は『数え尽くす』ことを前提にします」

生徒「そうですね。数え尽くさないうちは個数はわかりませんから」

先生「有限集合ならそれでいいんですが……」

生徒「無限集合ではまずいんですか？」

先生「無限集合は、有限集合のようには要素を『数え尽くす』わけにいきません」

生徒「たしかに。要素は無数にありますから」

先生「ですから、有限集合のように数え尽くすのはあきらめます」

生徒「あきらめちゃうんですか？」

先生「その代わり、別の集合との間に一対一対応を付けます」

生徒「ふむふむ」

先生「2つの集合の間に一対一対応が付くとき、両方の集合の《個数》は同じだと定義します」

生徒「ということにしたいのですね」

先生「これが、無限の《個数》を扱う方法です。個数ではなく、濃度といいますけれど」

生徒「で、1以上の整数の集合と同じ《個数》である集合はカウンタブルだと」

先生「そうです」

生徒「一対一対応を『数え尽くす』ことの代わりにしているのですか」

先生「そのとおりです。一対一対応は『もれ』なく『だぶり』のない対応ですからね」

計算不可能な問題

以上で、背理法とカウンタブルな集合について学びましたので、いよいよ、「計算不可能な問題」が存在することを示しましょう。

計算不可能な問題とは

計算不可能な問題は、私たちが想像する以上に難しい概念ですので、注意深く扱う必要があります。

計算不可能な問題というのは「解を求めるのにたくさん時間がかかる問題」のことでは

ありません。また、「そもそも解が存在しない問題」でもありませんし、「現在は誰も解き方を知らない未解決問題」のことでもありません。

計算不可能な問題というのは、「**プログラムで解くことが原理的に不可能な問題**」のことです。「プログラムで解くことができる問題の集合に含まれていない問題」と言い換えてもよいでしょう。計算不可能な問題を解くプログラムを書くことは、絶対に誰にもできません。計算不可能な問題とは、そのような不思議なものです。

意味をはっきりさせるために、「問題を解くプログラムを書く」という表現を「1以上の整数を入力すると、整数を出力する関数を、プログラムとして書く」ことに限定して考えることにします。

「1以上の整数nを入力すると、$n+1$を出力する関数」はプログラムで書けるでしょうか。はい、書けます。これは簡単ですね。プログラミングに慣れた人ならすぐに書くことができるでしょう。

「1以上の整数nを入力すると、nが素数なら1、素数ではないなら0を出力する関数」はプログラムで書けるでしょうか。はい、書けます。1より大きくnより小さい数で、nを割り切るものがあるかどうかを調べればよいでしょう。これは素数判定プログラムです。

「1以上の整数nを入力すると、$2 \times n = 1$を満たすなら1、満たさないなら0を出力する関数」はプログラムで書けるでしょうか。はい、書けます。どんな整数nを与えられても、$2 \times n = 1$を満たすことはありません。ですから、どんな整数nが与えられても0を出力する関数をプログラムとして書けばよいのです。

上で示した関数は、すべて「プログラムとして書ける関数」の例になります。

それでは計算不可能な問題、すなわち「プログラムとして書けない関数」というものは存在するのでしょうか。現在のところは書けない、書けるかどうかわからないというのではなく、絶対に「プログラムとして書けない」と言い切れる関数は存在するのでしょうか。はい、**プログラムとして書けない関数は存在します**。次の節でそれを示しましょう。

計算不可能な問題が存在することを示す

p.217で示したように、「1以上の整数を入力すると整数を出力する関数」の集合はカウンタブルではありません。すなわち、すべての「1以上の整数を入力すると整数を出力する関数」には番号を付けることはできません。

ところが、p.210で示したように、すべてのプログラムの集合はカウンタブルです。すなわち、すべてのプログラムには1, 2, 3, 4, ...のように番号を付けることができます。

「カウンタブルではない集合」と「カウンタブルな集合」との間に一対一の対応を作ることはできません。なぜなら、仮にこれらの2つの集合の間に一対一の対応を作ることができたとすると、結局、カウンタブルではない集合に1, 2, 3, ...と番号が付けられること

になってしまうからです。

　したがって、「1以上の整数を入力すると整数を出力する関数」の中には、プログラムとして表現できない関数が存在します。

生徒「要するに、プログラムの《個数》よりも関数の《個数》のほうが『多い』ってことでしょうか」

先生「そのとおりです」

生徒「プログラムの集合がカウンタブルっていうのはわかります。プログラムは有限種類の文字を並べたものですから。でも、それは関数でも同じではないでしょうか。『どんな関数か』を言葉で書き表したら、それは有限種類の文字を並べたものになってしまいますよね」

先生「そのとおり。つまり、すごく簡単にいえば、関数の中には『きちんと書き表すことができないものがある』ということです」

生徒「あっ！　コンピュータの能力以前に、関数を『書き表せない』のですか……」

先生「ほんとうは『きちんと』や『書き表す』を厳密に定義する必要がありますけどね」

クイズ*

　注意：以下のクイズは、ここまでの話の流れがよく理解できた方だけお読みください。まだよく理解していない方は、クイズをとばして、p.221の「停止判定問題」に進んでかまいません。

◆クイズ

　以下の「証明」の誤りを探してください。

　これから、「プログラムで生成できる整数列全体の集合」がカウンタブルでないことの証明を行います。

　証明には背理法を用います。

　「プログラムで生成できる整数列全体の集合」がカウンタブルだと仮定します。すると、「プログラムで生成できる整数列全体の表」を作ることができます。ところが、対角線論法を使うと、この表の中に存在しない整数列を作れてしまいます。この表は「プログラムで生成できる整数列全体の表」なのに、それに含まれない整数列が作れるというのは矛盾です。ですから、「プログラムで生成できる整数列全体の集合」はカウンタブルではありません。

＊ このクイズは、**チューリング**（Alan Turing, 1912 – 1954）の論文 "On computable numbers, with an application to the Entscheidungsproblem" の "Application of the diagonal process" を元にしています。

◆クイズの答え

　対角線論法の使い方に誤りがあります。たしかに、対角線論法を使って「プログラム
で生成できる整数列全体の表」に含まれない「整数列」は作ることができます。でも、
そのようにして作った整数列が、「プログラムで生成できる整数列」かどうかの保証は
ありません（この論理展開は、p.216〜217の先生と生徒の対話と同じです）。

　実際には「プログラム全体の集合」がカウンタブルですので、「プログラムで生成で
きる整数列全体の集合」もカウンタブルになります。

停止判定問題

　今度は、計算不可能な問題の存在を示すだけではなく、その具体例を示すことにします。
以下では、計算不可能な問題の例として「停止判定問題」を順を追って解説します。

プログラムの停止判定

　まず、プログラムを次の図のように「データを入力すると結果を出力する」ものと考え
ます*。

　プログラムは普通、上図のように結果を出力するものですが、ときには下図のように永
遠に停止せず、結果を出力しない場合もあります。

---

* 前節では、話をシンプルにするために整数に絞って解説しましたが、この節では、やっていることのイ
　メージがわかりやすいように「データ」や「結果」と表現します。

プログラムの振る舞いは、必ず次のどちらかになります。

- 有限時間内に動作を停止する
- 有限時間内に動作を停止しない（永遠に動作を停止しない）

ここでいう「有限時間」は、1秒でも100億年でもかまいません。どんなに長い時間がかかったとしても、いつか止まるのであれば「有限時間内に動作を停止する」といえます。プログラムに与える入力が不適切なら、エラーメッセージを出して停止することもありますが、これも「有限時間内に停止する」に含めることにしましょう。

「永遠に動作を停止しない」プログラムは、結果を出力できません。無限ループの中に出力命令が書かれていれば何かを出力し続けますが、「最終結果」を出力することは、永遠にありません。

永遠に動作を停止しないプログラムはやっかいなものですが、とても簡単に作ることができます。たとえば、プログラムの中に以下のような部分が含まれていたとします。

```
while (1 > 0) {

}
```

この場合、1 > 0は常に成り立ちますから、このループは永遠に終わりません。プログラムは永久に走り続けます。いわゆる**無限ループ**です。プログラムが実行する処理の中に無限ループが含まれていると、そのプログラムはいつまで経っても停止しません。

プログラムが無限ループに陥る_{おちい}かどうかは、入力するデータによって決まることもあります。たとえば次のように、変数xを含んだコードが書かれていたとします。

```
while (x > 0) {

}
```

このコードは、変数xが0より大きければ無限ループになりますが、変数xが0以下なら、無限ループになりません。

以上からわかるように、プログラムが停止するかどうかを調べるためには、プログラムだけではなく、プログラムに入力するデータも吟味する必要があります。

プログラムを調べるプログラム

次に、「プログラムを調べるプログラム」について解説しましょう。プログラムというのはコンピュータの記憶装置上に展開されたデータですから、プログラムを処理するプログラムはめずらしくありません。

　たとえば「コンパイラ」は、人間が読むことのできる形式のプログラム（ソースコード）を読んで、コンピュータが実行しやすい機械語（オブジェクトコード）に変換するプログラムです。すなわち、コンパイラはプログラムを変換するプログラムです。

　また「ソースコードチェッカ」のような、プログラムのソースコードを読んで、不正な命令を使っているとか、ここで無限ループになっているとか、この命令は絶対に実行されない、といったアドバイスをプログラマに教えてくれるようなプログラムもあります。

　さらに「デバッガ」は、プログラムの実行を途中で止めたり、再実行したり、実行途中の状態を人間に示したりして、人間がプログラムの動作を調べるためのプログラムです。

　このように、プログラムを調べるプログラムは、プログラマが日常的に使う道具になっています。

停止判定問題とは

　では、いよいよ停止判定問題について解説しましょう。**停止判定問題**（Halting Problem）というのは、

　　「プログラムにデータを与えて動かしたとき、有限時間内に動作が停止するかどうか」を判定する

という問題です。

- ・このプログラムは有限時間で停止する
- ・このプログラムは永遠に停止しない

のいずれかを前もって判定できれば便利ですが、人間が調べるのは大変です。プログラムで自動的に判定できればいいですね。以下では、「プログラムの停止判定を行うプログラム」というものが作れるかどうかを考えましょう。

　ここでは便宜上、判定プログラムに、**HaltChecker**（ホールト・チェッカー）という名前をつけましょう。HaltCheckerには、入力としてプログラムとデータを与える必要があります（Fig.8-4）。

Fig.8-4　HaltCheckerの2つの判定

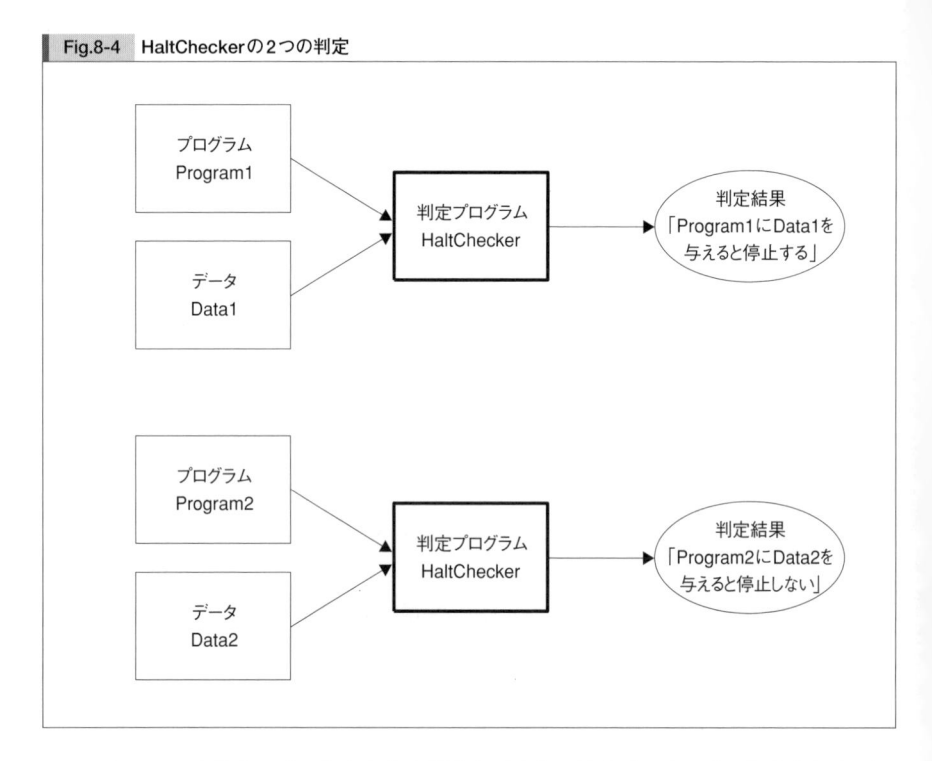

　HaltCheckerを作るのは、なかなか大変そうですね。HaltCheckerは、与えられたプログラムがどのような振る舞いをするか、きちんと調べる必要があるでしょう。また、与えられたデータに応じて、その振る舞いをシミュレートする必要もあるかもしれません。

　ただし、**HaltCheckerそのものは必ず有限時間内に停止しなければなりません**。膨大な時間がかかってもよいのですが、有限時間で停止して判定結果を出す必要があります。永遠に停止しない場合があるなら、判定プログラムとしては失格です。

　ですから、判定プログラムHaltCheckerは、「対象となるプログラムを**実際に動かして判定する**」という方法を使っては**いけません**。なぜなら、対象となるプログラムが永遠に停止しないなら、判定プログラム自身も永遠に判定結果を出せなくなるからです。

　実は、少し後で証明するように、このようなHaltCheckerを書くことは原理的に不可能です。**プログラムの停止判定を行うHaltCheckerは、絶対に誰にも書くことのできないプログラムなのです**。

　「プログラムの停止判定を行うプログラム」は書くことができません。「プログラムの停止判定問題」は「計算不可能な問題」の代表的な例になります。

生徒「納得できません。私たちはプログラムのソースコードを読んで、無限ループに陥っている
　　　かどうか調べますよ。それなのに、無限ループに陥るかどうか判定できないなんて……」
先生「個々のプログラムとデータの組に対しては、停止判定できる場合もあります。でも、ど
　　　んなプログラムとデータの組が与えられても停止判定できるような、汎用の停止判定プ
　　　ログラムは作れないということです」

停止判定問題の証明

背理法を使って、停止判定問題を一般的に解くプログラムは存在しないことを証明します。

● 1. 判定プログラム HaltChecker が作れたと仮定する

［証明したい命題の否定を仮定します］

判定プログラム HaltChecker が作れた、と仮定します。HaltChecker にプログラム p と
データ d を与えたときの結果を、

```
HaltChecker(p, d)
```

のように関数の形で表記しましょう。判定した結果は、以下のように表現できます。

$$\text{HaltChecker}(p, d) = \begin{cases} \text{true （pにdを入力したとき、pが有限時間で停止する場合）} \\ \text{false （pにdを入力したとき、pが有限時間で停止しない場合）} \end{cases}$$

● 2. プログラム SelfLoop を作る

HaltChecker を元にして、次のような関数 SelfLoop を作ります。

```
SelfLoop(p)
{
    halts = HaltChecker(p, p);
    if (halts) {
        while (1 > 0) {

        }
    }
}
```

SelfLoop は、与えられたプログラム p を使って HaltChecker(p, p) の結果（halts）を調べ
ます。その結果が true なら、SelfLoop は無限ループに入ります。ここで、**HaltChecker に与
える2つの入力が両方とも p になっていることに注意してください。**

つまり、このSelfLoopは次のような振る舞いをします。

- HaltCheckerを使って、「プログラムpに対して、そのプログラムp自身を入力データとして与えたときに停止するか」を判定する。
- もしも停止すると判定されたら、SelfLoopは無限ループに入る。
- もしも停止しないと判定されたら、SelfLoopはすぐ終了して停止する。

　SelfLoopは天邪鬼なプログラムですが、HaltCheckerがあるならSelfLoopを作ることは難しくありません。また、SelfLoopは、どんなプログラムを与えられても、無限ループに入るか、有限時間内に停止するか、のいずれかの結果になります。

　さて、いま

- ProgramA自身をデータとしてProgramAに与えたときには、停止する。
- ProgramB自身をデータとしてProgramBに与えたときには、永遠に停止しない。

というProgramAとProgramBがあったとしましょう。

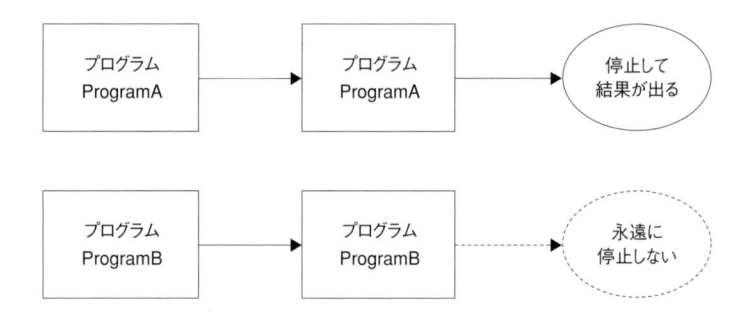

　すると、さきほどのSelfLoopのふるまいから考えて、

- ProgramAをSelfLoopに与えると、無限ループに入って永遠に停止しない。
- ProgramBをSelfLoopに与えると、終了して停止する。

ということになります。

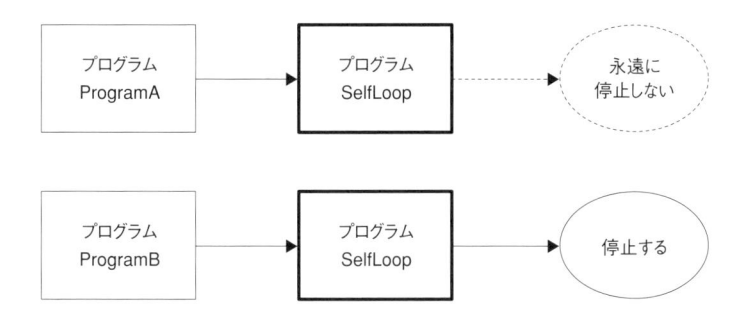

●3. 矛盾を導く

［ここからの目標は、矛盾を導き出すことです］

いよいよクライマックスです。ここで、SelfLoopの入力としてSelfLoopそのものを与えましょう。すなわち、

SelfLoop（SelfLoop）の振る舞い

を調べるのです。

（1）SelfLoop（SelfLoop）が有限時間内に停止する場合

「SelfLoop（SelfLoop）が有限時間内に停止する場合」というのは、HaltChecker（SelfLoop, SelfLoop）がfalseになる場合です。ところで、HaltChecker（SelfLoop, SelfLoop）がfalseになるというのは、「SelfLoopにSelfLoopを与えたら、SelfLoopは停止しない」という意味です。

「SelfLoop（SelfLoop）が有限時間内に停止する場合」を考えているのに、「SelfLoopにSelfLoopを与えたら停止しない」という結論になってしまいました。これは矛盾です。

（2）SelfLoop（SelfLoop）が無限ループに入る場合

「SelfLoop（SelfLoop）が無限ループに入る場合」というのは、HaltChecker（SelfLoop, SelfLoop）がtrueになる場合です。ところで、HaltChecker（SelfLoop, SelfLoop）がtrueになるというのは、「SelfLoopにSelfLoopを与えたら停止する」という意味でした。

「SelfLoop（SelfLoop）が無限ループに入る場合」を考えているのに、「SelfLoopにSelfLoopを与えたら停止する」という結論になりました。これは矛盾です。

（1）と（2）のどちらでも、矛盾が生じました。

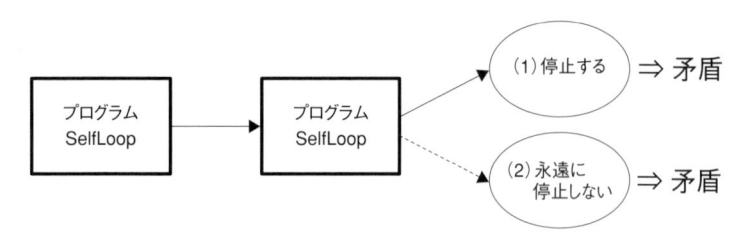

「HaltCheckerが作れた」という仮定から始めると、必ず矛盾が生じることになります。
したがって、背理法により、HaltCheckerは作れないことが証明されました。

停止判定問題が計算不可能であることは、1936年、**チューリング**（Alan Turing, 1912 - 1954）によって証明されました。

納得しない人のために

「なんだか、ごまかされたみたいだ、まだ納得できない」

そういう方のために、HaltCheckerを作るのが不可能であることの「感覚的な解説」をしましょう。もしも、HaltCheckerが存在するとしたら、多くの未解決問題が解けてしまう、というお話です。

まず、次のようなプログラムFermatCheckerを作ったとします。

```
FermatChecker(k)
{
    while (k > 0) {
        <整数x, y, z, nを適当に選ぶ。ただし、x, y, zは0以外で、nは3以上>
        if (<x^n + y^n = z^n>) {
            <x, y, z, nを出力して停止する>
        }
    }
}
```

このプログラムで、

```
HaltChecker(FermatChecker, 1)
```

の結果を調べます。もしも、この式がtrueになるなら、FermatChecker(1)は有限時間内で終了することになります。また、この式がfalseになるなら、FermatChecker(1)は有限時間内では終了しないことになります。

ところで、「nが3以上の整数なら、$x^n + y^n = z^n$を満たす0以外の整数x, y, zは存在しない」というのは、かの有名な**フェルマーの最終定理**です。HaltChecker(FermatChecker, 1)

がtrueを返すなら、フェルマーの最終定理には反例が存在することになり、falseを返すなら反例が存在しないことになります。1994年に**ワイルズ**（Andrew Wiles, 1953 - ）が肯定的に証明するまでの360年間、誰も証明できなかったほど難しい定理の真偽を、HaltCheckerで判定できることになります。

　HaltCheckerで判定できるのは、フェルマーの最終定理だけではありません。現在の数学でも未解決な問題の一つ、「4以上のすべての偶数は、素数2個の和の形に書ける」（**ゴールドバッハの予想**）を調べることにしましょう。

　いま、GoldCheckerという次のようなプログラムを作り、入力として4を与えます。GoldCheckerは、数nを4から6, 8, 10, 12, ... と増やしていき、素数2個の和の形に書けるかどうかを毎回調べます。あるnが素数2個の和の形に書けるかどうかは、nより小さな素数をすべて試すことにより調べられるので難しくはありません。そして、もしも素数2個の和で書けないnが見つかったら、GoldCheckerはnを出力して停止します。

```
GoldChecker(n)
{
    while (n > 0) {
        <nが素数2個の和で書けるかどうかを調べる>
        if (<書けない>) {
            <nを出力して停止する>
        }
        n = n + 2;
    }
}
```

　上記のようなGoldCheckerを作ること自体は難しくありません。

　さてここで、HaltChecker(GoldChecker, 4)を呼び出したとして、その結果を考えてみましょう。この結果がtrueならば、「GoldCheckerに4を入力すると有限時間に終わる」ということを意味するので、素数2個の和で書けないnが存在することになります。これは、ゴールドバッハの予想の否定的解決です。

　もしもHaltChecker(GoldChecker, 4)がfalseならば、「GoldCheckerに4を入力すると有限時間に終わらない」ということになり、ゴールドバッハの予想は正しいことがわかります。

　「フェルマーの最終定理」や「ゴールドバッハの予想」に限りません。「現在の数学では未解決だけれど、しらみつぶしで試して解を探すことができる問題」をHaltCheckerにかければ、その問題に解があるかどうか必ず判定できることになります。すなわち、HaltCheckerが存在したら、多くの未解決問題が解けることになってしまいますね*。

---

* 厳密にいえば、HaltCheckerは解の有無を判定するだけであり、解があるときにそれが何であるかまでは示しません。

　以上は証明ではありませんが、HaltCheckerを作るのが不可能であることの「感覚的な解説」になります。

計算不可能な問題はたくさんある

　計算不可能な問題の例として、「停止判定問題」を紹介しました。

　上記の証明では、C言語風のコードを示しましたが、停止判定問題は特定のプログラミング言語に依存しているわけではありません。停止判定問題を解くプログラムは、「どんな言語でもプログラムできないプログラム」なのです。

　また、計算不可能な問題は「プログラムの停止判定問題」だけではありません。実は、プログラムの振る舞いを調べる問題の多くは、計算不可能な問題になります。たとえば、以下のような問題は、プログラムの停止判定問題と同じような方法で、計算不可能であることを証明できます。

- ・与えた任意の2つのプログラムが、「どんな入力に対しても同じ動作をするかどうか」を判定する。
- ・与えた任意のプログラムが、「入力した整数が素数であることを判定できるか」を判定する。
- ・与えた任意のプログラムが、「どんな入力に対しても1を出力するかどうか」を判定する。
- ・与えた任意のプログラムが、「ある一定の時間T内に終了するかどうか」をTよりも短い時間で判定す

　プログラムが構文的なエラーを含んでいるか、といった問題は、プログラムを使って解くことができます。しかし、停止判定問題をはじめとする、任意のプログラムの振る舞いを調べる問題は、プログラムで解くことはできません。

　私たちは、コンピュータのプログラムを使って多くの問題を解くことができます。しかし、いくらコンピュータが進化しても本質的に解くことができないという問題も存在するのです。

この章で学んだこと

　この章では、計算不可能な問題について学びました。その準備として、背理法という証明法とカウンタブルな集合についても学びました。プログラムは無限に書くことができますが、その無限は、あくまでもカウンタブルな無限です。プログラムを書くことによっては、カウンタブルな無限よりも「多い」無限に至ることはできないのです。

◉おわりの会話

生徒「うーん。プログラムできない問題の存在というのは、コンピュータの限界なのでしょうか。人間ならば、そのような限界を越えることができるのではないのでしょうか」

先生「そう単純に考えるのは不適切です。もしも人間の能力を形式的に記述できるなら、同じ論法によって人間には解けない問題が存在することが証明できてしまいます」

生徒「人間の能力を形式的に記述するなんて、とてもできませんよ！」

先生「もしそうなら、論理的な議論はできませんから、人間の能力について何かを証明することも、それを反証することもできません」

生徒「それはどういう意味でしょうか」

先生「そこから先の議論は、数学の扱う範囲の外にある、ということです」

第 **9** 章

プログラマの数学とは

まとめにかえて

●はじめの会話

生徒「先生、問題は解けたんですが、うまく説明できません」

先生「説明できないのは、その問題の心臓をつかんでいないからでしょうね」

▌本書を振り返って

　私たちは、本書を通して、ささやかな旅をしてきました。本書を閉じるにあたって、これまで通ってきた道を振り返ってみましょう。入り組んだ道を通ってきましたが、ここで整理してみたいと思います。

●「ゼロ」はシンプルなルールを作る

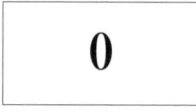

　第1章では、「ゼロ」について考えました。ゼロは「何もない」ものが「ある」ことを明確に表したものです。言い換えれば、「何もない」ことを特別扱いしないということです。

　ゼロを導入すると、パターンやルールを作りやすくなります。一貫性のあるシンプルなルールが作れれば、機械的に処理をしやすくなり、コンピュータに問題解決をまかせやすくなります。

●「論理」は2分割

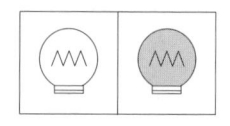

　第2章では、「論理」について学びました。論理の基本は、trueとfalseの2分割にあります。問題を大きなひとまとまりとして解くのではなく、ある条件が「成り立つ場合」と「成り立たない場合」の2つに分けて解こうというのです。

　論理はまた、自然言語のあいまいさを避けるための道具でもあります。複雑な論理をうまく解きほぐすために、論理式、真理値表、ベン図、カルノー図などの道具を紹介しました。

● 「剰余」はグルーピング

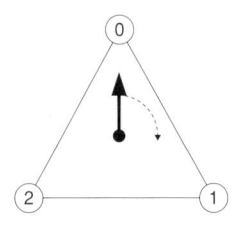

　第3章では、クイズやパズルを通して「剰余」について考えました。対象が無数にある問題に周期性を見つけ出すと、剰余を使って少ない個数の問題に落とし込むことができましたね。

　剰余をうまく使うと、バラバラに見えるものを同一視し、分類することができます。剰余によるグルーピングによって、試行錯誤が必要な問題もあっさり解けることがあるのです。パリティについても学びました。

● 「数学的帰納法」は2ステップで無限に挑む

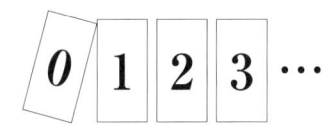

　第4章では、「数学的帰納法」について学びました。数学的帰納法では基底と帰納の2ステップを証明するだけで、無数の証明の代わりをすることができます。

　数学的帰納法は、$0, 1, 2, 3, \ldots, n$という繰り返し（ループ）で問題を解く基礎になります。これは、大きな問題を同形同大のn個の小問題に分割しているようなものですね。そのような分割ができれば、順番に機械的に解くことができます。

● 「順列・組み合わせ」では対象の性質を見ぬくことが大切

　第5章では、「順列・組み合わせ」などの数え上げの法則について学びました。小さいスケールで対象の性質を調べ、それを的確に一般化することで、直接には数えられないほど多くのものを数え上げることができます。

　単に数をいじりまわすのではなく、数える対象の性質や構造を見ぬくことがポイントです。また、公式を丸暗記するのではなく、そこに表現されている組み合わせ論的な意味に目を向けることも大切です。

●「再帰」は自分の中の自分を見つける

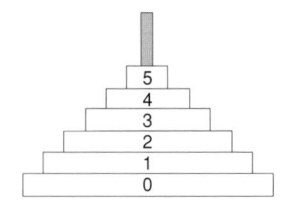

　第6章では、「再帰」について学びました。再帰もまた問題を分割する方法なのですが、今度は同形同大に分割するのではなく、形は同じだけど違う大きさに分割しているようなものですね。

　大きな問題に直面したときには、それと同じ構造を持つ小規模な問題が内側に含まれていないかどうかを調べます。うまく再帰的な構造を見つけると、漸化式を使って問題の性質を調べていくことができます。

●「指数的な爆発」は……

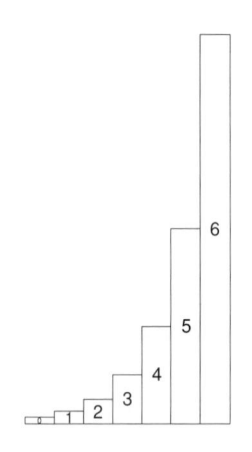

　第7章では、扱いがやっかいな「指数的な爆発」を紹介しました。指数的な爆発を含む問題は、ちょっとスケールが大きくなっただけで手に負えない問題になってしまいます。

　でも逆に、指数的な爆発をうまく使えば、大規模な問題を取り扱いやすい形に変換することができます。

● 「計算不可能な問題」は原理的な限界を示す

1	0	0	0	0	0	0	0
1	2	1	1	1	1	1	1
2	2	3	2	2	2	2	2
3	3	3	4	3	3	3	3
4	4	4	4	5	4	4	4
5	5	5	5	5	6	5	5
6	6	6	6	6	6	7	6
7	7	7	7	7	7	7	8

　第8章の「計算不可能な問題」では、背理法という証明法、カウンタブルという概念、計算不可能な問題、それに停止判定問題について学びました。

　私たちがコンピュータで解くことができる問題は無限にあります。しかし、その無限というのは、たかだかカウンタブルでしかありません。すべての問題の集合は、カウンタブルよりももっと大きな無限になり、私たちには手が届かない世界がそこに広がっているのです。

問題を解くということ

パターンを見ぬき、一般化する

　本書では、さまざまな角度から「問題を解く」ことについて考えてきました。

　クイズを解くとき、私たちはよく「小さな数で試してみよう」としましたね。小さな数で試し、そこからルール・性質・構造・繰り返し・まとまり…を見つけ出し、問題に隠されたパターンを見ぬこうとしました。それが見ぬけないと、たとえ問題が解けても「わかった」ことにはなりません。

　また、私たちは「いま得た結果を一般化してみよう」としました。一般化することで、いま考えている問題以外にも適用できるようになります。もしも問題の解法が、その問題にしか適用できないのなら、それは解法の名には値しません。解法は、他の類似の問題にも適用できて初めて解法といえます。

　問題を解くときには、目の前にある問題のパターンを見ぬき、一般化することが大切なのです。

苦手から生まれる知恵

　本書を振り返ってみると、「人間は何が苦手か」が浮き彫りになります。そして、その

「苦手」なところを克服するためにさまざまな知恵が生まれたのです。

　人間は、大きな数を扱うのが苦手です。ですから、数の表記法がいろいろ工夫されました。ローマ数字では、数のまとまりごとに別の文字を使いました。位取り記数法では、数字を書く位置によって数の大きさを表し、ローマ数字だけでは表せないほど大きな数でも表現できるようになりました。もっと大きな数を扱うためには10^nのような指数表記が用いられます。

　人間は、複雑な判断を間違えずに行うのが苦手です。ですから、論理が作られました。論理式の形で推論をしたり、カルノー図で複雑な論理を解きほぐしたりします。

　人間は、たくさんのものを管理することが苦手です。ですから、グループ分けをします。1つのグループ内にあるものは同一視することで、管理が楽になります。

　人間は、無限を扱うことが苦手です。ですから、有限のステップで無限を扱います。

　……このように、さまざまな知恵と工夫をこらして、人間は問題に立ち向かいます。なんとか問題の規模を縮小し、複雑さを軽減し、

　　「あとは機械的に繰り返せば解ける」

という状態に持ち込もうとします。その状態に持ち込めさえすれば、強力な次の走者——コンピュータ——にバトンを渡すことができるからです。

　あなたには、何か苦手なことはありますか。もしかしたら、そこから新しい知恵と工夫が生まれてくるかもしれませんね。

ファンタジーの法則

　筆者が個人的に、**ファンタジーの法則**と呼んでいる問題解決法についてお話ししましょう。ファンタジーというのは別世界と行き来する物語のことで、ファンタジーの法則とは、別世界と行き来することで問題をうまく解くという法則です。

　【ファンタジーの法則】
　　「こちらの世界」で解けない問題があったら……

　　（1）問題を「こちらの世界」から「別世界」に持っていきます。
　　（2）そして、問題を「別世界」で解きます。
　　（3）最後に、得られた答えを「こちらの世界」に持って帰ります。

　図式化すると、Fig.9-1のようになります。

Fig.9-1 ファンタジーの法則

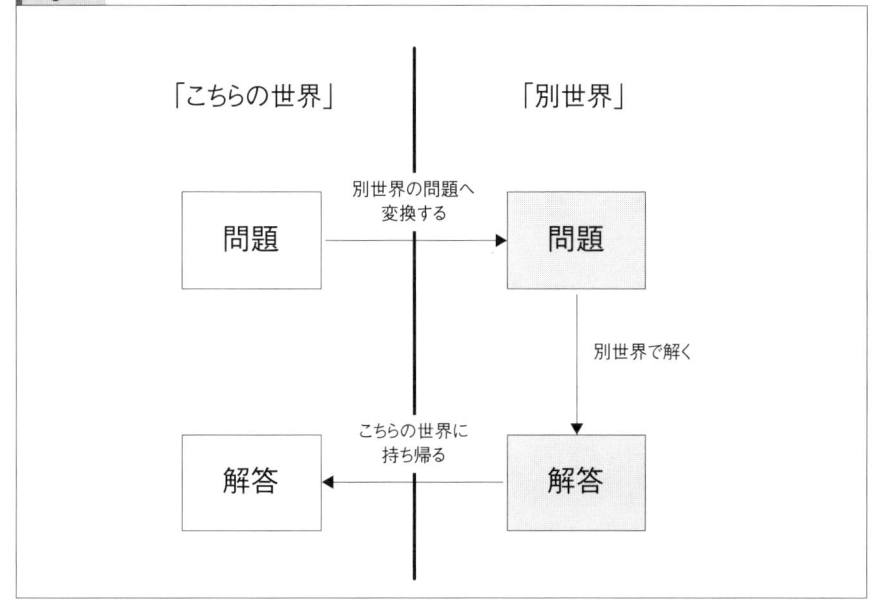

これは、高速道路の法則と呼んでもいいでしょう。

【高速道路の法則】
　　遠くの目的地に行きたかったら……

　（1）高速道路に乗ります。
　（2）目的地の近くのインターチェンジまで高速で移動します。
　（3）インターチェンジで降りて、目的地まで行きます。

「高速道路の法則」のほうがわかりやすいかもしれませんが、「ファンタジーの法則」の
ほうが楽しそうですね。実は、本書の中には「ファンタジーの法則」が繰り返し現れてい
ます。Fig.9-1と似たような図が、本書のあちこちに登場していたことに気づきましたか？

プログラマにとっての数学

　普段のプログラミングで、プログラマが高度な数学の知識を必要とすることは、それほ
ど多くないでしょう。でも、問題の構造を見ぬき、それをシンプルに表現し、一貫性のあ
るルールにまとめる……こうしたことは、プログラマにとって日常的な活動です。
　「数学が苦手」と漠然と感じるのではなく、「数学の中に面白いものがあったら、うまく

使ってみよう」という気持ちになり、毎日のプログラミングに、数学的な考え方を取り込んでいくことができればよいですね。

　本書を通して、無味乾燥に見える数学から、美しさと楽しさを少しでも見い出していただけたなら、著者としてこれ以上の喜びはありません。

　最後までお読みいただき、ありがとうございました。

◉終わりの会話

生徒「先生、お疲れさまでした。なんとか最後まで読み通すことができました」

先生「それはよかった」

生徒「この本の中では、同じ話題が繰り返し語られていることに気づきました」

先生「ふむふむ」

生徒「『もれ』と『だぶり』の話。少ない数で試すこと。構造を見ぬくこと。ファンタジーの法則……」

先生「それから、一般化の話もありますね」

生徒「はい。はじめはバラバラに見えていた章が、全部つながってきたようです」

先生「あなたは、この本の中に隠れているパターンを見つけたのかもしれませんね」

生徒「あっ、なるほど。なんだか、もっと勉強したくなってきました。ありがとうございます」

先生「こちらこそ、ありがとうございました」

付　録　1

機械学習への第一歩

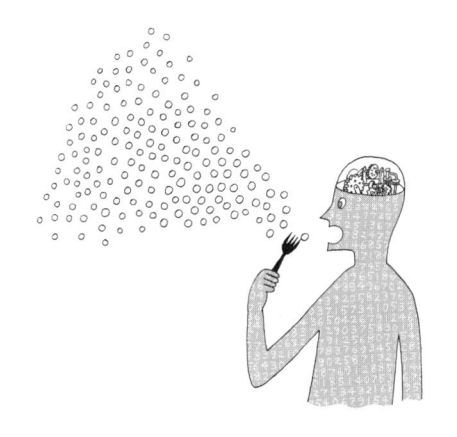

●はじめの会話

生徒「たくさんのデータが集まったので、いいプログラムを作れば完璧です！」

先生「いいプログラムとは？」

生徒「がんばってプログラマが考えて……」

先生「プログラマが考えるだけじゃなく、データ自体をうまく使うのもいいですね」

生徒「データが考えてくれるんですか？」

この付録で学ぶこと

この付録では「機械学習への第一歩」を学びます。

機械学習とは、

- ・大量のデータを元に結果を予測する
- ・大量のデータを識別し分類する

のような問題を解決するための手法です。特に、プログラマが予測方法や分類方法を事前に定めるのではなく、コンピュータが大量のデータから自動的に特徴を抽出して問題解決にあたるところがポイントです。

この付録では「機械学習への第一歩」として、

- ・機械学習とは
- ・予測問題と分類問題
- ・パーセプトロン
- ・機械学習における「学習」
- ・ニューラルネットワーク
- ・人間は不要になるのか

という項目についてお話しします。機械学習は広範囲にわたる内容を含みますので、この付録だけですべてをカバーすることはとうていできません。あくまで「学ぶための第一歩」であることをご理解ください。

それから、数式についてひとこと。本書の第1章から第9章まででは、数式はほとんど登場しませんでした。しかし、この「機械学習への第一歩」では、数式がしばしば登場します。登場する数式は、文中でやさしく解説していますので読み飛ばさないでくださいね。数式に慣れることも、この付録の目的ですから。

機械学習とは

注目される機械学習

　機械学習が近年注目されています。機械学習という言葉は、ディープラーニング（深層学習）や人工知能（AI）といったキーワードと共に、ニュースなどで見聞きすることが多くなっています。ディープラーニングは機械学習の一種です。人工知能は意味の広い用語ですが、機械学習は人工知能を作るための要素技術の一つです。

　機械学習が進歩するにつれ、「人間は得意だがコンピュータは苦手」と思われていた分野にもコンピュータが進出するようになってきました。たとえば、画像認識は機械学習の応用の一つです。手書き文字をテキストに変換したり、写真の中で人間の顔と思われる部分を切り出したり、たくさんの写真の中から特定の人間が写っているものを検索したりと、さまざまなシーンで使われています。プログラムに虫の画像を与えるだけで害虫か否かを判定できるなら、大きな価値を生むでしょうし、町並みや道路の風景を認識できるとしたら、自動車の自動運転にも利用できることになります。

　実際、機械学習による画像認識は人間のレベルを超える能力を持ち始めていますので、これからもますます注目を集めることになるでしょう。

機械学習は時代の技術

　機械学習が進化したのには技術的な理由があります。

　まずは**入力**です。機械学習は大量のデータを必要とします。現代では、インターネットを利用して大量のデータを機械可読な形で入手することができます。また、入手した大量のデータを保存できるほど記憶装置が安価になっています。

　また、機械学習が進化した背景にはコンピュータの**処理能力**の向上もあります。単にコンピュータのスピードがアップしたというだけではありません。機械学習では行列やベクトルの計算が出てきますが、これは並列に進められるという特徴があります。つまり、お金を掛けて多数のハードウェアを投入すれば性能を向上させられるのです。

　そして、機械学習の**出力**は、多岐にわたって応用できます。

　もっとも単純で身近な例は、商品購入における推薦（レコメンデーション）です。「これを購入した方は、こんなものも購入しています」という宣伝ですね。

　先ほども述べた画像認識は有名です。画像認識による「クラス分類」は、画像が人間か否か、アリの画像がヒアリか否か、という応用が考えられます。「物体検出」では、人混みの画像の中に人間が何人いるか、町の画像から自動車の台数を数えるなどの応用がある

でしょう。「領域分割」では、自然の画像から森の範囲を定めたり、道路の向きを認識したり、レントゲンで撮影した画像から病巣の位置を特定する応用も考えられます。画像認識だけではなく、画像を作り出す画像生成も有効です。

画像認識が人間の目に相当するなら、音声認識と音声生成は人間の耳と口に当たります。自然言語の認識、自然言語の再生など、これまで人間がやってきたことの多くが、機械学習を行ったコンピュータで置き換えられる可能性を秘めています。ということは、応用例はいくらでも考えられるでしょう。

機械学習が流行するのも理解できますね。なぜなら、入力として与えられるデータは大量にあり、必要な処理は高速に実行可能で、出力される結果は多岐にわたって応用できるというのですから。

予測問題と分類問題

機械学習はすごそうだ、というお話はこのくらいにして、機械学習が解こうとしている問題のうち、代表的な「予測問題」と「分類問題」について説明します。

予測問題

予測問題というのは、**入力**が与えられたときに**目標（ターゲット）**に近い**出力**を得ようとする問題です。

たとえば、あなたがWebサイトを運営するとして、広告費をどれくらい掛ければ売上がどれくらい見込めるかの予測を立てたいとしましょう。実際に広告費を掛ける前に、売上をできるだけ正確に予測したくなりますね。この場合、広告費が「入力」で、予測した売上が「出力」で、実際の売上が「目標」になります。このときの予測問題は「広告費を定めたときに売上をできるだけ正確に予測しよう」というものです。予測問題は回帰問題と呼ぶこともあります。

人間はこのような予測問題を自然に解こうとします。「前回はこれだけの広告費を掛けてこれだけの売上を上げたから、もっと広告費を掛ければ売上も上がるだろう」のように、人間は、自分の経験を使って予測を行います。

過去のデータとして、広告費xと売上yがFig.A-1のような点の集まりで与えられたとしましょう。

Fig.A-1 広告費と売上

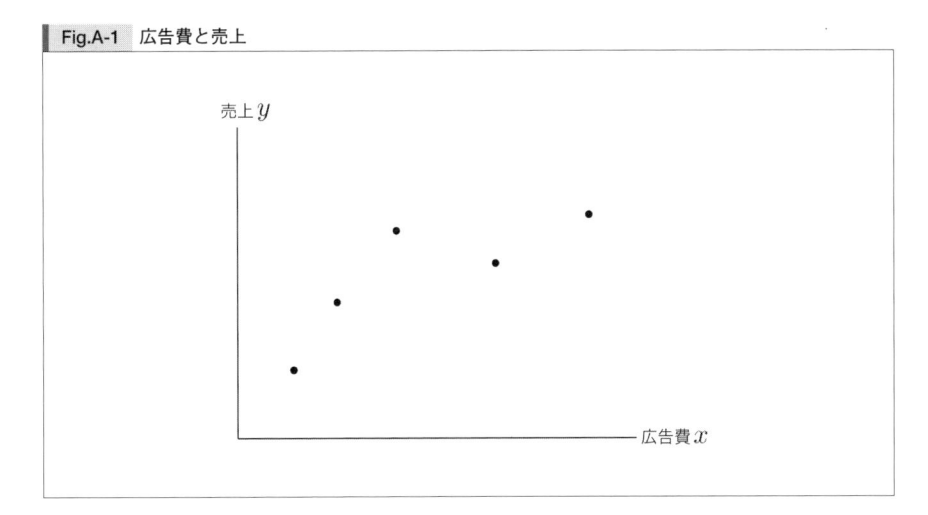

　予測問題を解くには、たとえいままで経験したことがない広告費x_0が与えられたとしても、実際の売上に近い出力y_0を得る必要があります。それは、Fig.A-2のようなグラフを作り出していることになります。

Fig.A-2 広告費から、売上を予測する

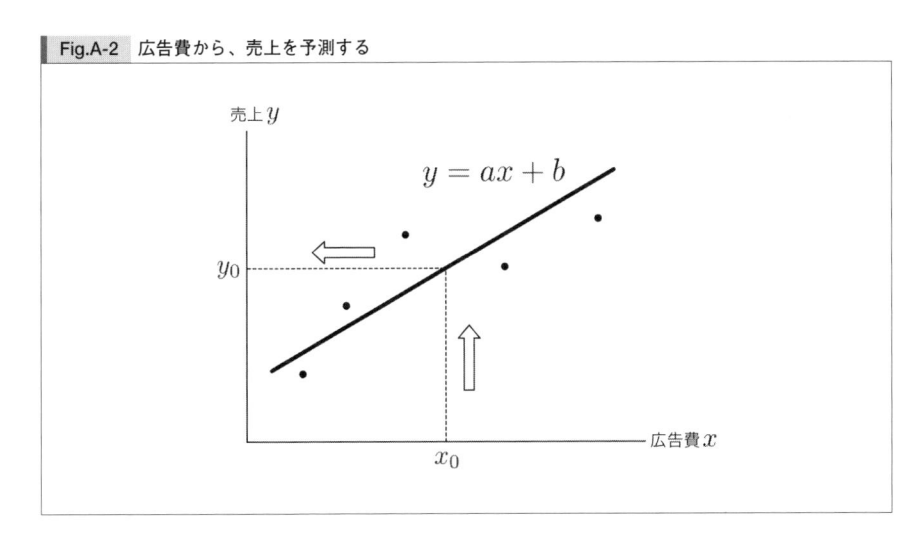

　Fig.A-2に示したグラフを使って売上を予測しようというのは、広告費xと売上yとのあいだに、

$$y = ax + b$$

という関係があると仮定していることになります。つまり、広告費xをa倍してからbという数を加えると、売上yが得られるのではないかという関係です。このような仮定を置くことを、「予測問題を解くための**モデルを定めている**」といいます。

しかし、モデルを定めただけでは具体的な予測問題は解けません。このモデルには、決めなくてはならないaとbという未知の数が含まれているからです。aとbのような未知の数を、モデルが持つ**パラメータ**と呼びます。パラメータがよいと予測が正確になります（Fig.A-3）。

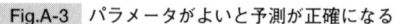

Fig.A-3 パラメータがよいと予測が正確になる

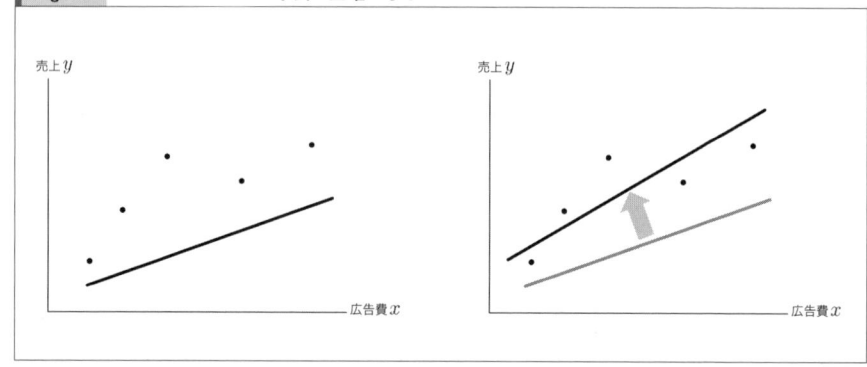

Fig.A-3では5組のデータしか描きませんでしたが、入力と目標を組にした(x, y)というデータがたくさんあれば、よいパラメータを見つけやすくなり、より正確な予測ができるでしょう。広告費と売上を組にしたデータをたくさん持っていることは、たくさんの経験を積んでいることに相当します。

入力と目標を組にしたものを**訓練データ**といいます。**与えられた入力からできるだけ目標に近い出力を得るために、訓練データを使ってパラメータを調整すること**。これが機械学習における**学習**です。パラメータの調整が済んだモデルを**学習済みモデル**といいます。学習済みモデルは、**テストデータ**で**テスト**し、学習の結果を**評価**します（Fig.A-4）。

機械学習では、パラメータの調整を行うのはプログラマではなく、コンピュータです。コンピュータが訓練データを使って自動的にパラメータを調整するのが、機械学習のポイントです。

念のために注意しておきます。$y = ax + b$という式を使って入力xから出力yを得るときには、パラメータのaとbを、値が変わらない定数と見なします。それに対して、できるだけ目標に近い出力を得るためにグラフを動かすときには、パラメータのaとbを、値が変わる変数と見なします。このように、パラメータa, bを二通りの視点で見ていることに注意してください。

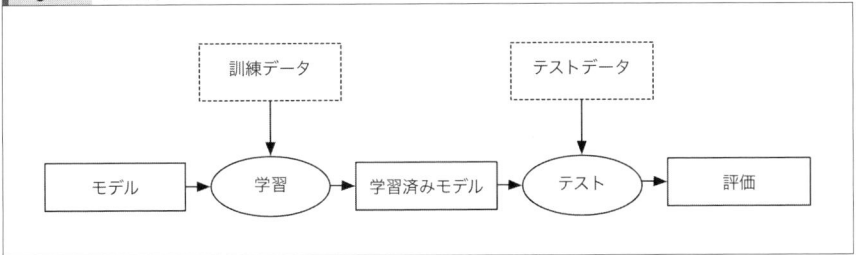

Fig.A-4　学習とテスト

ところで、ここで忘れてはいけないのは、モデルそのものに限界があるということです。たとえば、広告費と売上のあいだに$y = ax + b$なんて関係は本当にあるのでしょうか。そのような関係がなかったら、パラメータの調整をいくら行っても、正確な売上は予測できないでしょう。もっと正確に予測するためには、よりよいモデルがいります。

また、売上を予測するための入力は、広告費だけでいいのでしょうか。季節や地域など他の情報も必要ではないでしょうか。$y = ax + b$では入力は一つの数、出力も一つの数でした。一般化して考えるなら、入力はたくさんの数の集まりで、目標も出力もたくさんの数の集まりになります。このようなたくさんの数の集まりを**ベクトル**と呼びます。

ここまでをまとめましょう。予測問題に直面している私たちは、よいモデルとたくさんの訓練データを用意します。そして「入力ベクトルを元にして、目標ベクトルに近い出力ベクトルを得られるような学習済みモデル」がほしいのです。

後の節で登場するパーセプトロンは、機械学習で使われるモデルのもっとも基本的なものです。またニューラルネットワークは、より複雑な問題を解くためのモデルです。

分類問題

分類問題とは、与えられた入力がどのカテゴリに分類されるかを判定する問題です。たとえば、人間が手で書いた数字は形にばらつきがあります。人間はその数字を見て、これが0から9までのどの数字であるかを分類できます。これは手書き文字の分類問題を人間が解いていることになります。分類問題は識別問題とも呼びます。

本書の第3章で「グループ分け」というお話をしましたが、分類問題はまさにグループ分けそのものです。大量のデータをコンピュータを使って適切に分類できるなら、たくさんの応用が考えられます。

虫の画像から害虫かどうかを判定すること、人間の画像から登録ユーザの誰であるかを識別すること、動作中の機械が異常状態になったかどうか検出すること、それらは分類問題の一種といえるでしょう。

　手書き文字の分類問題は、画像データをプログラムの入力として与えます。すなわち、画像データを構成している一つ一つの点（画素）の明るさを数に変換し、たくさんの数をまとめて入力ベクトルという形にして与えるのです。画素の明るさを表す数が$x_1, x_2, x_3, \cdots \cdots, x_{I-2}, x_{I-1}, x_I$のように$I$個あるなら、入力ベクトル$x$は、その数を並べて、

$$x = \begin{pmatrix} x_1 \\ x_2 \\ \vdots \\ x_I \end{pmatrix}$$

という形で表せます。一般にベクトルは、xという普通の文字ではなくxのように太字で表します。

Fig.A-5　手書き文字の分類問題

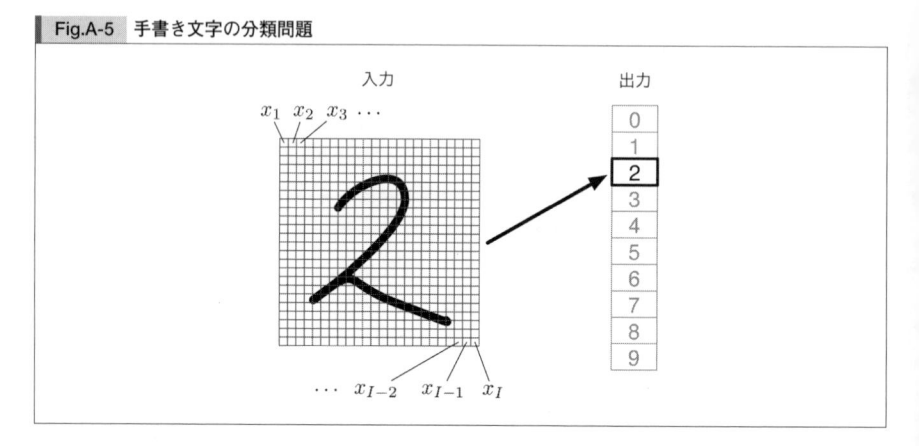

　分類問題での出力は「数字の2である」のようにカテゴリの種類で表す場合もありますが、確率ベクトルという形で表す場合もあります。確率ベクトルでは、「数字の0である確率が0.04で、数字の1である確率が0.01で、数字の2である確率が0.90で、……、数字の9である確率が0.02である」のように、分類の結果を、「確率の集まり」として表します。この場合の出力は、たとえば以下のように10個の数からなる出力ベクトルyになります。

$$y = \begin{pmatrix} 0.04 \\ 0.01 \\ 0.90 \\ 0.01 \\ 0 \\ 0 \\ 0.01 \\ 0 \\ 0.01 \\ 0.02 \end{pmatrix}$$

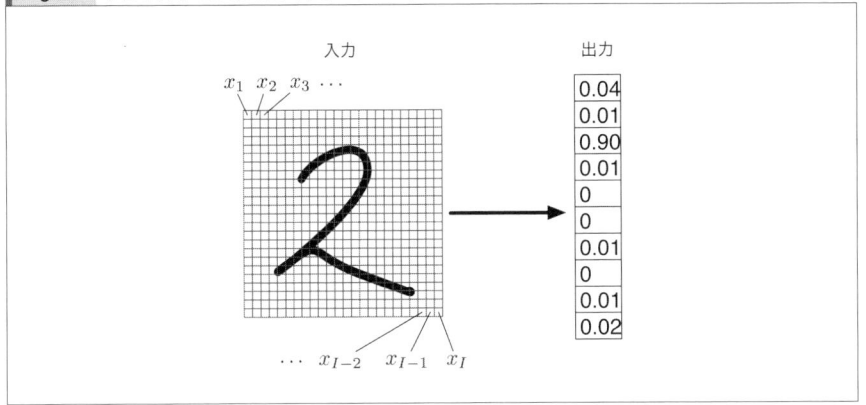

Fig.A-6　手書き文字の分類問題（確率ベクトル）

　分類問題は、与えられた多数のデータの中から、規則性や法則性つまりパターンを見つけ出しているともいえます。機械学習では、プログラマが前もって手書き文字のパターンを研究し、それをプログラミングするわけではありません。機械学習では、コンピュータが訓練データを元にパラメータを調整します。それが、機械学習の特徴なのです。

パーセプトロン

　予測問題と分類問題のイメージをつかんだところで、具体的な機械学習の原理について説明しましょう。

パーセプトロンとは

　機械学習の基本となる計算として、**パーセプトロン**を説明します。Fig.A-7にパーセプトロンの図を示します。

　この図では、左から右にデータが流れていきます。左端に並んでいるx_1, x_2, x_3が**入力**で、右端にあるyが**出力**になります。

　パーセプトロンは、入力から出力を求める「計算方法」と考えることもできますし、コンピュータ科学の言葉でいえば「アルゴリズム」と考えてもかまいません。あるいはまた、これ一つが電子回路として作られた「素子」と見なすこともできます。どう考えてもかまいませんが、ここでは**モデル**と呼びましょう。この図は「入力x_1, x_2, x_3から、出力yを求めるモデル」を表しています。

Fig.A-7　パーセプトロン

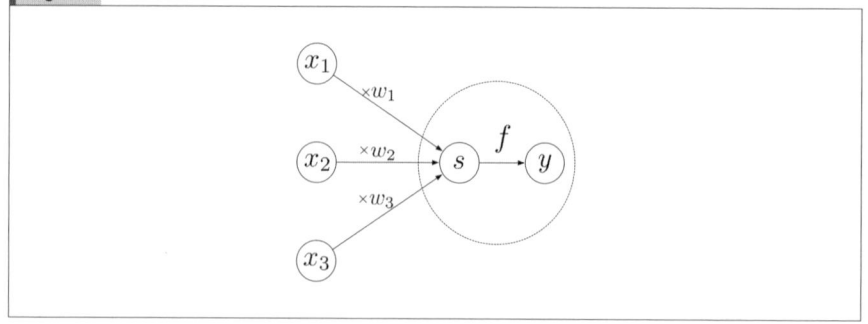

　この図の矢印はデータの流れを表しています。入力のx_1, x_2, x_3から中央のsに向けて3本の**リンク**が張られており、そこにw_1, w_2, w_3とそれぞれ書かれています。この図は、

$$s = w_1 x_1 + w_2 x_2 + w_3 x_3$$

という計算を行うイメージを表しています。このw_1, w_2, w_3を**重みパラメータ**といいます。この式は、重みパラメータにx_1, x_2, x_3という入力をそれぞれ掛けて足し合わせた結果を、sにした様子を表しています。ここまではいいですね。

　sからyに矢印が走り、その上にfと書かれています。これは、fという**活性化関数**を使ってsからyを求めている様子を表しています。数式ではこれを、

$$y = f(s)$$

と書きます。

　ここまでをまとめると、Fig.A-7のパーセプトロンは、

$$\begin{cases} s = w_1 x_1 + w_2 x_2 + w_3 x_3 \\ y = f(s) \end{cases}$$

という計算を行っていることがわかります。

重み付け和

　「掛け算したり、足し算したりしてるけど、いったいこれがどんな意味を持つのか。機械学習の話はどうなったのか」と疑問に思うかもしれませんが、ちょっとお待ちください。パーセプトロンに出てきた式についてもう少し考えを深めてみましょう。

　パーセプトロンでは、

$$s = w_1 x_1 + w_2 x_2 + w_3 x_3$$

という式が出てきました。このような式を**重み付け和**といいます。入力 x_1, x_2, x_3 を足し合わせて和を求めるのですが、単純に足し合わせるわけではなく w_1, w_2, w_3 という重みを付けてから足し合わせているからです。w は重み（weight）の頭文字を意味しています。

重み w_1, w_2, w_3 は、その名のとおり x_1, x_2, x_3 の入力それぞれを、どれだけの重み（重要性）で取り扱うかを表現しています。

たとえば、$w_1 = w_2 = w_3 = 1$ のようにすべての重みが等しければ、x_1, x_2, x_3 はすべて同じ重みで足し合わせることになります。

また、$w_2 = w_3 = 0$ のようにすれば、足し合わせの際に x_2 と x_3 を無視することになります。

同じ入力を与えたとしても、重みの値が変われば計算結果が変わることがわかるでしょう。重みというパラメータを調整することで、計算結果を調整できるのです。

Column　ベクトル

ベクトルというと矢印のイメージを持つ人がいます。それは必ずしもまちがいではありませんが、矢印のイメージにはこだわらず、ベクトルは「数の集まり」と考えたほうが混乱しないことも多いです。

重み付け和では、

$$w_1 x_1 + w_2 x_2 + w_3 x_3$$

という式を考えました。この式はベクトルの内積と呼ばれる形をしており、

$$\begin{pmatrix} w_1 & w_2 & w_3 \end{pmatrix} \begin{pmatrix} x_1 \\ x_2 \\ x_3 \end{pmatrix}$$

と書くことができます。つまり、

$$\begin{pmatrix} w_1 & w_2 & w_3 \end{pmatrix} \begin{pmatrix} x_1 \\ x_2 \\ x_3 \end{pmatrix} = w_1 x_1 + w_2 x_2 + w_3 x_3$$

ということです。w と x で、1同士、2同士、3同士をそれぞれ順番に掛けてから足し合わせるという計算です。

ベクトルの内積と重み付け和

　重み付け和を$w_1 x_1 + w_2 x_2 + w_3 x_3$のように書くと、重みを表す$w_1, w_2, w_3$と、入力を表す$x_1, x_2, x_3$は式の中でバラバラに散らばります。しかし、ベクトルを使って表すと、

$$\underbrace{\begin{pmatrix} w_1 & w_2 & w_3 \end{pmatrix}}_{\text{重みベクトル}} \underbrace{\begin{pmatrix} x_1 \\ x_2 \\ x_3 \end{pmatrix}}_{\text{入力ベクトル}}$$

のように重みベクトルと入力ベクトルをそれぞれまとめて表現できます。さらに、

$$\boldsymbol{w} = \begin{pmatrix} w_1 & w_2 & w_3 \end{pmatrix}, \quad \boldsymbol{x} = \begin{pmatrix} x_1 \\ x_2 \\ x_3 \end{pmatrix}$$

のように、太字（$\boldsymbol{w}$と$\boldsymbol{x}$）で書いてみましょう。すると、重み付け和のややこしい式は、

$$\boldsymbol{wx}$$

と単純に書けることがわかります。つまり、

$$\boldsymbol{wx} = \begin{pmatrix} w_1 & w_2 & w_3 \end{pmatrix} \begin{pmatrix} x_1 \\ x_2 \\ x_3 \end{pmatrix} = w_1 x_1 + w_2 x_2 + w_3 x_3$$

ということです。

　ここで注意が一つ。内積は横ベクトルと縦ベクトルをこの順序で並べて書きますが、書籍などでは縦ベクトルを使うと行数をたくさん使うので、

$$\begin{pmatrix} x_1 \\ x_2 \\ x_3 \end{pmatrix}$$

を、

$$\begin{pmatrix} x_1 & x_2 & x_3 \end{pmatrix}^T$$

のように転置と呼ばれる記号^{T}を使って表すこともあります。

　ここまでの約束が頭に入っていれば、$\boldsymbol{wx}$という式を見ても、とまどうことは少なくなるでしょう。

　w_1, w_2, w_3やx_1, x_2, x_3はすべて数なので、わかりやすいといえばわかりやすいですが、機械学習では数がたくさん登場しますから、まとめて扱いたいですね。ベクトルを使えば、たくさんの数をまとめて扱えるので、式が何を表しているのか、わかりやすくなるのです。

活性化関数

パーセプトロンでは、

$$y = f(s)$$

という式が出てきました（p.250）。この f のことを活性化関数と呼びます。さまざまな定義がありますが、説明のために以下のように定義してみましょう。

$$f(s) = \begin{cases} 0 & s \leq 0\text{のとき} \\ 1 & s > 0\text{のとき} \end{cases}$$

つまり、s が0以下ならば $f(s) = 0$ になり、s が0より大きいならば $f(s) = 1$ になるということです。

s がどんな値を取ろうとも、$f(s)$ の値は0か1かという二つの値のどちらかになります。二つの値というと、第2章で学んだ「論理」の話を思い出しますね。この活性化関数 $f(s)$ は、s の値が「0以下」なのか「0より大きい」のかという二つに一つという判定をしていることになります。連続的な値を論理の世界に移しているともいえますし、アナログをデジタルに変換しているともいえます。

ここでは活性化関数を上のように定義して、s が0を越えるかどうかで $f(x)$ が1になるかどうかを決めました。このことを「0を閾値（いきち）」にしていると呼ぶこともあります。「閾（スレッショルド）」というのは敷居のことで、その敷居をまたぎ越すほど値が大きくなれば1になり、またぎ越せなければいくらぎりぎりでも0のままということを表現している用語です。

パーセプトロンのまとめ

ここまで、パーセプトロンの図と計算を説明してきました。

- 入力 x_1, x_2, x_3 に対して、w_1, w_2, w_3 という重み付け和を取って s とする。
- s の値が0以下か、0より大きいかで $f(s)$ の値が0か1か決まる。

これをよく考えてみると、機械学習へつながる道筋が見えてきます。まず、ここでは入力を3個にしましたが、これを100個、1000個……と増やして大量のデータを与えることができます。

また、重みというパラメータをうまく調整することで、入力に応じた s の値を調整することができます。

そして、活性化関数をうまく定義することで、s の値を元に何らかの判定を下すことが

できます。

　このように考えてくると、パーセプトロンが、大量のデータを元に何らかの判定を下す機械学習の原理に見えてくると思います。

　次の節では、いよいよ機械学習の「学習」の部分を説明していきます。

機械学習における「学習」

　私たちは学校で「学習」をします。学習を済ませた生徒は、与えられた問題を正しく解けるようになります。よい学習をすればするほど、正答率は上がり、より適切な答えを得ることができます。

　「機械学習」では学ぶのは人間ではなく機械です。機械がデータを使って学んでいくと、与えられた問題をより正しく解けるようになります。

　前節で紹介したパーセプトロンを使って、機械学習における「学習」について学びましょう。

学習の流れ

　パーセプトロンは与えられた入力 x_1, x_2, x_3 に対して、出力 y を求めます。ところで、この出力 y はパーセプトロンが持っている重み w_1, w_2, w_3 という**パラメータ**で支配されています。同じ入力を与えても、パーセプトロンのパラメータが変われば出力も変わるからです。

　機械学習における「学習」とは、できるだけ正解に近い出力を得るために、パラメータをよりよいものに調整することです。

　学習の流れはFig.A-8のようになります。

- ・訓練データ（入力と目標）を用意します。
- ・モデルに入力を与えて出力を得ます。
- ・出力と目標とを比較します。
- ・よりよい出力が得られるようにパラメータの調整をします。

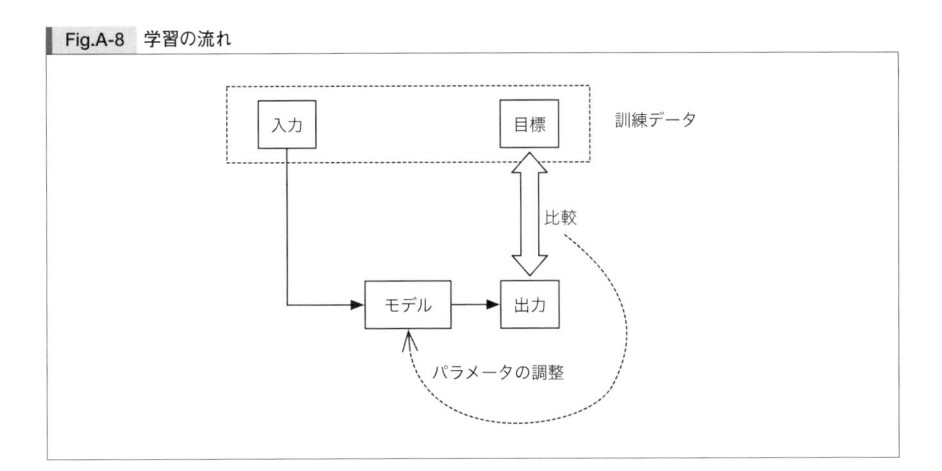

Fig.A-8 学習の流れ

訓練データとテストデータ

ところで、学習によって、モデルは一般的な問題解決能力、すなわち未知の入力に対しても予測や分類を行える能力を確かに持ったのでしょうか。それとも訓練データに対してのみ正確な出力を出しているのでしょうか。一般的な問題解決能力を**汎化能力**といいます。汎化能力を確かめるためにはテストが必要になります。

そのため、機械学習では準備した大量のデータを**訓練データ**と**テストデータ**の二種類に分けておき、学習では訓練データのみを使います。

このような考え方は、人間が学校で学ぶときに似ています。学校での学習は、授業で出される練習問題を解くことが目的ではありません。練習問題と同等の難易度の問題を解けるくらいの実力を付けることが目的です。そのために学校でも、授業中には使わなかった問題でテストを行いますね。あれは、学生の汎化能力を確かめていることになります。

訓練データに対してパーフェクトな出力を出したとしてもテストデータではよい出力が出せないとしたら、訓練データに適応しすぎた**過学習**（オーバーフィッティング）と呼ばれる現象が起きている可能性があります。これは学生でいえば、授業で出た問題は完璧に解けるけれど、テストでは成績が悪い状態に似ています。

損失関数

パーセプトロンの式を少し変形して、機械学習ではどのような考え方で学習を進めていくかを説明します。

　話を単純化するため、入力をx_1, x_2の2個にし、活性化関数は省略してしまいましょう。そうすると、私たちのモデルは以下の式になります。

$$y = w_1 x_1 + w_2 x_2$$

　機械学習で与えられる訓練データは、入力x_1, x_2と目標tからなる

$$(x_1, x_2, t)$$

という数の組で与えられます。たとえば、

$$(x_1, x_2, t) = (10, 2, 5)$$

や、

$$(x_1, x_2, t) = (-3, 1, 3)$$

のようになります。ここではたった2個しか示しませんでしたが、実際には訓練データは大量に与えられます。

　学習では、「出力と正解とを比較する」必要があります。ここでは、入力x_1, x_2をモデルに与えたときの出力yと、目標のtを比較します。yとtが一致していればうれしいですが、いつもそうとは限りません。訓練では単純な「いいかわるいか」ではなく、「訓練データと比べてどれだけ悪いか」を評価することになります。この評価を行うための関数を**損失関数**$E(w_1, w_2)$と呼びます。

　損失関数としてどのようなものを選ぶかは、機械学習を考えるときの大きな問題ですが、ここでは説明のために以下の**2乗和誤差**を紹介します。訓練データがn組あるとき、2乗和誤差で定めた損失関数は、以下の式で表されます。

$$E(w_1, w_2) = (t_1 - y_1)^2 + (t_2 - y_2)^2 + \cdots + (t_n - y_n)^2$$

$$= \sum_{k=1}^{n}(t_k - y_k)^2$$

　ややこしい式ですが、その意味するところは難しくありません。k番目の目標t_kと、出力y_kの差を得て、その2乗を求めています。t_kとy_kが等しければ差は0ですから、2乗した値も0になります。どちらかが大きければ、2乗した値は必ず0より大きな値（正の値）になります。2乗しているのは、目標と出力のどちらが大きくても、それを「ずれの大きさ」として足し合わせることができるようにするためです。

　$E(w_1, w_2)$が大きければ、出力は目標とのずれが大きかったことになりますし、$E(w_1, w_2)$が小さければ（0に近ければ）、モデルの出力は訓練データとのずれが小さかったことになります。

　すなわち、$E(w_1, w_2)$の大きさが、出力の「悪さ」を表していることになりますね。ですから、$E(w_1, w_2)$を損失関数と呼ぶのです。

　さあこれで、出力を評価することができるようになりました。次にやるべきことはなんでしょうか。そうです。モデルが持っている重みパラメータを調整して、できるだけ損失関数の値を0に近づけることですね。それが「学習の流れ」（p.254）での「よりよい出力が得られるようにパラメータの調整」に相当します。

Column　和を表すΣ

　2乗和誤差を表すところで、

$$\sum_{k=1}^{n} (t_k - y_k)^2$$

という数式が出ました。Σ（シグマ）に慣れていない人は、これを読み飛ばしたくなると思います。しかし、ここに書かれていることはまったく難しくありません。

$$\sum_{k=1}^{n} (t_k - y_k)^2$$

という数式は、kという変数を1からnまで動かして、$(t_k - y_k)^2$の和を求めることを表しています。ですから、たとえばnの値を3にして考えると、

$$\sum_{k=1}^{3} (t_k - y_k)^2 = \underbrace{(t_1 - y_1)^2}_{k=1} + \underbrace{(t_2 - y_2)^2}_{k=2} + \underbrace{(t_3 - y_3)^2}_{k=3}$$

という式が成り立つことがわかります。Σはいつでも和を表しますが、変数を動かす範囲はいろんな書き方をします。たとえば以下のように不等式を使って表すこともあります。

$$\sum_{1 \leq k \leq 3} (t_k - y_k)^2$$

さらにkの範囲が読者にわかっているときには、

$$\sum_{k} (t_k - y_k)^2$$

のように書くことさえあるのです！

　Σを読むときには、和を取るときに動かしている変数が何であるかをしっかり確かめるのが大事です。たとえば、次の二つの式はそっくりですが、よく見ると違いますね。

$$\sum_{k=1}^{3} a_j^k = a_j^1 + a_j^2 + a_j^3 \qquad k \text{を動かしている}$$

$$\sum_{j=1}^{3} a_j^k = a_1^k + a_2^k + a_3^k \qquad j \text{を動かしている}$$

　Σを使うと、長たらしい式を短く表すことができて便利です。また「どんな和を考えているか」が明確になる利点もあります。**Σは和にすぎない**のですから、Σが出てきても読み飛ばさないでくださいね。どうしても難しかったら、Σを具体的な和の形に戻すとわかりやすくなりますよ。

勾配降下法

　前項では、損失関数の説明をしました。パラメータを調整して、損失関数の値を小さくするイメージをつかむため、非常に単純化した例をお話しします。

$$E(w_1, w_2) = \sum_{k=1}^{n}(t_k - y_k)^2$$

　損失関数の値を小さくするために変えるのは、モデルの中に含まれているパラメータ w_1, w_2 です。パラメータ w_1, w_2 を動かせば、同じ入力に対しても異なる出力が得られますので、損失関数の値も変化します。

　パラメータを調整して損失関数の値が変化する様子をイメージするために、図示してみましょう。w_1 と w_2 の値に応じて $E(w_1, w_2)$ が変化するので、Fig.A-9のように、山と谷がある地形のようなグラフができあがるでしょう。学習では、たとえばこの地形でできるだけ低いところへ行き、そのときのパラメータ w_1, w_2 を求めたいのです。

Fig.A-9　損失関数 $E(w_1, w_2)$ の値が低くなるように、パラメータ w_1, w_2 を変えていく

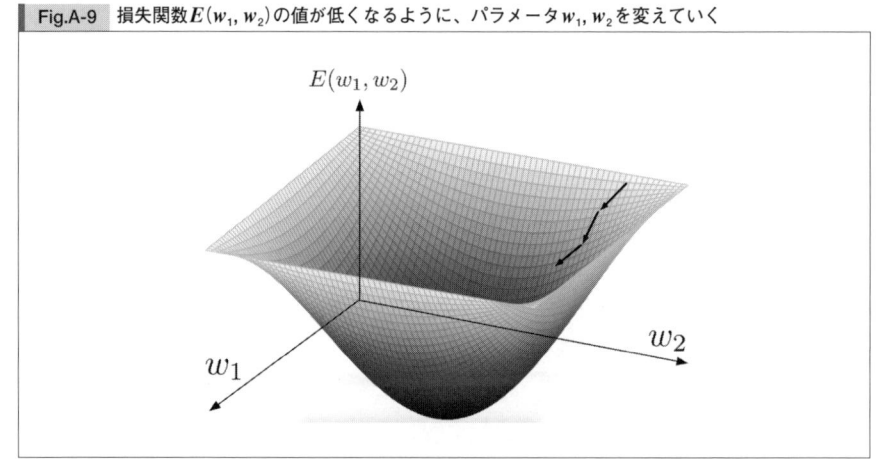

　このような図を描けば、人間なら目で見てどこが低いかわかりますが、コンピュータにそれを見つけさせるにはどうしたらいいでしょうか。

　そこで**勾配降下法**という方法を使います。これはこの山と谷の地形のどこかから始めて少しでも低い向きに進んでいくことを繰り返す方法です。これはとても自然な発想ですね。運がよければ「どちらに進んでも損失関数の値はもう小さくならない」という状態になるでしょう。地形の比喩でいえば、それは谷底に入った状態ということです。そこがとりあえず損失関数の値が小さい場所になります。谷底に入って安定した状態のパラメータを備えたモデルが「学習済みモデル」といえるでしょう。

　本書の第1章で、「大きな問題は、小さな『まとまり』に分けて解け」（p.20）という考え方をお話ししました。全体としての低い場所を探すのではなく、現在地点からちょっとだけ低い場所を探すというのも同じ考え方ですね。

　与えられた訓練データを使って損失関数を構成する。そして、勾配降下法を用いて損失関数の値がもっとも小さくなるように、パラメータを調整する。非常に単純化していますが、以上が機械学習における「学習」の一つの姿です。

　降下するときの「一歩」を大きく取れば、最適なパラメータに早く近づくことができますが、細かな谷を飛び越してしまうかもしれません。「一歩」の大きさを**学習率**といいます。最初は大きく一歩を取り、しだいに小さく一歩を取るように、学習の進行に合わせて学習率も変化させます。

　ところで、パラメータの数が2個ならこのような図を描いてイメージすることができますが、3個以上では難しくなります。さらに、パラメータの数が多くなってくると、パラメータをいろんな方向に増減させてみるという素朴な方法は困難です。なぜなら第7章でお話しした指数的な爆発を引き起こしてしまうからです。安易に「しらみつぶし」で最適な方向を見つけるわけにはいきません。後でお話しする誤差逆伝搬法のような方法で、計算量を抑える工夫が必要になります。

プログラマの関与

　さて、機械学習で理解しておきたいのは、プログラマがどのように関与するかです。プログラマはモデルの構築に関与しますが、パラメータの内容には関与しません。プログラマはパラメータを直接いじっているわけではなく、モデル、損失関数、訓練データを通して、間接的にパラメータをよりよい値に変更しているだけです。同じモデル、同じ損失関数であっても、訓練データが異なれば、学習済みモデルはまったく違うものになるでしょう。

　機械学習では、データそのものによってモデルを学習させています。プログラマが直接関与しているのではないのです。それは、同じハードウェアを持つコンピュータでも、ソフトウェアしだいで別の動きをすることに似ています。ソフトウェアを入れ換えれば、同じハードウェアで別の動作をします。それと同じように、同じモデルでも訓練データが変わればモデルの動きは変わります。

ニューラルネットワーク

　ここまでで、パーセプトロンを例にして、モデルと学習についてお話ししました。モデルは、入力から出力を得る方法をパラメータで制御しています。また学習は、訓練データと損失関数を元に勾配降下法などを使ってパラメータを調整することでした。

　しかし、パーセプトロンが1個でできることは非常に限られています。そこでパーセプトロンを多段階に組み合わせて、より複雑な判断を行うようにします。それが、ニューラルネットワークです。

ニューラルネットワークとは

　ニューラルネットワークとは、パーセプトロンのように入力と出力を持つもの（ノード）を並べて、層状に組み上げたものです。「ニューラルネットワーク」は日本語では「神経回路網」といい、もともと生物の情報伝達モデルに起源をもつ用語です。パーセプトロンの出力は0か1かという二値でしたが、ニューラルネットワークで使うノードの出力は二値ではなく、微分ができる連続的な値を取ります。

　Fig.A-10に、2層からなるニューラルネットワークの図を示します。パーセプトロンと同じように、ノードのあいだに張られたリンクには重みパラメータがありますが、図が煩雑になるので省略しています。

Fig.A-10　2層のニューラルネットワーク

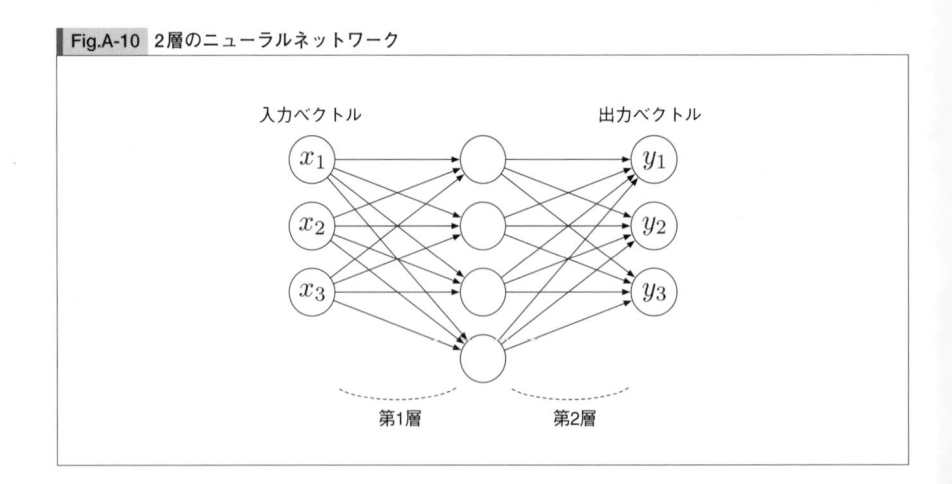

　層の数え方は書籍や論文で異なります。Fig.A-10では、重みパラメータを持つリンクの層が2つあるので「2層」と呼びました。入力ベクトル、ノードの並び、出力ベクトルを3つと数えて「3層」と呼ぶ場合もあります。いずれにせよ、層を繰り返して重ねれば、多層のニューラルネットワークが作れることがわかるでしょう（Fig.A-11）。

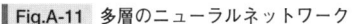

Fig.A-11 多層のニューラルネットワーク

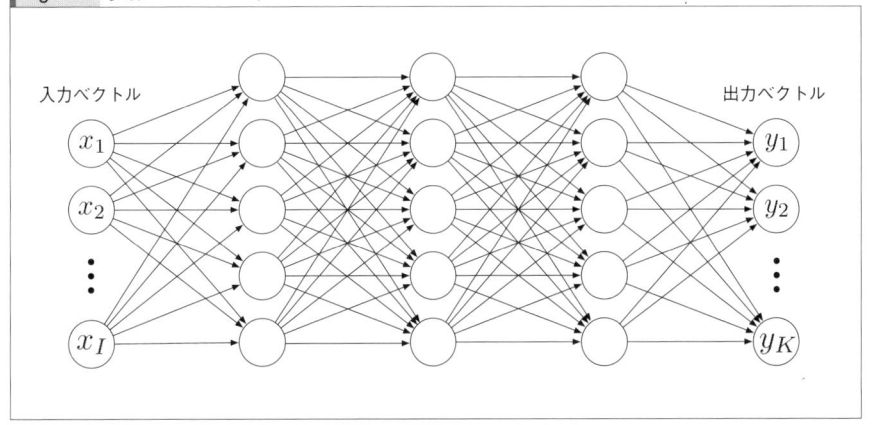

このような図は機械学習の説明でよく登場します。

- ・ノードが並んで層状に重なっている。
- ・左端には入力ベクトルがあり、右端には出力ベクトルがある。
- ・ノードのあいだにはリンクが張られ、そこには重みパラメータが置かれている。

　ニューラルネットワークのモデルを構築するときには、層の数、ノードの個数、ノードの中の関数など、たくさんの選択肢があることが想像できます。どのようなモデルを構築するかはプログラマの問題ですが、重みパラメータを調整するところは訓練データによってコンピュータが行います。

誤差逆伝搬法

　ニューラルネットワークでは、損失関数を使って最適なパラメータを求めるときに、**誤差逆伝搬法**（エラー・バックプロパゲーション）と呼ばれる方法が使われます。誤差逆伝搬法では、まず、入力層から出力層に向かって進み、損失関数の値を計算します。次に、出力層から入力層へと逆向きに進み、重みパラメータを変化させたら出力がどう変化するか微分の計算で調べ、重みパラメータを調整します。

Fig.A-12 誤差逆伝搬法（順伝搬と逆伝搬）

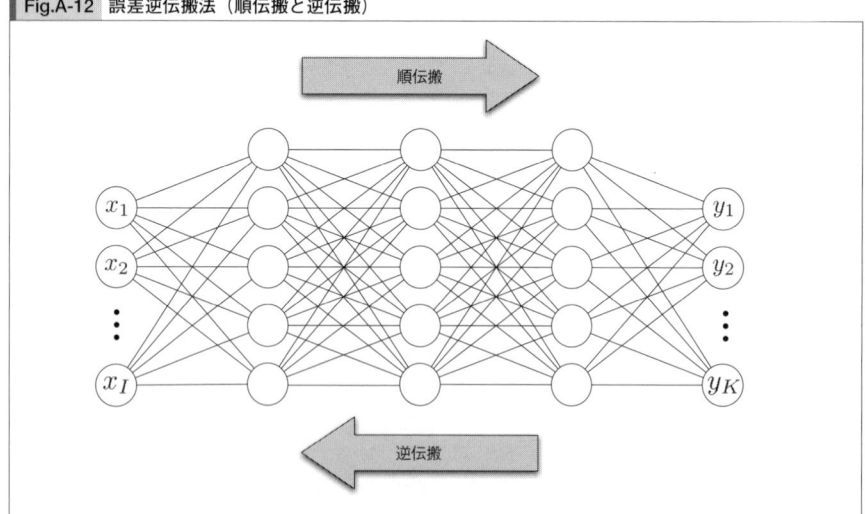

　ニューラルネットワークでは、扱うデータもパラメータも大量にあります。それらが組み合わされた計算を行いますから、第7章で紹介した「指数的な爆発」が簡単に発生してしまいます。機械学習の研究者は、指数的な爆発を起こさないようにさまざまなアルゴリズムを研究しているのです。誤差逆伝搬法はそんなアルゴリズムの一種です。

ディープラーニングと強化学習

　ここまでで、ニューラルネットワークの構造と、学習について紹介しました。最近はディープラーニングや強化学習という用語もよく見かけます。

　ディープラーニングというのは、ニューラルネットワークの層を増やして深くした（ディープにした）モデルです。層を深くするのは、パラメータを少なく抑えつつも複雑な関数を作る効果を得るためです。どうして層を深くすればいいのか、という理論的背景は現在さかんに研究が進められています。

　強化学習というのは、正解が与えられず「教師なし」で学習を行う機械学習のテクニックです。強化学習を行うシステムは、最適な出力を試行錯誤で探し、そのつど与えられる報酬によってパラメータを調整していきます。たとえば、Google DeepMindのDQN（deep Q-network）は、ディープラーニングと強化学習を組み合わせたテレビゲームを行うプログラムです。DQNは、ゲームのルールすら知らない状態で学習をスタートし、試行錯誤の末に人間以上のスコアを出すという成果を上げました。また、同社のAlphaGo＊もディープラーニングと強化学習を組み合わせた囲碁のプログラムです。AlphaGoは囲碁

の棋譜を研究し、人間を上回る成果を上げました。さらに、AlphaGo Zeroは、人間の記譜すら研究せず、囲碁のルールのみから自己対局だけで学習を重ね、最強の囲碁プログラムとなりました。また、AlphaGo Zeroを一般化したAlphaZeroは、チェスと将棋についても最強のプログラムとなっています。

人間は不要になるのか

　ここまで「機械学習への第一歩」と題して、機械学習の基本的な話題を紹介してきました。

　最後に、機械学習の進歩によって「人間は不要になるのか」という話題を考えます。感情論ではなく、ここまでの話題を踏まえて「人間に残されている仕事は何か」について考えてみましょう。

●モデルの作成

　機械学習では、訓練データを使ってパラメータを最適化します。ニューラルネットワークとしてどのように層を組み上げ、どのような関数を組み合わせるかは（いまのところ）人間が決める必要があります。

　実際、機械学習の研究者は、どのような問題にどのようなモデルが有効であるか、また学習の効率と精度を上げるにはどのようにしたらよいかを研究しているのです。

●データの信頼性確保

　機械学習では、訓練データを使ってパラメータを最適化します。ですから、訓練データが誤っていれば、最適化された結果も誤りとなり、予測は失敗します。そのため、訓練データは正しいか、信頼できるか、必要な予測を行うだけ網羅されているかという判断は人間が行う必要があります。

●結果の解釈

　機械学習は、訓練データを元にして、正確な予測と的確な分類ができるようにパラメータを最適化します。その学習の結果は、学習済みモデルがもつ膨大な数のパラメータの集まりという形になります。

　正確な予測と的確な分類ができたとしても、より抽象度の高い解釈を人間は求めるでしょう。「このような傾向があるから、このように予測できるのだ」や、「この画像にこういう特徴があるから、このように分類できるのだ」といった解釈がほしくなるということで

＊ https://deepmind.com/research/alphago/

す。しかし、パラメータの具体的な値を見ても、正確な予測が「なぜ」できるのか、的確な分類が「なぜ」できるのか、それらを解釈することは簡単ではありません。

　たとえば医療分野で「機械学習によればこうなります」と結果が出たときに、それを人間はどのように解釈すればいいのか、その解釈部分は人間が行う仕事となります。

　このようなことが起こるのは、そもそも、機械学習による問題解決手法は、他の方法のように、人間の仮説を検証したものではないからです。

　機械学習では、データを元にパラメータの最適化を行うだけです。ですから、そのパラメータが「なぜ」そのような値をしているかは、説明のしようがありません。入力と出力の関係がそうなっていたから、としかいえません。抽象度の高い解釈をするためには、人間の力が必要となるでしょう。

　ただし、今後の研究が進めば、人間が理解可能な形に機械自身が解説してくれるようになるのかもしれませんが。

●意思決定

　機械学習は、入力データを元に未来予測を行います。したがって、その未来予測は、これまでの経験から予測される「もっともありそうな値」になります。しかし、その予測値を元に「どうすべきか」という意思決定の部分を機械が行うことはできません。

　「どのような行動を取ればどういうことが起きるか」という未来が機械学習によって示される可能性は高いでしょう。しかし、意思決定そのものを機械学習が行うわけにはいきません。

　そこから先は技術的な問題というよりも、倫理的な問題になります。たとえば、「痛みの軽減」と「寿命の長さ」のどちらを選択するかといった問題の場合、個人の意思決定を機械学習にまかせることはできません。

　と、ここまで来ると、すでに本書の範囲を逸脱していますね。ここから先は、読者のあなたに委ねることにしましょう。人間は不要になるのか、という問いをあなたも考えてみてください。

この付録で学んだこと

この付録では「機械学習への第一歩」として、以下の項目について紹介しました。

- ・「機械学習」とは何であり、近年「機械学習」が注目されている理由。
- ・機械学習の基本であるパーセプトロンというモデルと、機械学習における「学習」の意味。
- ・ノードを多数重ねてネットワーク状にしたニューラルネットワークというモデル。
- ・機械学習の進歩で「人間は不要になるのか」という疑問に対する考察。

なお、初めにお断りしたとおり、この付録で紹介した内容はあくまで「第一歩」にすぎません。特に、機械学習に不可欠な、確率・統計についてはまったく触れませんでした。さらに詳しい内容は以下の参考文献などを参考にしてください。

●参考文献

- ・C. M. ビショップ『パターン認識と機械学習』、丸善出版
- ・斎藤康毅『ゼロから作る Deep Learning』、オライリー・ジャパン
- ・島田直希＋大浦健志『Chainer で学ぶディープラーニング入門』、技術評論社
- ・中井悦司『IT エンジニアのための機械学習理論入門』、技術評論社
- ・『データサイエンティスト養成読本（機械学習入門編）』、技術評論社

●終わりの会話

生徒「数式は、ややこしくて嫌いです」

先生「数式を使わないほうがややこしくなることが多いですね」

生徒「どうしてですか？」

先生「数式は、複雑なことを正確に伝えるための言葉ですから」

生徒「数式が《言葉》なんですか？」

先生「そうです。大切なことを伝えるための《言葉》です」

付　録　2

読書案内

本書の内容に興味を持った方のための読書案内です。

読み物

『壷の中　美しい数学4』

安野雅一郎作、安野光雅絵、童話屋、ISBN4-924684-11-2、1982年
指数的な爆発を扱った美しい絵本です。

『石頭コンピューター』

安野光雅著、野崎昭弘監修、日本評論社、ISBN4-535-78372-1、2004年
ハードウェアからソフトウェアまで、コンピュータの仕組みをやさしく解説した本です。

『いかにして問題をとくか』

G.ポリア著、柿内賢信訳、丸善、ISBN4-621-03368-9、1954年
数学教育を題材にしつつ、どうやって問題というものを解いていくかを解説した名著です。

『新装版　集合とはなにか』

竹内外史著、講談社ブルーバックスB1332、ISBN4-06-257332-6、2001年
集合論を基礎にして数学を組み立てていく方法論について、一般向けに解説した読み物です。カントールの評伝が巻末にあります。

『数の本』

J.H.コンウェイ、R.K.ガイ著、根上生也訳、シュプリンガー・フェアラーク東京、ISBN4-431-70770-0、2003年
素数、四元数、順序数、超現実数など、数に関する驚くような話題が集められた本です。

『ゲーデル、エッシャー、バッハ　あるいは不思議の環（20周年記念版）』

ダグラス・R・ホフスタッター著、野崎昭弘、はやしはじめ、柳瀬尚紀訳、白揚社、ISBN978-4-8269-0125-3、2005年
論理、再帰的な構造、形式システム、人工知能などに関する広範囲な話題を扱っている本です。1980年度ピュリツァー賞受賞。

『虚数の情緒──中学生からの全方位独学法』

吉田武著、東海大学出版会、ISBN4-486-01485-5、2000年

数学と物理を中心に、歴史をたどりながら、まさに全方位的に学習を進めていく大著です。圧倒されるような面白さがあります。

『オイラーの贈物』

吉田武著、東海大学出版会、ISBN978-4-486-01863-6、2010年

たった1つの数式 $e^{i\pi} = -1$ を独学で理解できるように、数学の基礎から積み上げていく本です。

『暗号技術入門　第3版 ── 秘密の国のアリス』

結城浩著、SBクリエイティブ、ISBN978-4-7973-8222-8、2015年

公開鍵暗号やデジタル署名などをたくさんの図で解説した、暗号技術の入門書です。

『高校数学＋α：基礎と論理の物語』

宮腰忠著、共立出版、ISBN978-4-320-01768-9、2004年

高校数学の内容を手頃な一冊にまとめた本です。

『マスター・オブ・場合の数』

栗田哲也、福田邦彦、坪田三千雄著、東京出版、ISBN978-4-88742-028-1、1999年

第5章「順列・組み合わせ」で学んだ「場合の数」を問題と合わせて深めることができる学習用参考書です。

『論理と集合から始める数学の基礎』

嘉田勝、日本評論社、ISBN978-4-535-78472-7、2008年

論理と集合を基本から学ぶ教科書です。

『完全版 マーティン・ガードナー数学ゲーム全集1』

Martin Gardner著、岩沢宏和、上原隆平監訳、日本評論社、ISBN978-4-535-60421-6、2015年

数学パズルと数学ゲームがたっぷり楽しめるシリーズ本です。

『数学ガール』シリーズ

結城浩著、SBクリエイティブ、2007年〜

高校生と中学生たちの数学対話を通して数学に親しむシリーズです。

2017年現在、以下の5冊が刊行されています。

『数学ガール』

『数学ガール／フェルマーの最終定理』

『数学ガール／ゲーデルの不完全性定理』

『数学ガール／乱択アルゴリズム』

『数学ガール／ガロア理論』

『数学ガールの秘密ノート』シリーズ

結城浩著、SBクリエイティブ、2013年〜

高校生と中学生たちの数学対話を通して数学に親しむシリーズです。

『数学ガールの秘密ノート』シリーズは、比較的やさしい内容を扱っています。

2017年現在、以下の9冊が刊行されています。

『数学ガールの秘密ノート／式とグラフ』

『数学ガールの秘密ノート／整数で遊ぼう』

『数学ガールの秘密ノート／丸い三角関数』

『数学ガールの秘密ノート／数列の広場』

『数学ガールの秘密ノート／微分を追いかけて』

『数学ガールの秘密ノート／ベクトルの真実』

『数学ガールの秘密ノート／場合の数』

『数学ガールの秘密ノート／やさしい統計』

『数学ガールの秘密ノート／積分を見つめて』

コンピュータ科学

『やさしいコンピュータ科学』

Alan W. Biermann著、和田英一監訳、アスキー出版局、ISBN4-7561-0158-5、1993年
コンピュータのハードウェアからプログラミング、そして人工知能まで、ていねいに学ぶことができる教科書です。

『コンピュータのための数学』

David Gries、Fred B. Schneider著、難波完爾，土居範久監訳、日本評論社、
ISBN4-535-78301-2、2001年
論理式を徹底的に利用したアプローチで、プログラミングに必要な数学の解説を行っている教科書です。本書p.106で触れたループ不変条件については「12.6　ループの正当性」を参照してください。

『アルゴリズムイントロダクション　第3版 総合版』

コルメン、リベスト、ライザーソン、シュタイン著、浅野哲夫 他訳、近代科学社、
ISBN978-4-7649-0408-8、2013年
データ構造とアルゴリズムの教科書です。

『The Art of Computer Programming Volume 1 Fundamental Algorithms Third Edition 日本語版』

Donald E. Knuth著、有澤誠、和田英一監訳、KADOKAWA、ISBN978-4-04-869402-5、
2015年
「アルゴリズムのバイブル」と評されている歴史的な教科書です。第1巻は「離散数学と
データ構造」について解説しています。

『The Art of Computer Programming Volume 2 Seminumerical Algorithms Third Edition 日本語版』

Donald E. Knuth著、有澤誠、和田英一監訳、KADOKAWA、ISBN978-4-04-869416-2、
2015年
「アルゴリズムのバイブル」の第2巻です。「乱数と算術演算」について解説しています。

『The Art of Computer Programming Volume 3 Sorting and Searching Second Edition 日本語版』

Donald E. Knuth著、有澤誠、和田英一監訳、KADOKAWA、ISBN978-4-04-869431-5、
2015年
「アルゴリズムのバイブル」の第3巻です。「ソートと探索」について。

『The Art of Computer Programming Volume 4A Combinatorial Algorithms Part1 日本語版』

Donald E. Knuth著、有澤誠、和田英一監訳、KADOKAWA、ISBN978-4-04-893055-0、
2017年
「アルゴリズムのバイブル」の第4巻です。「組合せアルゴリズム」について。

『アルゴリズムデザイン』

Jon Kleinberg, Eva Tardos 著、浅野孝夫、浅野泰仁、小野孝男、平田富夫訳、共立出版、
ISBN978-4-320-12217-8、2008年
現実の問題から数学的な部分をどのように抽出しアルゴリズムとして組み立てていくか
を詳しく解説した専門書です。

『コンピュータの数学』

Graham、Knuth、Patashnik著、有澤誠 他訳、共立出版、ISBN4-3200-2668-3、1993年
アルゴリズムの設計や解析を行う際に用いる計算を学ぶ教科書です。

索 引

●結城浩の著作

『C言語プログラミングのエッセンス』，ソフトバンク，1993（新版：1996）

『C言語プログラミングレッスン　入門編』，ソフトバンク，1994（改訂第2版：1998）

『C言語プログラミングレッスン　文法編』，ソフトバンク，1995

『Perlで作るCGI入門　基礎編』，ソフトバンクパブリッシング，1998

『Perlで作るCGI入門　応用編』，ソフトバンクパブリッシング，1998

『Java言語プログラミングレッスン』上・下，ソフトバンクパブリッシング，1999（改訂版：2003）

『Perl言語プログラミングレッスン　入門編』，ソフトバンクパブリッシング，2001

『Java言語で学ぶデザインパターン入門』，ソフトバンクパブリッシング，2001（増補改訂版：2004）

『Java言語で学ぶデザインパターン入門　マルチスレッド編』，ソフトバンクパブリッシング，2002（増補改訂版：2006）

『結城浩のPerlクイズ』，ソフトバンクパブリッシング，2002

『暗号技術入門』，ソフトバンクパブリッシング，2003

『結城浩のWiki入門』，インプレス，2004

『プログラマの数学』，ソフトバンクパブリッシング，2005

『改訂第2版Java言語プログラミングレッスン（上）（下）』，ソフトバンククリエイティブ，2005

『増補改訂版Java言語で学ぶデザインパターン入門　マルチスレッド編』，ソフトバンククリエイティブ，2006

『新版C言語プログラミングレッスン　入門編』，ソフトバンククリエイティブ，2006

『新版C言語プログラミングレッスン　文法編』，ソフトバンククリエイティブ，2006

『新版Perl言語プログラミングレッスン　入門編』，ソフトバンククリエイティブ，2006

『Java言語で学ぶリファクタリング入門』，ソフトバンククリエイティブ，2007

『数学ガール』，ソフトバンククリエイティブ，2007

『数学ガール／フェルマーの最終定理』，ソフトバンククリエイティブ，2008

『新版暗号技術入門』，ソフトバンククリエイティブ，2008

『数学ガール／ゲーデルの不完全性定理』，ソフトバンククリエイティブ，2009

『数学ガール／乱択アルゴリズム』，ソフトバンククリエイティブ，2011

『数学ガール／ガロア理論』，ソフトバンククリエイティブ，2012

『Java言語プログラミングレッスン第3版（上）（下）』，ソフトバンククリエイティブ，2012

『数学文章作法　基礎編』，筑摩書房，2013

『数学ガールの秘密ノート／式とグラフ』，ソフトバンククリエイティブ，2013

『数学ガールの誕生』，ソフトバンククリエイティブ，2013

『数学ガールの秘密ノート／整数で遊ぼう』，SBクリエイティブ，2013

『数学ガールの秘密ノート／丸い三角関数』，SBクリエイティブ，2014

『数学ガールの秘密ノート／数列の広場』，SBクリエイティブ，2014

『数学文章作法　推敲編』，筑摩書房，2014

『数学ガールの秘密ノート／微分を追いかけて』，SBクリエイティブ，2015

『暗号技術入門　第3版』，SBクリエイティブ，2015

『数学ガールの秘密ノート／ベクトルの真実』，SBクリエイティブ，2015

『数学ガールの秘密ノート／場合の数』，SBクリエイティブ，2016

『数学ガールの秘密ノート／やさしい統計』，SBクリエイティブ，2016

『数学ガールの秘密ノート／積分を見つめて』，SBクリエイティブ，2017

●アンケートWeb

本書をお読みいただいたご意見、ご感想を以下のURLにお寄せください。

http://isbn.sbcr.jp/95457/

最後の「/」(スラッシュ)も必要です。ご注意ください。

プログラマの数学 第2版

2018年1月22日　初版発行
2019年2月17日　第3刷発行

著　者	結城　浩
発行者	小川　淳
発行所	SBクリエイティブ株式会社
	〒106-0032　東京都港区六本木2-4-5
	販売　03(5549)1200
	編集　03(5549)1234
組　版	スタヂオ・ポップ
印　刷	昭和情報プロセス株式会社
装　丁	米谷テツヤ
カバー・本文イラスト	大塚砂織

落丁本、乱丁本は、小社営業部にてお取り替え致します。
定価は、カバーに記載されております。

Printed in Japan　　　　　　　　　ISBN978-4-7973-9545-7